"十四五"高等职业教育新形态一体化教材

信息技术课程系列

人工智能导论

康 健◎主 编
张 秀 雷晓柱◎副主编

中国铁道出版社有限公司
CHINA RAILWAY PUBLISHING HOUSE CO., LTD.

内容简介

本书系“十四五”高等职业教育新形态一体化教材之一，依据高等职业院校计算机类专业对人工智能基础能力培养方面的具体要求编写，旨在培养高职院校学生对人工智能的认知能力、人工智能基础框架应用能力、数据分析能力和创新能力。

本书采用任务驱动的编写方式，共8个单元，分别是人工智能概述、TensorFlow和PyTorch环境搭建、Python基础、TensorFlow入门、NumPy科学计算库、Pandas数据分析库、Matplotlib基础知识和高级应用、人工智能通用技术。本书提供了丰富的案例代码和视频讲解资源，并配有教学PPT以及配套的MOOC资源。

本书适合作为高等职业院校人工智能专业的教材，也可作为人工智能爱好者的入门参考书。

图书在版编目（CIP）数据

人工智能导论 / 康健主编. -- 北京 : 中国铁道出版社有限公司, 2025. 5. -- (“十四五”高等职业教育新形态一体化教材). -- ISBN 978-7-113-30880-3

Ⅰ. TP18

中国国家版本馆CIP数据核字第20255723V4号

书　　名：人工智能导论
作　　者：康　健

策　　划：侯　伟　　　编辑部电话：（010）63551006
责任编辑：王春霞　贾淑媛
封面设计：高博越
责任校对：刘　畅
责任印制：赵星辰

出版发行：中国铁道出版社有限公司（100054，北京市西城区右安门西街8号）
网　　址：https://www.tdpress.com/51eds
印　　刷：北京联兴盛业印刷股份有限公司
版　　次：2025年5月第1版　2025年5月第1次印刷
开　　本：850 mm × 1 168 mm　1/16　印张：18.25　字数：446千
书　　号：ISBN 978-7-113-30880-3
定　　价：59.80元

“十四五”高等职业教育新形态一体化教材

编审委员会

序

2021年十三届全国人大四次会议表决通过的《中华人民共和国国民经济和社会发展第十四个五年规划和2035年远景目标纲要》，对我国社会主义现代化建设进行了全面部署。“十四五”时期对教育的定位是建立高质量的教育体系，对职业教育的定位是增强职业教育的适应性。当前，在百年未有之大变局下，在“十四五”开局之年，如何切实推动落实《国家职业教育改革实施方案》《职业教育提质培优行动计划（2020—2023年）》等文件要求，是新时代职业教育适应国家高质量发展的核心任务。随着新科技和新工业化发展阶段的到来和我国产业高端化转型，必然引发企业用人需求和聘用标准发生新的变化，以人才需求为起点的高职人才培养理念使创新中国特色人才培养模式成为高职战线的核心任务，为此国务院和教育部制定和发布了包括“1+X”职业技能等级证书制度、专业群建设、“双高计划”、专业教学标准、信息技术课程标准、实训基地建设标准等一系列的文件，为探索新时代中国特色高职人才培养指明了方向。

要落实国家职业教育改革一系列文件精神，培养高质量人才，就必须解决“教什么”的问题，必须解决课程教学内容适应产业新业态、行业新工艺、新标准要求等难题，教材建设改革创新就显得尤为重要。国家这几年对于职业教育教材建设加大了力度，2019年，教育部发布了《职业院校教材管理办法》（教材〔2019〕3号）、《关于组织开展“十三五”职业教育国家规划教材建设工作的通知》（教职成司函〔2019〕94号），在2020年又启动了《首届全国教材建设奖全国优秀教材（职业教育与继续教育类）》评选活动，这些都旨在选出具有职业教育特色的优秀教材，并对下一步如何建设好教材进一步明确了方向。在这种背景下，中国铁道出版社有限公司邀请我与鲍洁教授共同策划组织了“‘十四五’高等职业教育新形态一体化教材”，邀请我国知名计算机教育专家谭浩强教授、全国高等院校计算机基础教育研究会会长黄心渊教授对课程建设和教材编写都提出了重要的指导意见。这套教材在设计上把握了如下几个原则：

1.价值引领、育人为本。牢牢把握教材建设的政治方向和价值导向，充分体现党和国家的意志，体现鲜明的专业领域指向性，发挥教材的铸魂育人、关键支撑、固本培元、文化交流等功能和作用，培养适应创新型国家、制造强国、网络强国、数字中国、智慧社会需要的不可或缺的高层次、高素质技术技能型人才。

2.内容先进、突出特性。充分发挥高等职业教育服务行业产业优势，及时将行业、产业的新技术、新工艺、新规范作为内容模块，融入教材中去。并且为强化学生职业素养养成和专业技术积累，将专业精神、职业精神和工匠精神融入教材内容，满足职业教育的需求。此外，为适应项目学习、案例学习、模块化学习等不同学习方式要求，注重以真实生产项目、典型工作任务、案例等为载体组织教学单元的教材、新型活页式、工作手册式等教材，力求教材反映人才培养模式和教学改革方向，有效激发学生学习兴趣和创新潜能。

3. 改革创新、融合发展。遵循教育规律和人才成长规律，结合新一代信息技术发展和产业变革对人才的需求，加强校企合作、深化产教融合，深入推进教材建设改革。加强教材与教学、教材与课程、教材与教法、线上与线下的紧密结合，信息技术与教育教学的深度融合，通过配套数字化教学资源，打造满足教学需求和符合学生特点的新形态一体化教材。

4. 加强协同、锤炼精品。准确把握新时代方位，深刻认识新形势新任务，激发教师、企业人员内在动力。组建学术造诣高、教学经验丰富、熟悉教材工作的专家队伍，支持科教协同、校企协同、校际协同开展教材编写，全面提升教材建设的科学化水平，打造一批满足学科专业建设要求、能支撑人才成长需要、经得起实践检验的精品教材。

按照教育部关于职业院校教材的相关要求，为了充分体现工业和信息化领域相关行业特色，我们以高职专业和课程改革为基础，展开了信息技术课程、专业群平台课程、专业核心课程等所需教材的编写工作。本套教材计划出版 4 个系列，具体为：

1. 信息技术课程系列。教育部发布的《高等职业教育专科信息技术课程标准（2021 年版）》给出了高职计算机公共课程新标准，新标准由必修的基础模块和由 12 项内容组成的拓展模块两部分构成。拓展模块反映了新一代信息技术对高职学生的新要求，各地区、各学校可根据国家有关规定，结合地方资源、学校特色、专业需要和学生实际情况，自主确定拓展模块教学内容。在这种新标准、新模式、新要求下构建了该系列教材。

2. 电子信息大类专业群平台课程系列。高等职业教育大力推进专业群建设，基于产业需求的专业结构，使人才培养更适应现代产业的发展和职业岗位的变化。构建具有引领作用的专业群平台课程和开发相关教材，彰显专业群的特色优势地位，提升电子信息大类专业群平台课程在高职教育中的影响力。

3. 新一代信息技术类典型专业课程系列。以人工智能、大数据、云计算、移动通信、物联网、区块链等为代表的新一代信息技术，是信息技术的纵向升级，也是信息技术之间及其与相关产业的横向融合。在此技术背景下，围绕新一代信息技术专业群（专业）建设需要，重点聚焦这些专业群（专业）缺乏教材或者没有高水平教材的专业核心课程，完善专业教材体系，支撑新专业加快发展建设。

4. 本科专业课程系列。在厘清应用型本科、高职本科、高职专科关系，明确高职本科服务目标，准确定位高职本科基础上，研究高职本科电子信息类典型专业人才培养方案和课程体系，在培养高层次技术技能型人才方面，组织编写该系列教材。

新时代，职业教育正在步入创新发展的关键期，与之配合的教育模式以及相关的诸多建设都在深入探索，本套教材建设按照“选优、选精、选特、选新”的原则，发挥高等职业教育领域的院校、企业的特色和优势，调动高水平教师、企业专家参与，整合学校、行业、产业、教育教学资源，充分认识到教材建设在提高人才培养质量中的基础性作用，集中力量打造与我国高等职业教育高质量发展需求相匹配、内容和形式创新、教学效果好的课程教材体系，努力培养德智体美劳全面发展的高层次、高素质技术技能人才。

本套教材内容前瞻、体系灵活、资源丰富，是值得关注的一套好教材。

国家职业教育指导咨询委员会委员
北京高等学校高等教育学会计算机分会理事长
全国高等院校计算机基础教育研究会荣誉副会长
高林
2021 年 8 月

前　言

党的二十大报告指出："必须坚持科技是第一生产力、人才是第一资源、创新是第一动力，深入实施科教兴国战略、人才强国战略、创新驱动发展战略，开辟发展新领域新赛道，不断塑造发展新动能新优势。"

本教材落实立德树人根本任务，践行党的二十大精神，全面贯彻"实施科教兴国战略，强化现代化建设人才支撑"的核心要求，立足"加快实现高水平科技自立自强"的战略目标，以"深化产教融合、推动创新链与产业链协同发展"为编写主线，将人工智能在医疗、教育、金融、制造业中的应用细化为项目案例和典型工作任务，系统构建人工智能理论与实践深度融合的知识体系，满足广大职业院校学生对于人工智能知识的渴望，同时为希望深入探究人工智能领域的学生和从业人员提供全新学习路径。无论是初学者还是已经对人工智能有一定了解的读者，本教材都将帮助其建立坚实的人工智能基础，掌握关键的概念和技术，从而更好地理解和应用人工智能。

通过聚焦人工智能领域的前沿技术与行业应用，本教材不仅致力于培养具备"技术研发创新力"与"生产管理实践力"的双向人才，更旨在引导学生深刻理解"高质量发展"的内涵，助力国家在智能时代抢占科技制高点，为全面建设社会主义现代化强国贡献智慧与力量。

本教材包含八个单元，可划分为四部分。每部分涵盖了人工智能领域的一个关键主题。从基础知识开始，逐步深入，帮助读者建立坚实的理论基础，并掌握实际应用的技能。

第一部分：人工智能概述及开发环境搭建（单元1和单元2）。本部分介绍人工智能的基本概念和历史背景（读者可从中了解什么是人工智能、人工智能的发展历程以及人工智能在不同领域的应用），同时介绍了人工智能开发环境的搭建。

第二部分：Python基础和TensorFlow入门（单元3和单元4）。Python是人工智能领域最受欢迎的编程语言之一，因此它几乎是学习人工智能的必备工具。许多人工智能框架和库都提供了Python的支持和接口。同时，Python语法清晰、简单，对初学者非常友好，可以使人工智能初学者更容易掌握编程概念，有助于理解人工智能的算法和模型。

第三部分：深入学习人工智能相关库（单元5~单元7）。NumPy、Pandas和Matplotlib是人工智能开发中不可或缺的工具。通过对这三个库的学习，读者可领略人工智能的风采。这些库帮助数据科学家和机器学习工程师处理数据、可视化结果及进行数值计算，从而使开发、训练和评估人工智能模型更加高效和容易。这些库的强大功能和广泛的应用使其成为Python 中的核心组件。

第四部分：人工智能通用技术学习（单元8）。人工智能在各个领域都有广泛的应用，对社会和经济产生了深远的影响。随着技术的不断发展，人工智能的应用范围还将继续扩大。无论在哪个领域，人工智能都有潜力提高效率、减少错误，并创造新的商业机会。

本教材适合作为高等院校人工智能专业教材，也可供人工智能爱好者参考。书中每个单元既包含基础知识讲解，又提供深入的技术细节和编程示例，全书配有丰富的教学资源：8个单元配套PPT、教学设计、教案、习题答案、64套教学代码、70个任务实施及拓展视频、36个教学视频，以帮助读者通过实践巩固所学知识。以上资源均可从中国铁道出版社教育资源数字化平台https://www.tdpress.com/51eds下载。

学习人工智能需要耐心和持之以恒的努力。它是一个不断发展的领域，需要不断更新知识、跟进最新的技术和研究成果。我们希望本教材能够帮助读者在人工智能领域取得成功。

本书由唐山职业技术学院康健任主编，张秀、雷晓柱任副主编，王菲、张鹏以及河北惠美电子科技有限公司张会会参与编写。具体分工如下：张秀编写了单元7、单元8，张鹏编写了单元1、单元2，王菲编写了单元3、单元6，康健编写了单元4、单元5，雷晓柱、张会会负责校订书稿代码、制作课程案例资源，康健和张秀最后进行统稿。

由于编者水平有限，疏漏之处在所难免，恳请广大读者批评指正。

编　者

2024年11月

目录

配套资源索引

微课

序号	项目名称	资源名称	页码
34	单元5　NumPy科学计算库	数组的运算（加减）	135
35		数组的运算（乘除）	135
36		一维数组的切片与索引	143
37		多维数组的切片与索引	144
38		数组的增删改查	151
39		数组添加随机数	152
40		Numpy矩阵	158
41		矩阵的运算	159
42		矩阵的修改与乘法运算	160
43		矩阵的加减乘除	161
44		矩阵的求逆	163
45		矩阵的修改与求逆	167
46		逆矩阵	168
47	单元6　Pandas数据分析库	成绩表成绩的添加	183
48		成绩表单独获取成绩	183
49		索引获取成绩表成绩	186
50		购物流水账	186
51		二维数组与字典方式创建成绩表	192
52		班级花名册	193
53		DataFrame属性和函数的应用	195
54		DataFrame	196
55	单元7　Matplotlib基础知识和高级应用	简单图表的绘制	207
56		散点图绘制	208
57		个性化设置折线图	220
58		个性化折线图	220
59		常用图表的绘制	230
60		饼图分析各省（直辖市）销量	230
61	单元 8　人工智能通用技术	人脸识别	243
62		行人检测	243
63		迷宫寻路	259
64		图像拼接	259
65		生成式人工智能	265
66		在线制作PPT	266
67		人工智能大模型	273
68		编写贪吃蛇游戏代码	274

单元1 人工智能概述

导读

在建设科技强国的战略指引下，我国将人工智能列为国家优先发展领域。国务院《新一代人工智能发展规划》明确提出“培养高水平人工智能创新人才”的要求。作为新时代的大学生，小张不仅需要掌握专业技术，更要树立科技报国的理想信念，这正是本单元学习的深层意义。

某大学生小张在大学期间主修人工智能技术应用专业。在本单元中，小张将逐步了解人工智能的相关知识。

人工智能的目的，简单地说就是让机器能够模拟人类的思维能力，让它能够像人一样去感知、思考甚至决策。如何让机器做到这些呢？我们所见所听的内容对于机器来说只是一串毫无意义的数字，以前我们通过学习各种编程语言指挥机器去完成各种任务，但现在我们希望它们不依赖这种指挥就能根据人的目的自动察觉要做什么。

让机器带入人类的视角去学习人类的语言，总结经验，从而揣测人类的行为，这是人工智能的目的之一。机器想要做到这些确实很不容易，所以科学家们提出了各种方法，如符号逻辑、概率统计、神经网络、进化仿生等来教机器根据看到的东西不断总结特征，进而做出正确的判断，像一个人一样自己判断、观察、总结与执行，当机器拥有了以上行为，我们就可以说它具备了人工智能。这样机器就不再只是人类的工具，而是我们的伙伴和朋友，它们可以不惧疲劳地代替人类去驾驶汽车，不惧烟雾帮我们去火场救人，还能成为我们城市的大脑，指挥电网和交通网的运行，甚至代替科学家去探索未知的科学规律。

单元思维导图

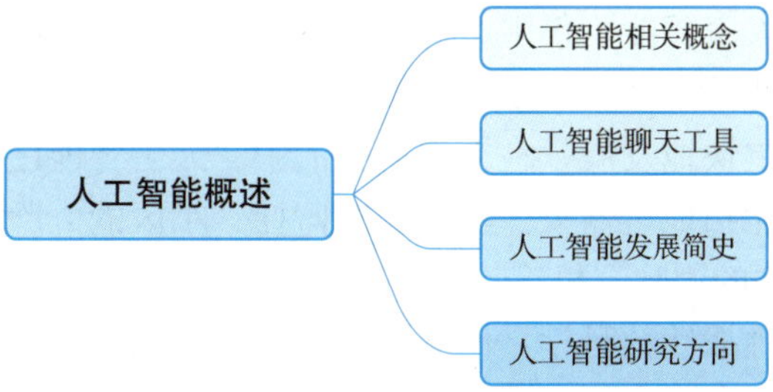

知识目标

- 掌握人工智能的基本概念、发展历程、主要技术和应用领域。
- 了解机器学习、深度学习和自然语言处理等关键技术。

能力目标

- 能够查找和阅读有关人工智能的学术论文和技术文档。

素质目标

- 厚植家国情怀，理解人工智能发展的社会责任，树立科技报国志向。
- 锤炼创新能力，培养严谨求实的科学态度，提升团队协作与实践能力。
- 恪守技术伦理，增强人工智能应用中的法律意识与道德判断力。

任务 了解人工智能相关知识

任务说明

小张对人工智能相关知识已经有了初步的了解，在本任务中小张需要通过互联网利用各种工具对人工智能概念进行搜索与总结。

预备知识

一、人工智能相关概念

人工智能（artificial intelligence, AI）是研究、开发用于模拟、延伸和扩展人的智能的理论、方法、技术及应用系统的一门新的技术科学。它试图通过理解人类智能活动的原理和机制，并开发一种模拟人类智能的方式做出反应的智能机器。人工智能的定义可以分为两部分，即“人工”和“智能”。“人工”比较好理解，争议性也不大。有时我们会要考虑什么是人力所能及制造的，或者人自身的智能程度有没有高到可以创造人工智能的地步等。但总的来说，“人工系统”就是通常意义上的由人类设计和制造的系统。

人工智能是研究使计算机来模拟人的某些思维过程和智能行为（如学习、推理、思考、规划等）的学科，主要包括计算机实现智能的原理、制造类似于人脑智能的机器，使计算机能实现更高层次的应用。人工智能将涉及计算机科学、心理学、哲学和语言学等学科，可以说几乎涉及自然科学和社会科学的所有学科，其范围已远远超出了计算机科学的范畴，人工智能与思维科学的关系是实践和理论的关系，人工智能是处于思维科学的技术应用层次，是它的一个应用分支。从思维观点看，人工智能不仅限于逻辑思维，还要考虑形象思维、灵感思维才能促进人工智能的突破性发展，数学常被认为是多种学科的基础科学，人工智能学科也必须借用数学工具，它们将互相促进而更快地发展。在人们的生活中，人工智能已无所不在，例如：家中的智能音响、智能门锁、智能扫地机器人、智能家庭监控；小区的人脸识别闸机、智能监控；超市的刷脸支付；机场和高铁的刷脸闸机等。

人工智能是一门极具挑战性的科学，但不同的时代、不同的人对这种“复杂工作”的理解是不同的。2021年9月25日，《新一代人工智能伦理规范》发布，旨在促进人工智能的健康发展。

二、人工智能聊天工具

目前人工智能已经应用于社会的各个领域。例如ChatGPT，它是一种基于GPT（generative

pre-trained transformer，生成式预训练转换器）的聊天机器人技术。与传统的聊天机器人不同的是，GPT聊天机器人使用了生成式模型和预训练技术，使得其可以通过学习海量真实全局文本数据而生成自然流畅、逻辑合理的回答，并能够持续地改进自己。

ChatGPT机器人具有问题回答、娱乐聊天、购物助手等多种应用场景。此外，与传统的模板式聊天机器人不同，ChatGPT机器人可以产生更自然的语言，更好地理解用户的需求，从而提供更准确的答案。它可以与用户对话、回答用户的问题、提供支持，为用户提供更好的体验。

三、人工智能发展简史

1956年夏季，以麦卡赛、明斯基、罗切斯特和申农等为首的一批有远见卓识的年轻科学家在一起聚会，共同研究和探讨用机器模拟智能的一系列有关问题，并首次提出了“人工智能”这一术语，它标志着“人工智能”这门新兴学科的正式诞生。IBM公司“深蓝”计算机击败了人类的世界国际象棋冠军是人工智能技术的一个完美表现。

从1956年正式提出“人工智能”算起，60多年来取得长足发展，“人工智能”成为一门广泛的交叉和前沿科学。总的说来，人工智能的目的就是让计算机能够像人一样思考。如果希望设计出一台能够思考的机器，那就必须知道什么是思考，更进一步讲就是什么是智慧。什么样的机器才是智慧的呢？人们已经有了汽车、火车、飞机、收音机等，它们模仿人们身体器官的功能，但是机器能不能模仿人类大脑的功能呢？这正是“人工智能”目前要解决的问题。

四、人工智能研究方向

人工智能主要分为自然语言处理（natural language processing, NLP）、计算机视觉（computer vision, CV）、数据挖掘（data mining, DM）三个大方向。

（1）自然语言处理：是集计算机科学、人工智能、语言学于一体的交叉学科，研究人与计算机之间用自然语言进行有效通信的各种理论和方法。主要包括机器翻译、文本分类、知识图谱、文本相似度计算、语音识别、情感计算、自动摘要、聊天机器人等。

（2）计算机视觉：是研究如何使机器“看”的科学，使用计算机及相关设备对生物视觉进行模拟，研究如何运用照相机和计算机来获取人们所需的数据与信息。主要包括行人检测、人脸识别、自动驾驶、图像分类、目标检测、智能安防等。

（3）数据挖掘：是指从大量的数据中通过算法搜索隐藏其中信息的过程，主要有广告计算、推荐系统、用户画像、各类预测分类任务等，DM多领域也需要用到NLP的知识。

AlphaGo属于深度学习，深度学习可以应用于搜索技术、数据挖掘、机器学习、自然语言处理等很多领域。

任务分析

本次任务中，需要掌握以下技能：

（1）使用搜索引擎在线查找人工智能相关资料。

（2）使用ChatAI聊天工具提问人工智能相关问题。

任务实施

可以用计算机或者手机打开浏览器，尝试进行在线资料搜索，在ChatAI中提问，并对搜集到的知识通过思维导图进行总结。

实施步骤：

（1）打开Edge浏览器，在地址栏输入搜索引擎地址，输入人工智能等关键词进行搜索。

（2）使用ChatAI工具，完成智能对话，打开Edge浏览器，为其添加Wetab插件注册，使用其中的ChatAI，提问内容：请简述人工智能发展简史。

安装Wetab插件步骤如图1-1所示。

①在Edge浏览器中单击右侧“…”按钮，在弹出菜单中选择【扩展】命令，在对话框中选择【管理扩展】命令。

②在弹出窗口中单击【获取Microsoft Edge扩展】链接，在弹出窗口的文本框中输入【WeTab】回车搜索。

③在右侧选择列表中找到WeTab，然后单击【获取】按钮，在弹出的对话框中单击【添加扩展】按钮。

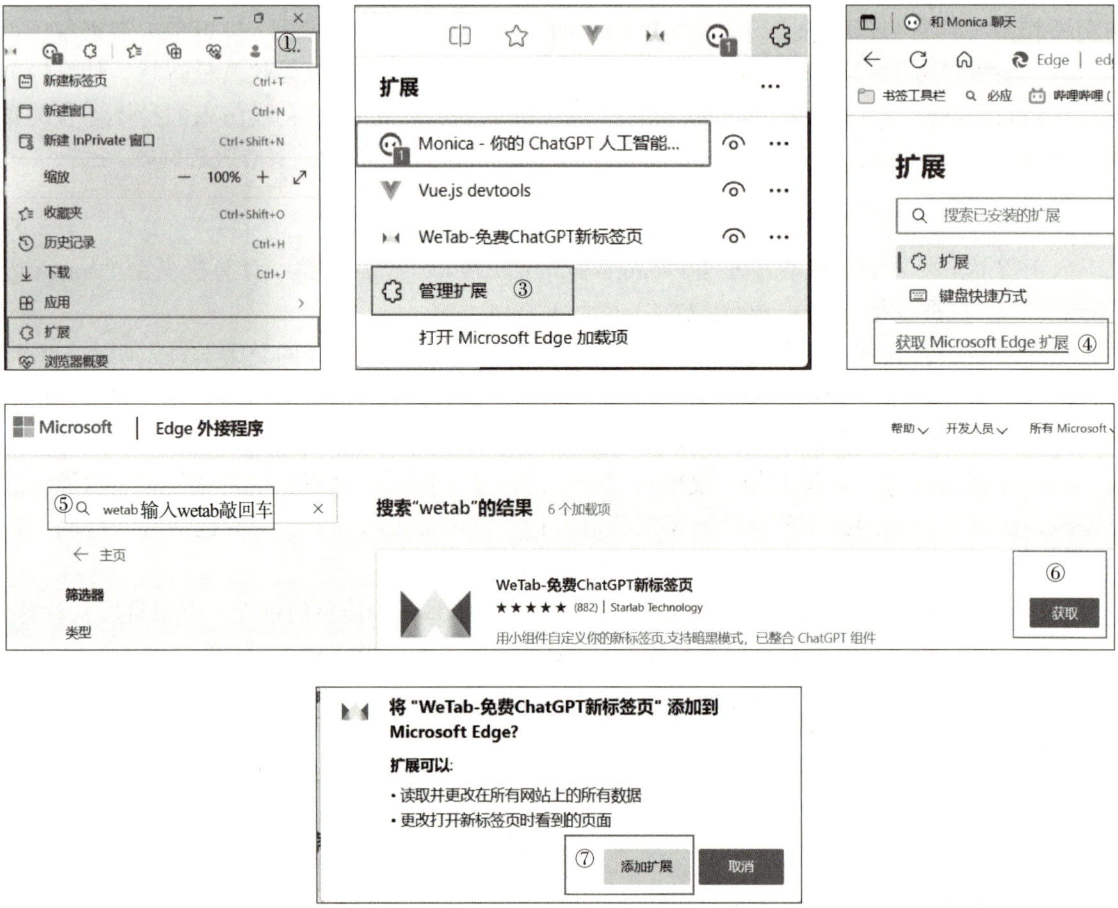

图1-1　使用免费ChatGPT工具过程

注册WeTab过程如图1-2所示。

①在Edge浏览器中打开WeTab，单击WeTab Ai，然后输入邮箱地址注册。

②注册成功后使用注册邮箱登录即可使用。

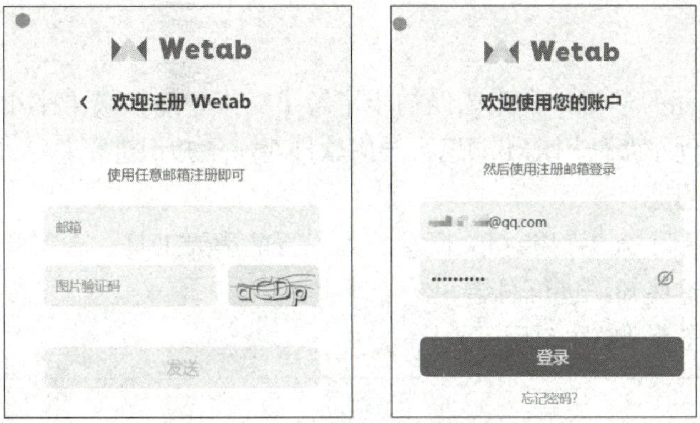

图1-2　Wetab注册过程

任务效果

使用搜索引擎查询“人工智能”内容，如图1-3所示。

图1-3　进行关键词搜索

使用ChatAI工具查询人工智能发展史，对话效果如图1-4所示。

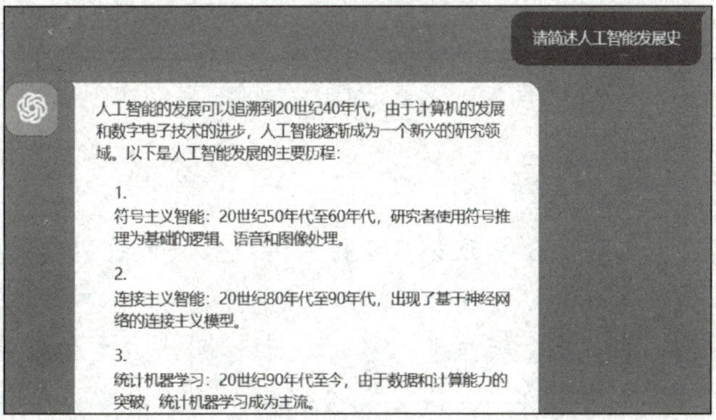

图1-4　使用ChatAI进行提问的结果

视 频

人工智能概述

任务拓展

视频

人工智能总结

通过本单元的学习，小张已经初步了解了人工智能，接下来小张要对本单元知识进行梳理，请帮助小张使用XMind思维导图软件对所学知识进行总结。

任务拓展思路：

本单元学习了人工智能相关概念、人工智能聊天工具、人工智能发展简史及研究方向等，下面对这些知识进行总结。

任务拓展效果如图1-5所示。

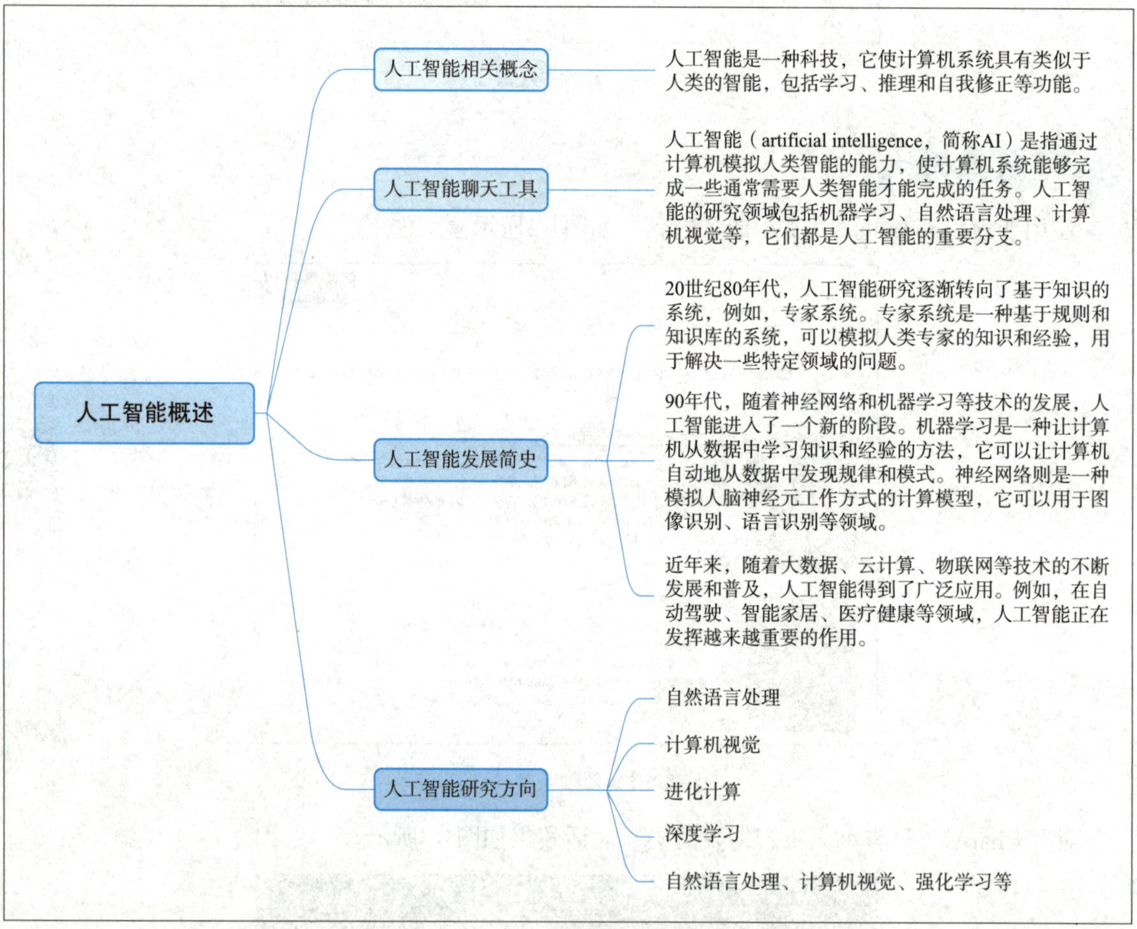

图1-5　本单元知识总结效果图

延伸阅读：敦煌壁画的“AI修复师”

2023年，敦煌研究院与腾讯合作开发的“数字供养人”系统引发关注。该系统通过高精度三维扫描（精度达0.05 mm）和生成对抗网络（GAN），成功复原了莫高窟第45窟已消失的唐代彩绘。令人动容的是，参与项目的工程师李雯发现，AI在复原一幅《飞天》壁画时，自动补全了被氧化掩盖的莲花纹样——这与20世纪40年代常书鸿先生的手稿记录完全吻合。

“技术让历史开口说话”，李雯在项目日志中写道，“我们不是创造者，只是文明的转译者”。

阅读思考：当AI遇见千年文明，科技如何成为文化传承的新载体？

习　题

一、选择题

1. 人工智能的英文缩写是（　　）。

A. AI　　B. IA　　C. AAI　　D. IAI

2. （　　）提出了著名的图灵测试。

A. Alan Kay　　B. John McCarthy

C. Alan Turing　　D. Marvin Minsky

3. 在人工智能领域中，用于模仿人类学习过程的一类算法被称作（　　）。

A. 遗传算法　　B. 专家系统

C. 机器学习　　D. 自动推理

二、问答题

请简述人工智能的概念。

三、讨论题

讨论人工智能在未来社会中可能带来的正面和负面影响。

单元 2 TensorFlow 和 PyTorch 环境搭建

导读

在国务院《“十四五”数字经济发展规划》和工信部《新一代人工智能产业三年行动计划（2023—2025年）》的指导下，我国正加速推进人工智能核心技术攻关和产业生态建设。其中特别强调要培育自主可控的深度学习框架生态，支持开源社区发展。作为当前最主流的两个深度学习框架，TensorFlow和PyTorch各有优势：TensorFlow在工业部署和端到端解决方案上表现突出，而PyTorch则凭借其灵活性和易用性成为科研领域的首选。

大学生小张深知，掌握这两大框架的安装与配置是AI开发的基本功。本单元将跟随小张完成从环境搭建到基础应用的完整实践，为后续学习打下坚实基础。

单元思维导图

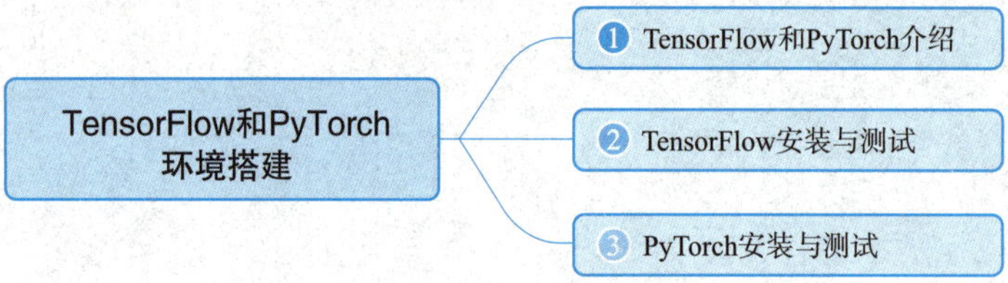

知识目标

- 了解TensorFlow和PyTorch的特点。
- 掌握TensorFlow和PyTorch环境搭建过程。

能力目标

- 能根据所需环境搭建好TensorFlow和PyTorch的运行环境并进行代码测试。

素质目标

- 培养严谨求实的工程素养，在环境配置中锤炼精益求精的工匠精神。
- 树立开放共享的技术理念，通过开源协作践行科技报国的使命担当。

任务 2.1 了解 TensorFlow 和 PyTorch

任务说明

小张已经对TensorFlow和PyTorch有了初步的了解，接下来小张还需要通过互联网进一步搜索与总结相关的知识。

预备知识

一、TensorFlow 介绍

TensorFlow是由Google开发的开源机器学习框架。它提供了一个强大的计算图计算引擎，用于构建和训练各种机器学习模型，特别是深度神经网络。TensorFlow以静态计算图的方式运行，这意味着开发者需要先定义计算图，然后再执行计算。TensorFlow具有广泛的应用领域，包括图像识别、自然语言处理、推荐系统等。

（一）计算图

TensorFlow的核心是计算图。计算图由节点（表示操作）和边（表示数据流）组成。开发者可以构建静态计算图，然后在会话中执行计算。这种方式可提高执行效率，适用于需要重复执行相同计算的情况。

（二）API 和工具

TensorFlow提供了丰富的API和工具，包括tf.keras（高级API，用于构建神经网络模型）、tf.data（用于处理输入数据）、tf.image（用于图像处理）、tf.transform（用于数据预处理）等。此外，TensorFlow还提供了TensorBoard可视化工具，用于监视和调试模型训练过程。

（三）兼容性

TensorFlow可以在各种硬件和平台上运行，包括CPU、GPU、TPU（tensor processing unit）等。它还支持多种编程语言，如Python、C++、Java等，可以方便地与其他系统集成。

二、PyTorch 介绍

PyTorch是由Facebook的研究院开发的开源机器学习框架。与TensorFlow不同，PyTorch采用了动态计算图的方式，这意味着计算图是在运行时动态构建的。这个特性使得PyTorch更加具有灵活性和可读性，开发者可以更直观地调试和编写代码。PyTorch也提供了丰富的工具和函数库，用于构建和训练深度学习模型。

（一）动态计算图

PyTorch的一个显著特点是动态计算图，即计算图是在运行时动态构建的，使开发者可以更直观地调试和编写代码。这种灵活性使得PyTorch成为研究领域的首选框架。

（二）Pythonic 风格

PyTorch采用了Pythonic风格的API设计，语法简洁、易于理解和使用。开发者可以像使用普通Python代码一样编写深度学习模型，大大降低了学习难度。

（三）自动求导

PyTorch内置的自动求导功能简化了模型的训练过程。开发者可以通过计算图中的操作直接计算梯度，并使用它们来更新模型参数。这大大简化了手动求导的烦琐过程。

TensorFlow在静态计算图和跨平台兼容性方面具有优势，适合大规模部署和高性能需求。

PyTorch在动态计算图和Pythonic风格方面更为灵活和直观，适用于研究、原型设计和快速迭代开发。选择哪个框架取决于个人偏好、项目需求以及团队的技术栈和经验。

任务分析

本次任务中，小张需要通过搜索引擎与类ChatGPT工具完成对TensorFlow与PyTorch的搜索与总结。

任务实施

通过以上介绍，小张可以用计算机或者手机打开浏览器，尝试进行在线资料搜索。

实施步骤：

（1）TensorFlow：选择必应搜索引擎，输入TensorFlow，结果如图2-1所示。

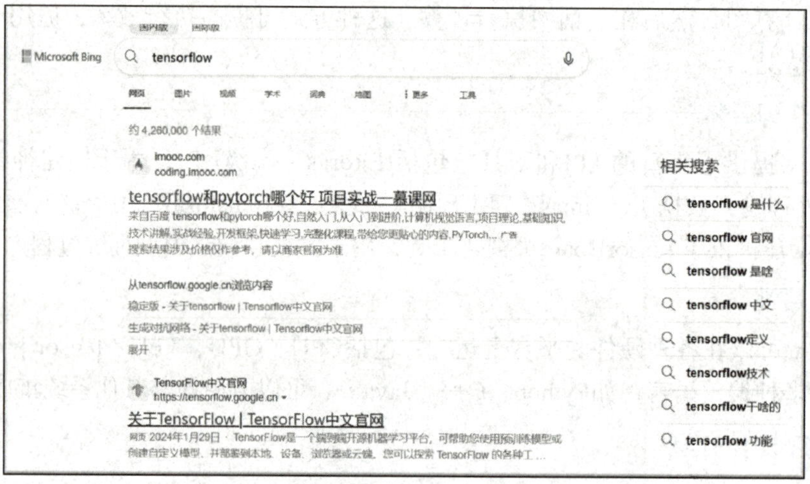

图2-1　使用必应搜索引擎搜索TensorFlow

单击链接进入TensorFlow官网，如图2-2所示。

图2-2　TensorFlow官网

（2）PyTorch：选择必应搜索引擎，输入PyTorch，结果如图2-3所示。

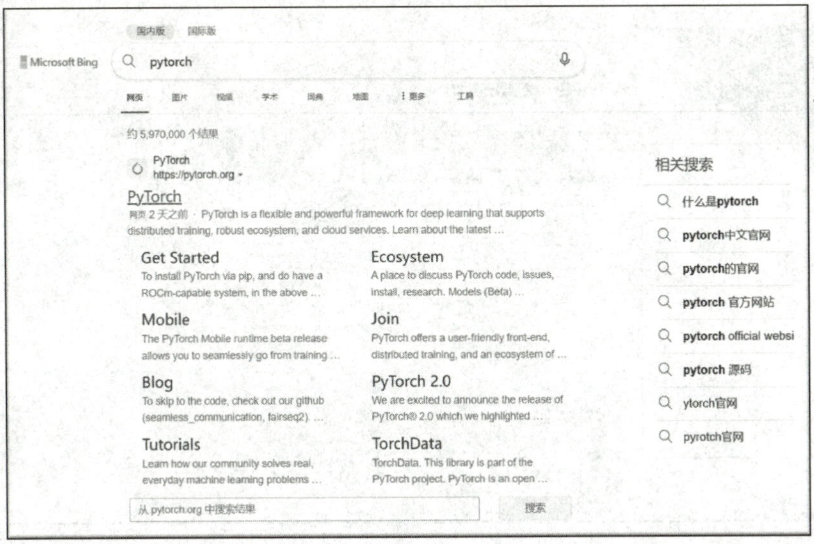

图2-3　使用必应搜索引擎搜索PyTorch

单击链接进入PyTorch官网，如图2-4所示。

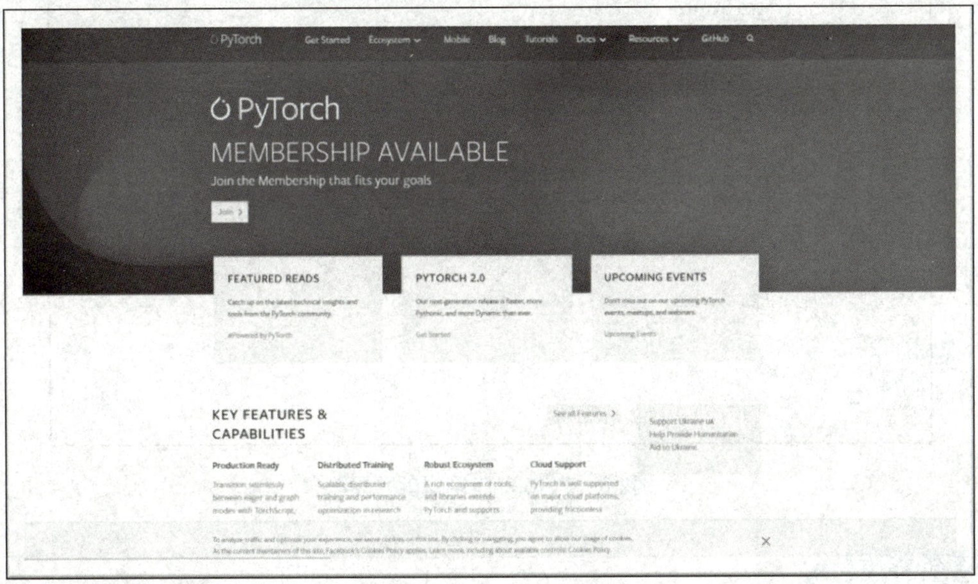

图2-4　PyTorch官网

任务效果

如图2-5和图2-6所示，登录TensorFlow与PyTorch官网直接查看相关内容。

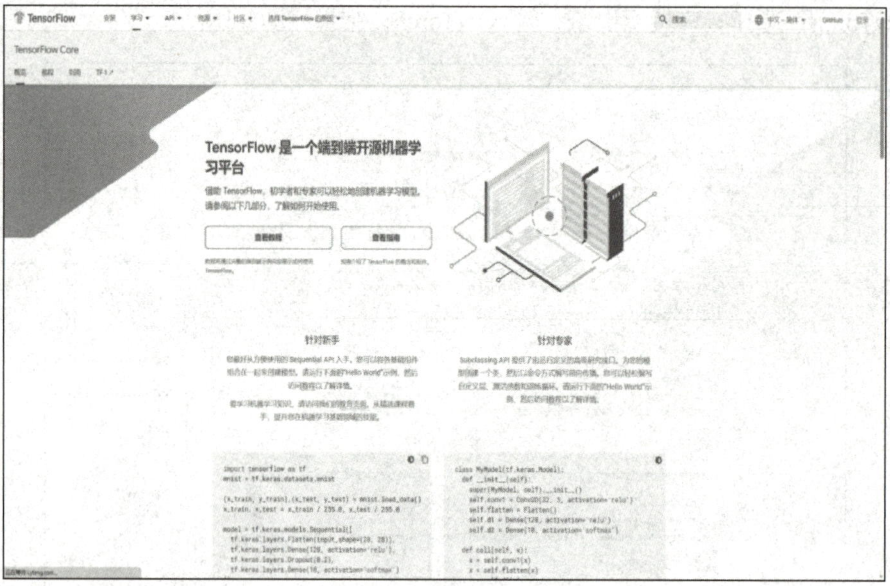

图2-5　TensorFlow官网提供的教程

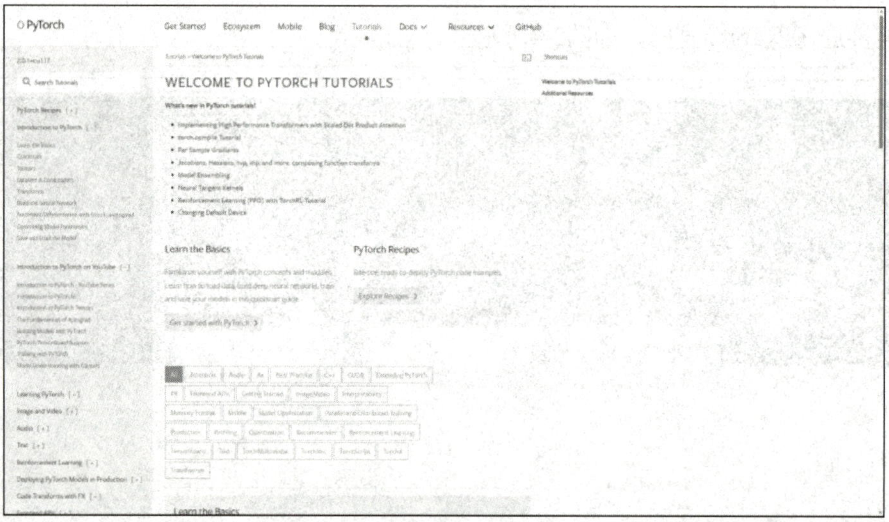

图2-6　PyTorch官网提供的教程

视频

TensorFlow和PyTorch介绍

任务拓展

视频

TensorFlow和PyTorch总结

在本任务中，小张学习到了关于TensorFlow和PyTorch的基础知识，下面帮助小张使用XMind思维导图软件对以上知识进行总结。

任务拓展思路：

对TensorFlow和PyTorch的特点进行梳理，使用下面的XMind工具将其特点进行总结，参照本单元导图画出TensorFlow和PyTorch的知识导图。

任务拓展效果图如图2-7所示。

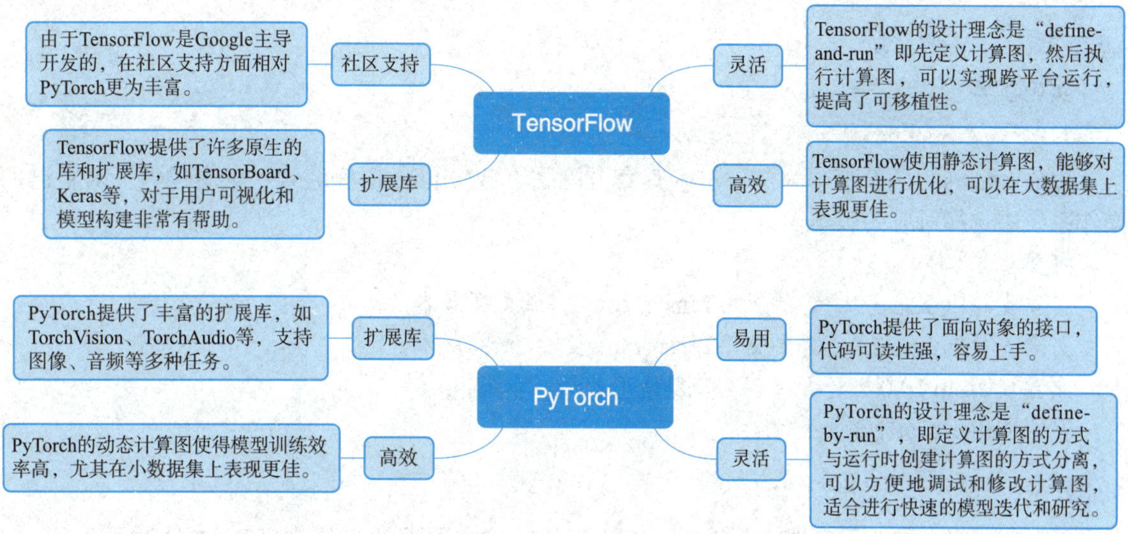

图2-7 用XMind对TensorFlow和PyTorch进行知识梳理

任务 2.2 TensorFlow 安装与测试

任务说明

接下来，小张需要进入TensorFlow环境的搭建环节。

预备知识

一、TensorFlow 官网安装步骤

可以从TensorFlow中文官网去查询关于TensorFlow2的安装需求与步骤。

二、操作系统要求与相关软件环境版本

（1）Windows必须是7及以上版本。

（2）Ubuntu为16.4或更高版本。

（3）MacOS为10.12.6（Sierra）或更高版本（不支持GPU）。

任务分析

Python版本为3.6~3.9（建议用Miniconda重新安装）。

本书主要以Windows操作系统安装为主，其他操作系统可通过官网查询安装步骤。为了简化烦琐的安装过程，本书采用了简化版的集成环境Miniconda，Miniconda是一个Anaconda的轻量级替代，默认只包含了Python和Conda，但是可以通过pip和conda命令来安装所需要的包，目前Miniconda最新Windows版本支持Python 3.11，而且大小只有80.5 MB，强烈推荐大家全新安装最新版Miniconda，避免后期使用TensorFlow2造成库依赖版本不一致的情况。

任务实施

实施步骤：

1. 下载 Miniconda

以Windows的最新版本为例，进入其官方网站下载Miniconla安装包，读者还可针对自己的操作系统去选择对应的版本。

注意:

若要支持Python 3.9，需要使用TensorFlow 2.5或更高版本。

若要支持Python 3.8，需要使用TensorFlow 2.2或更高版本。

需要使用pip 19.0或更高版本（必须使用最新版本的pip）。

升级Python pip的命令：

```
pip install --upgrade pip
```

Windows 7+系统下需要Visual C++支持（从微软官网下载安装）。该版本适适用于Visual Studio 2015、2017和2019。

2. Miniconda 安装

（1）双击图2-8所示图标文件。

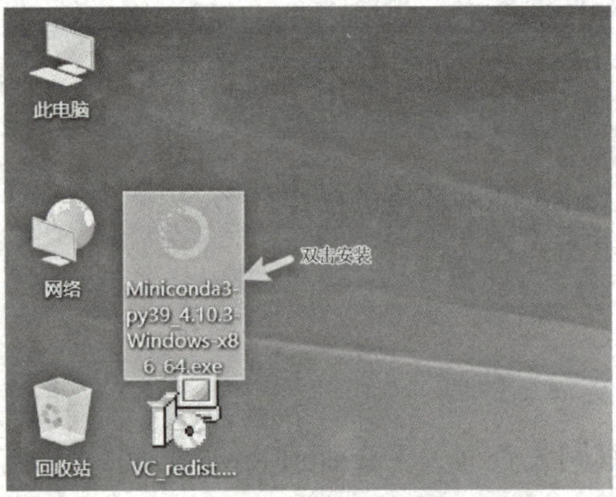

图2-8　Miniconda安装包

（2）单击Next按钮，如图2-9所示。

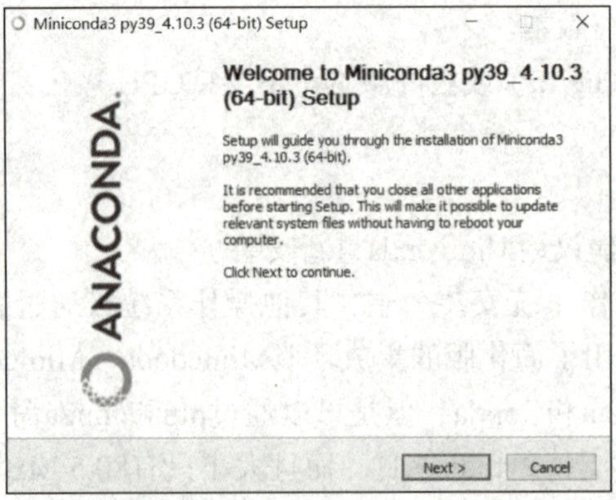

图2-9　Miniconda安装界面1

（3）单击I Agree按钮，如图2-10所示。

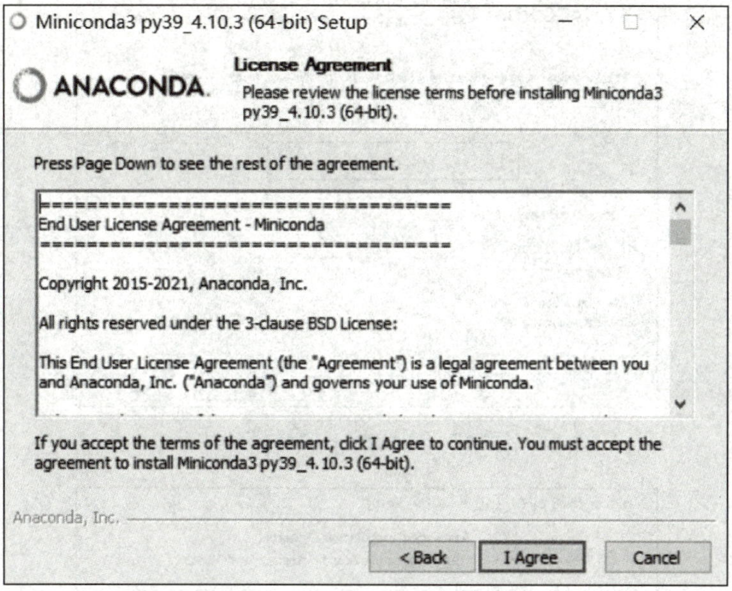

图2-10　Miniconda安装界面2

（4）继续单击Next按钮，如图2-11所示。

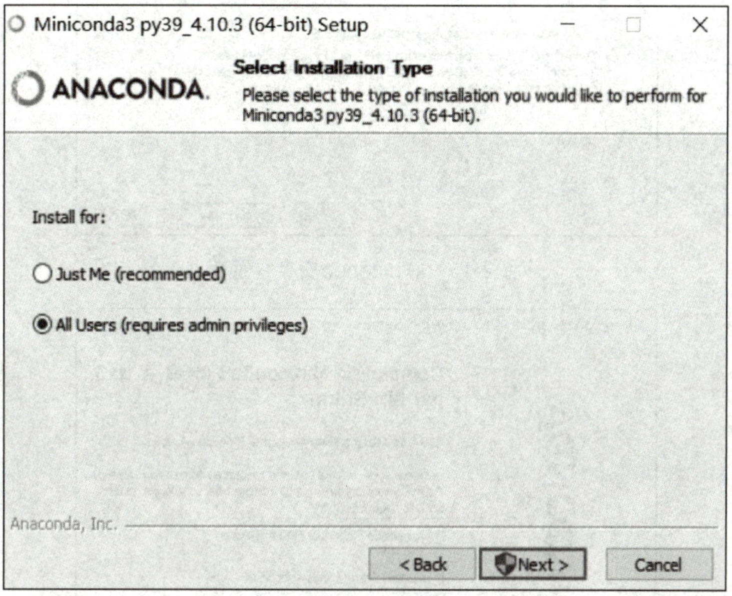

图2-11　Miniconda安装界面3

（5）可以修改为安装路径，本次选择默认，如图2-12所示。

（6）其他默认，单击Install按钮，等待安装完成，如图2-13所示。

（7）去掉图2-14所示复选框的勾选，单击Finish按钮。

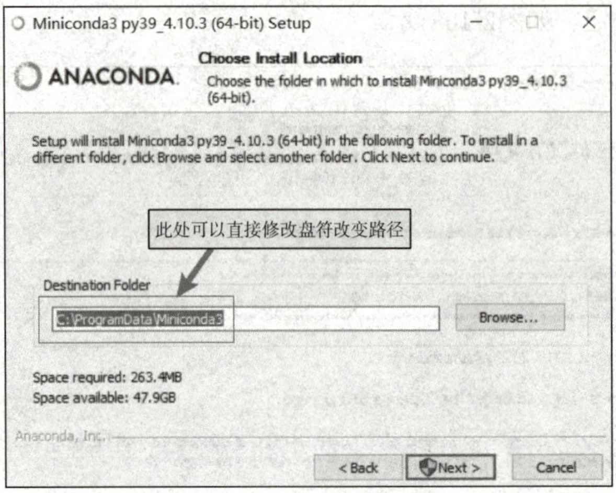

图2-12　Miniconda安装界面4

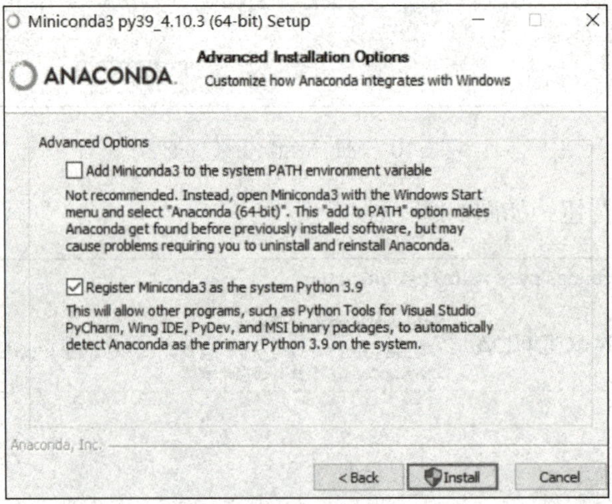

图2-13　Miniconda安装界面5

图2-14　Miniconda安装界面6

（8）接下来验证Python与Conda是否安装成功，单击图2-15中的Windows图标，然后从Anaconda3（64-bit）文件夹下选择Anaconda Prompt（Miniconda），打开Miniconda控制台。

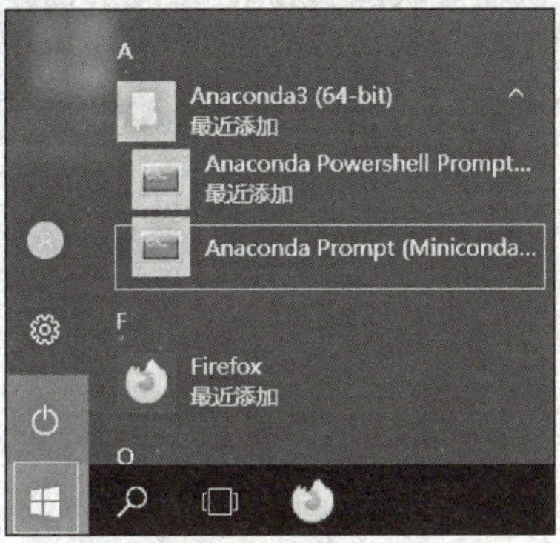

图2-15　“开始”菜单

在里面输入：

```
python -V
```

然后回车，如果出现图2-16所示的内容（显示本机安装的Python版本号），表示Python安装成功。

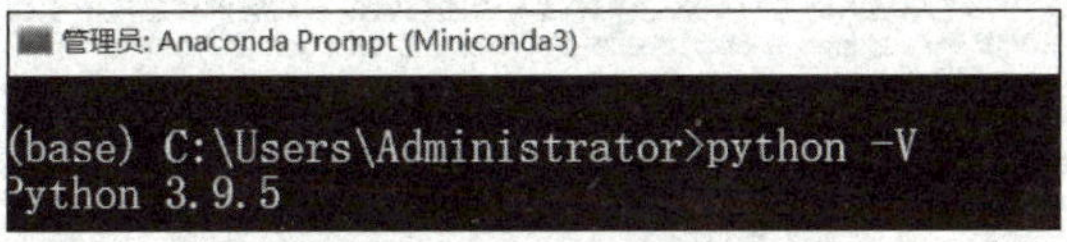

图2-16　Conda提示符界面

通过如下命令查看pip版本：

```
pip list
```

运行结果如图2-17所示。

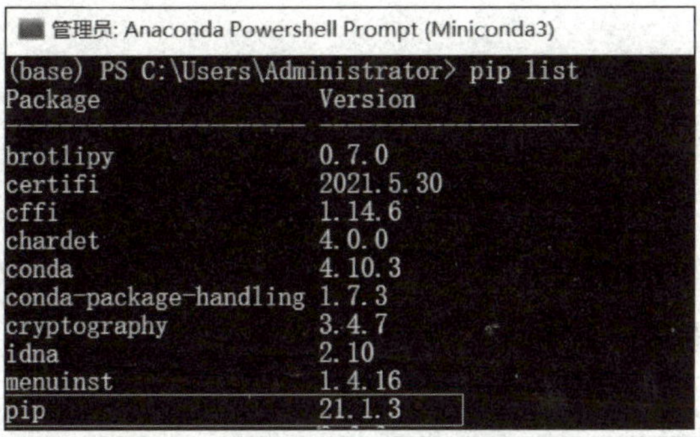

图2-17　运行结果

读者还可以单独配置Conda的仓库与第三方源。

3. VC++安装

双击图2-18所示的安装包文件。

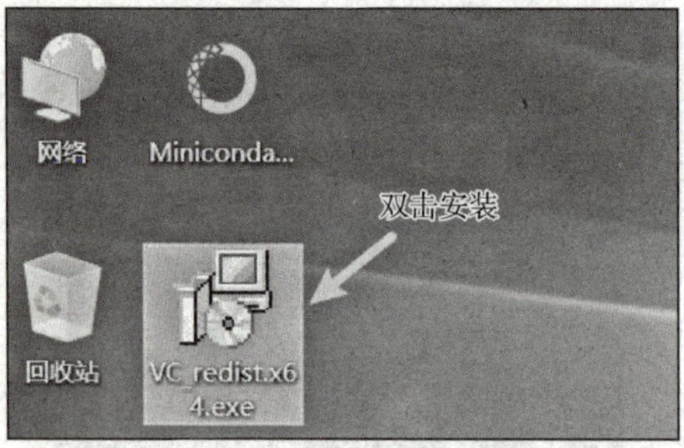

图2-18　VC++运行库安装包

勾选“我同意许可条款和条件”复选框，单击“安装”按钮，等待完成即可，如图2-19所示。

图2-19　VC++运行库安装界面

4. 安装 TensorFlow CPU 版

如果自己的计算机没有NVIDIA显卡，只是进行少量数据运算，TensorFlow CPU版本基本可以满足需求。前期准备工作完成后，便可以安装TensorFlow CPU版本。

Python pip安装命令：

```
pip install模块名-i安装源
```

-i表示安装模块时指定安装源头。

pip安装TensorFlow，打开Miniconda prompt工具，输入如下命令：

```
pip install tensorflow -i https://pypi.doubanio.com/simple/
```

如图2-20所示，下载最新的2.7版本。

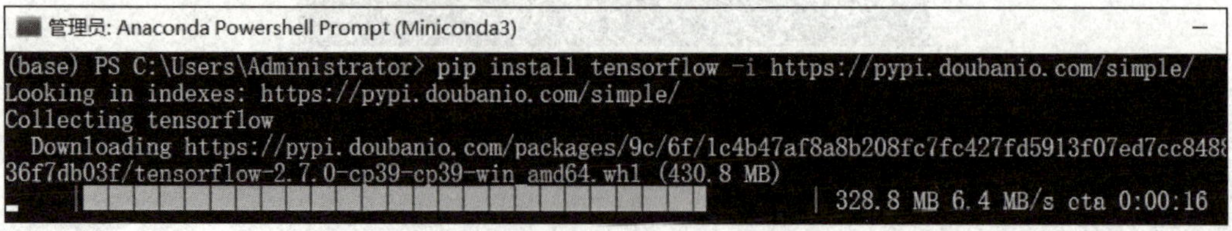

图2-20　TensorFlow安装

还会同时自动下载相关的依赖库。安装完成最终效果如图2-21所示。

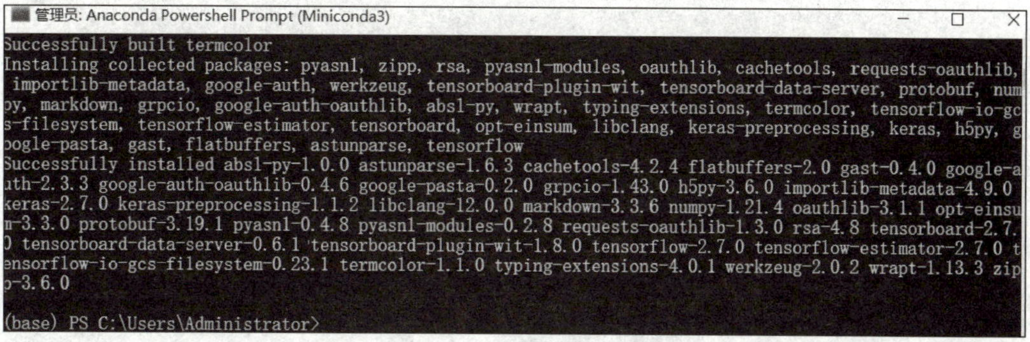

```
管理员: Anaconda Powershell Prompt (Miniconda3)
Successfully built termcolor
Installing collected packages: pyasn1, zipp, rsa, pyasn1-modules, oauthlib, cachetools, requests-oauthlib,
 importlib-metadata, google-auth, werkzeug, tensorboard-plugin-wit, tensorboard-data-server, protobuf, num
py, markdown, grpcio, google-auth-oauthlib, absl-py, wrapt, typing-extensions, termcolor, tensorflow-io-gc
s-filesystem, tensorflow-estimator, tensorboard, opt-einsum, libclang, keras-preprocessing, keras, h5py, g
oogle-pasta, gast, flatbuffers, astunparse, tensorflow
Successfully installed absl-py-1.0.0 astunparse-1.6.3 cachetools-4.2.4 flatbuffers-2.0 gast-0.4.0 google-a
uth-2.3.3 google-auth-oauthlib-0.4.6 google-pasta-0.2.0 grpcio-1.43.0 h5py-3.6.0 importlib-metadata-4.9.0
keras-2.7.0 keras-preprocessing-1.1.2 libclang-12.0.0 markdown-3.3.6 numpy-1.21.4 oauthlib-3.1.1 opt-einsu
m-3.3.0 protobuf-3.19.1 pyasn1-0.4.8 pyasn1-modules-0.2.8 requests-oauthlib-1.3.0 rsa-4.8 tensorboard-2.7.
0 tensorboard-data-server-0.6.1 tensorboard-plugin-wit-1.8.0 tensorflow-2.7.0 tensorflow-estimator-2.7.0 t
ensorflow-io-gcs-filesystem-0.23.1 termcolor-1.1.0 typing-extensions-4.0.1 werkzeug-2.0.2 wrapt-1.13.3 zip
p-3.6.0

(base) PS C:\Users\Administrator>
```

图2-21　TensorFlow安装完成

5. 安装 TensorFlow GPU 版

TensorFlow可以利用NVIDIA GPU强大的计算加速能力，使TensorFlow的运行更为高效，尤其是可以成倍提升模型训练的速度。CUDA是NVIDIA推出的通用并行计算架构，它能使GPU解决复杂的计算问题。NVIDIA GPU需要有支持CUDA的NVIDIA显卡，推荐6 GB以上的NVIDIA显卡，要求其CUDA Compute Capability不低于3.5。

注意：

- NVIDIA驱动版本要求：450.80.02或更高版本。
- NVIDIA驱动对应的CUDA驱动版本必须大于等于CUDA Version 11.2。
- 如果不满足上述要求，去NVIDIA官网下载本机NVIDIA对应型号的最新驱动并安装。

GPU版本有两个依赖库，对于TensorFlow2.7来讲：Cuda-toolkit的可选版本是11.2；Cudnn版本号需要8.1.0或者8.1.1。

在自己计算机上查看NVIDIA显卡驱动版本命令：

```
nvidia-smi
```

（1）查看本机NVIDIA显卡信息：在cmd中输入如上命令，显示结果如图2-22所示。

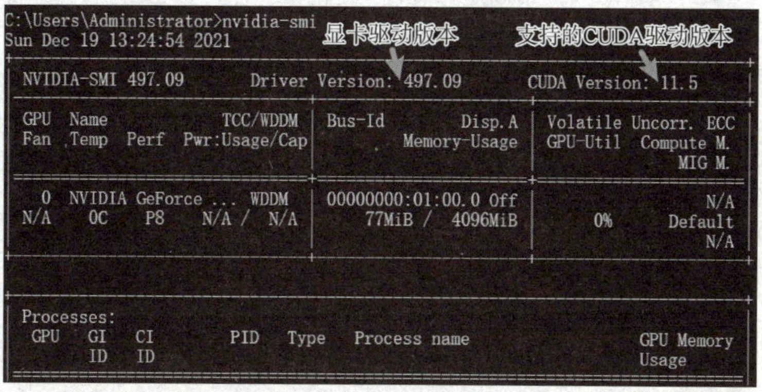


```
C:\Users\Administrator>nvidia-smi
Sun Dec 19 13:24:54 2021
+-----------------------------------------------------------------------------+
| NVIDIA-SMI 497.09       Driver Version: 497.09       CUDA Version: 11.5     |
|-------------------------------+----------------------+----------------------+
| GPU  Name            TCC/WDDM | Bus-Id        Disp.A | Volatile Uncorr. ECC |
| Fan  Temp  Perf  Pwr:Usage/Cap|         Memory-Usage | GPU-Util  Compute M. |
|                               |                      |               MIG M. |
|===============================+======================+======================|
|   0  NVIDIA GeForce ... WDDM  | 00000000:01:00.0 Off |                  N/A |
| N/A   0C    P8    N/A /  N/A  |     77MiB /  4096MiB |      0%      Default |
|                               |                      |                  N/A |
+-------------------------------+----------------------+----------------------+

+-----------------------------------------------------------------------------+
| Processes:                                                                  |
|  GPU   GI   CI        PID   Type   Process name                  GPU Memory |
|        ID   ID                                                   Usage      |
|=============================================================================|
```

图2-22　NVIDIA提供的信息

（2）下载相关依赖工具。

cuda-toolkit官网下载如图2-23所示。

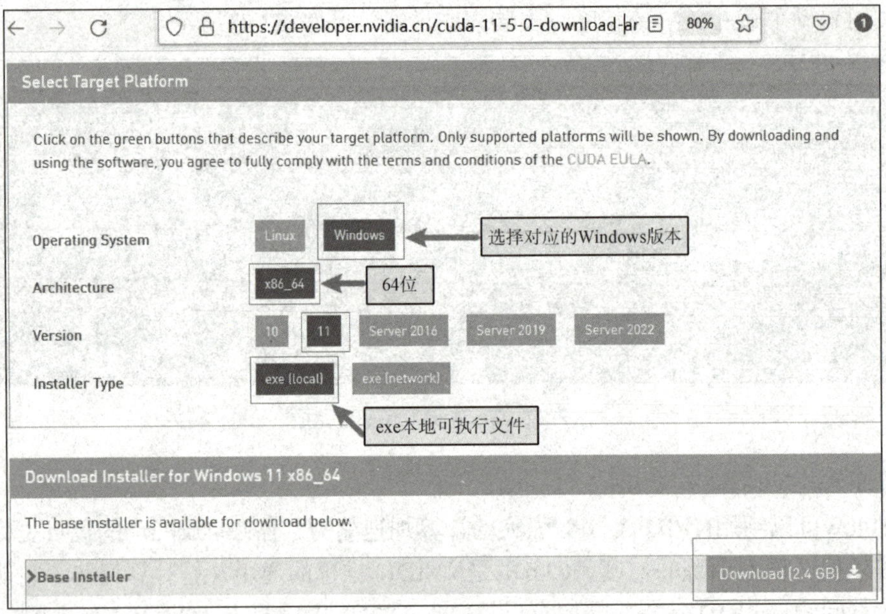

图2-23　cuda-toolkit官网下载

cudnn官网下载如图2-24所示。

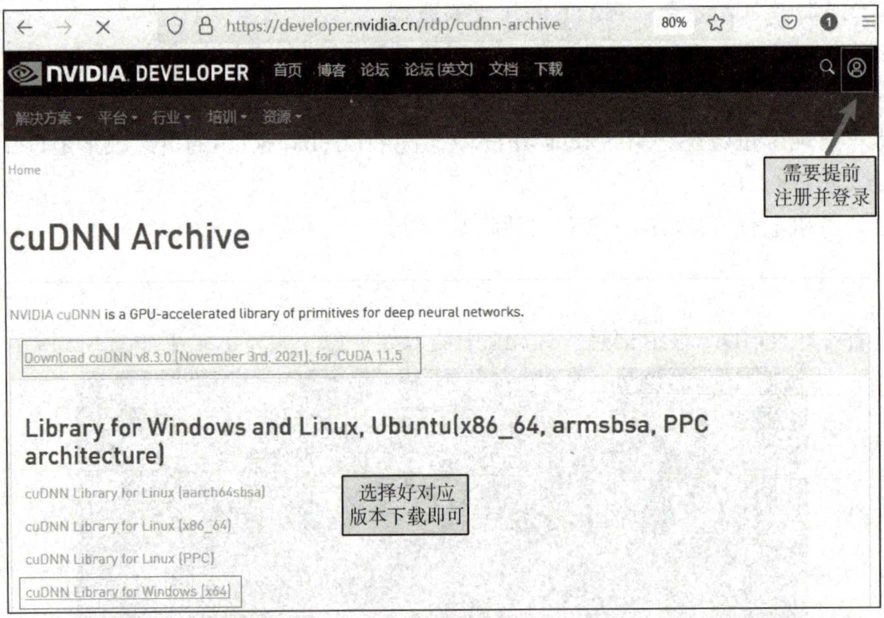

图2-24　cudnn官网下载

读者可根据自己计算机的NVIDIA显卡配置情况与TensorFlow官网指南上的说明选择下载对应的版本即可。

根据Cuda版本，下载了Cuda-toolkit11.5和cudnn11.5，接下来完成安装与配置。

（3）安装与配置。

①安装Cuda。双击下载好的安装文件，如图2-25所示。

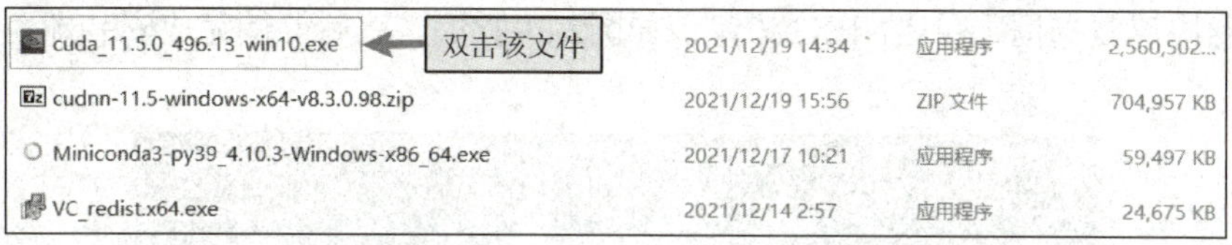

图2-25　Cuda安装包

先需要解压该文件，单击OK按钮即可，如图2-26所示。

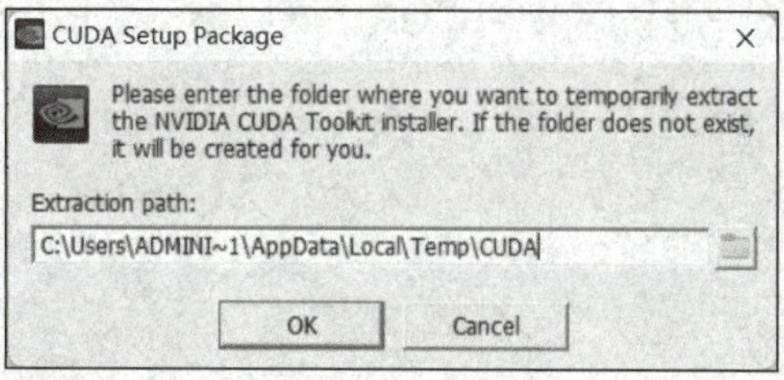

图2-26　Cuda安装页面1

解压完成后，出现图2-27所示的窗口，单击“同意并继续”按钮。

图2-27　Cuda安装页面2

保持默认选项，单击“下一步”按钮（选择“自定义”单选按钮可以选择安装路径），如图2-28所示。

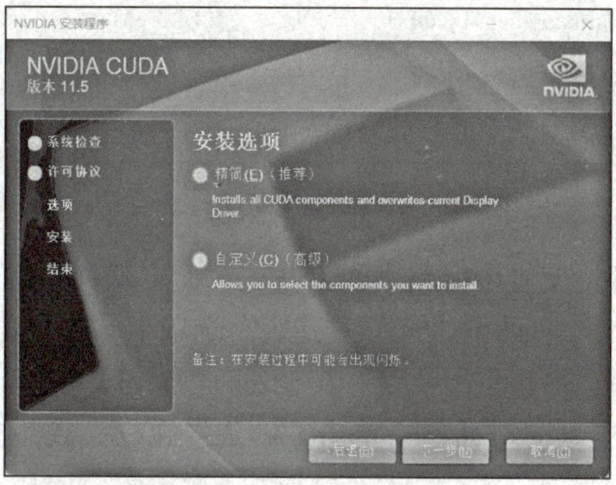

图2-28　Cuda安装页面3

勾选同意协议复选框，单击NEXT按钮，如图2-29所示。然后等待完成安装即可。

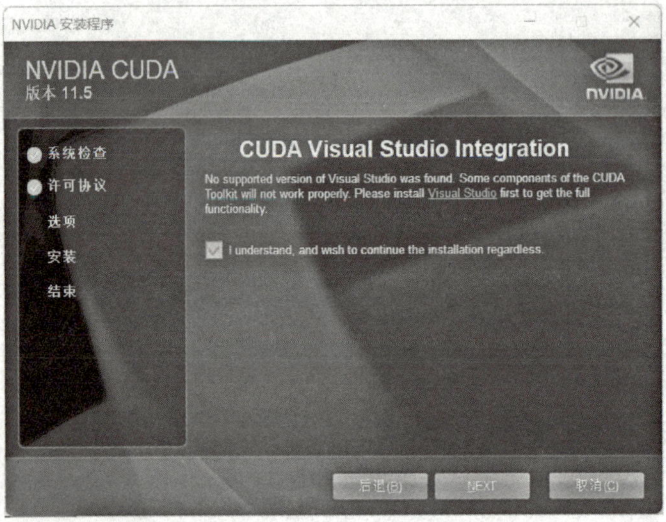

图2-29　Cuda安装页面4

②配置cudnn。由于该文件是个压缩文件，需要先解压该文件到指定目录，然后将该目录下的bin目录添加到系统环境变量path中。解压路径与bin目录如图2-30所示。

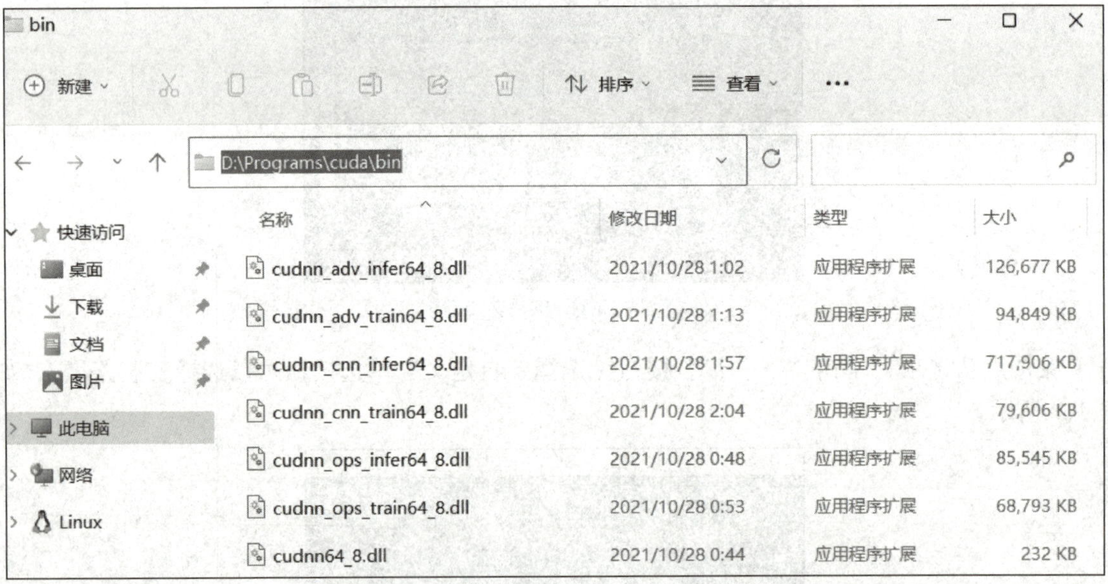

图2-30　cudnn解压路径与bin目录

将该路径配置到path环境变量中，在桌面上右击“此电脑”，在弹出的快捷菜单中选择“属性”选项，弹出“系统属性”对话框，选择“高级”选项卡，再单击“环境变量”按钮，在弹出对话框的“系统变量”下选择Path，然后单击“编辑”按钮，如图2-31所示。

在弹出的“编辑环境变量”对话框中单击“新建”按钮，在下方输入bin路径，然后单击“确定”按钮，如图2-32所示。

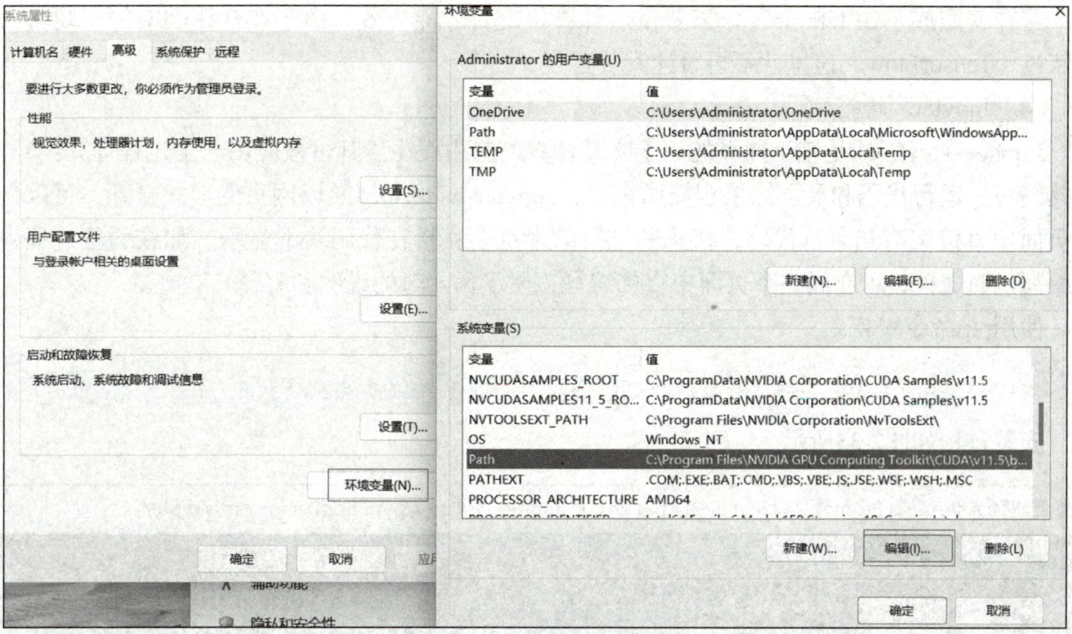

图2-31　Path环境变量配置

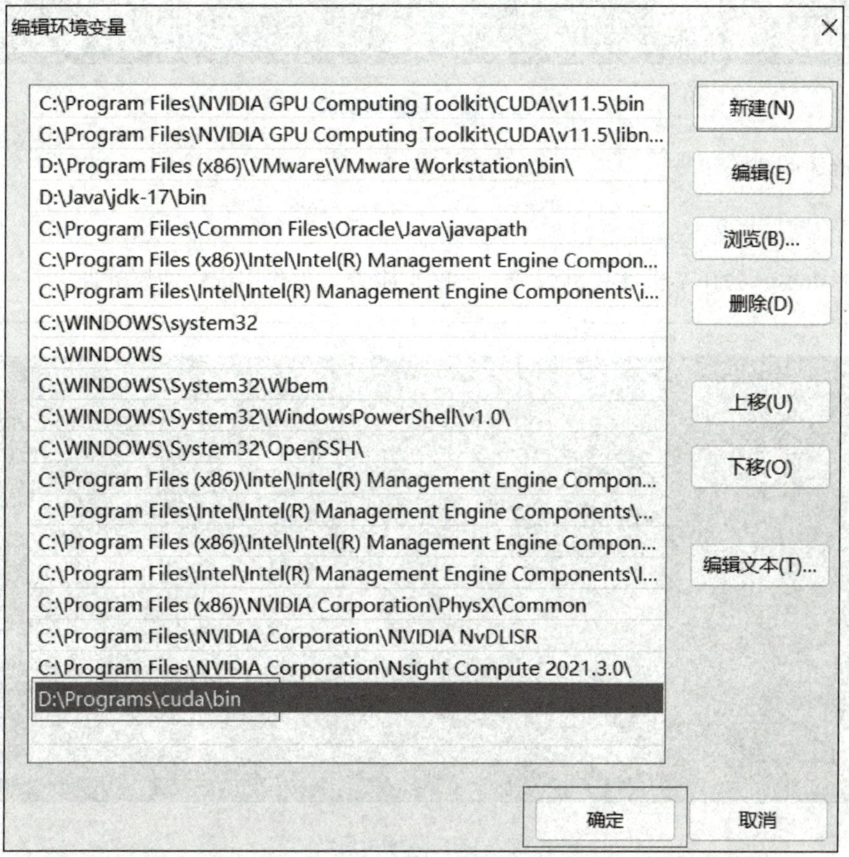

图2-32　Path环境变量配置

这样就完成了GPU的安装，需要重启计算机配置才能生效，由于在介绍CPU的安装时已经安装过了TensorFlow，这里就不再赘述安装过程了。

（4）Jupyter环境搭建。

Jupyter NoteBook是基于网页的用于交互计算的应用程序。其可被应用于全过程计算：开发、文档编写、运行代码和展示结果。简而言之，Jupyter NoteBook是以网页的形式打开，可以在网页页面中直接编写和运行代码，代码的运行结果也会直接在代码块下显示。如在编程过程中需要编写说明文档，可在同一个页面中直接编写，便于作及时的说明和解释。

使用pip命令安装：

```
pip install jupyter -i https://pypi.doubanio.com/simple/
```

安装过程如图2-33所示。

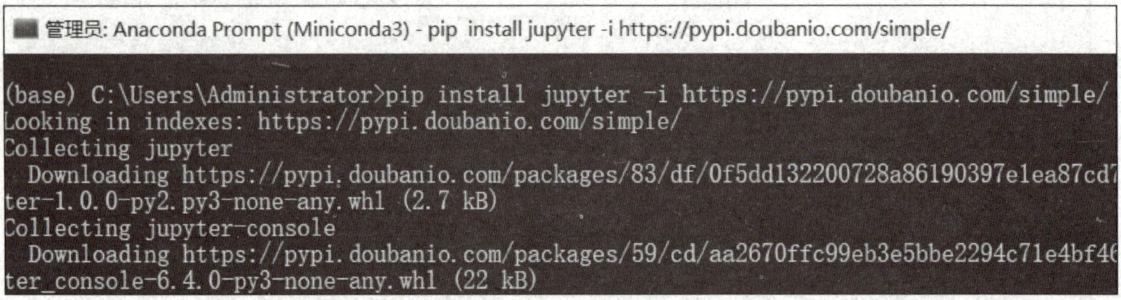

图2-33　Jupyter安装

启动NoteBook命令：

```
jupyter notebook
```

如图2-34所示，会在本机计算机启动一个网页服务，为我们提供使用界面。

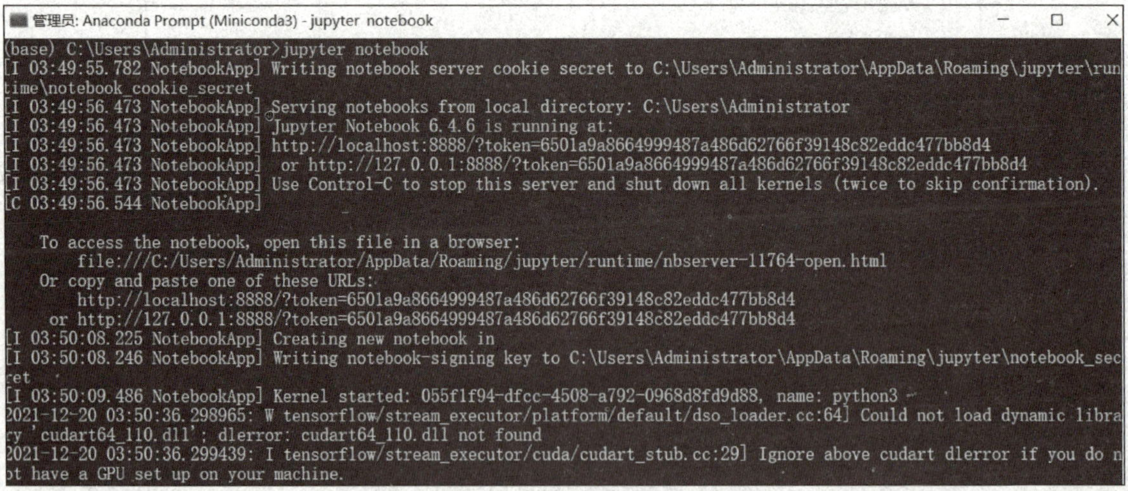

图2-34　Jupyter启动

在new下拉菜单中选择Python 3（ipykernel），如图2-35所示，创建一个网页编辑器。

该NoteBook默认名称为Untitled，可以通过如下方式重命名该NoteBook，如图2-36所示。

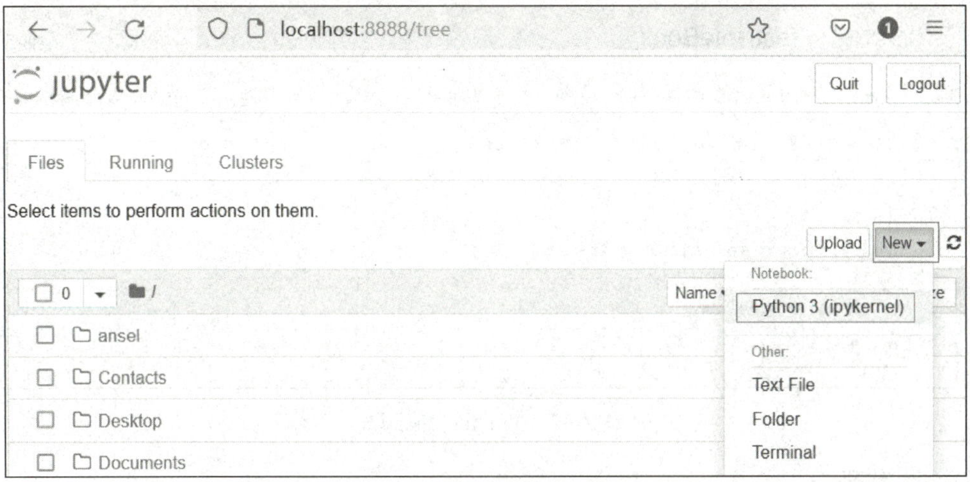

图2-35　Jupyter启动成功

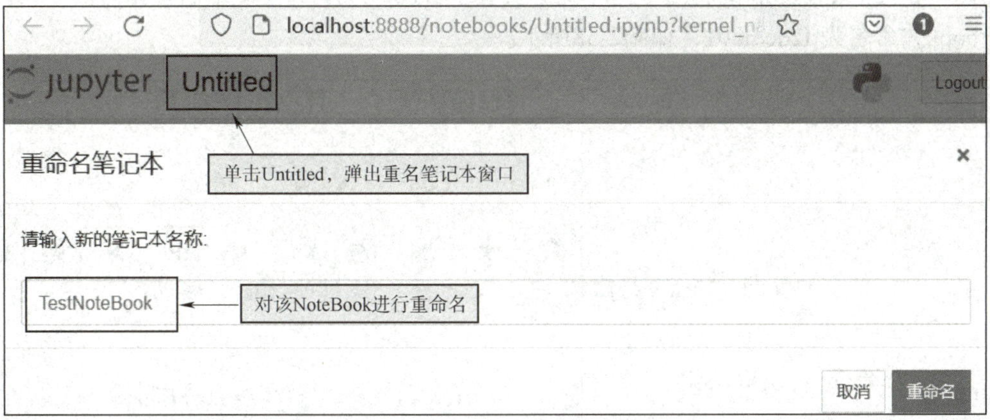

图2-36　Jupyter新建NoteBook

接下来，通过NoteBook进行TensorFlow的导入，并查看其版本。直接在单元格内输入要执行的一整行代码，输入完按【Shift+Enter】组合键执行或者单击“运行”按钮执行，该单元格前面的In [1]，其中，In表示输入，[1]表示执行代码的顺序编号；如果有输出结果，如第二个单元格，则在该单元格下显示结果，Out[2]中的Out表示输出，[2]表示是哪个单元格的执行结果，如图2-37所示。

通过使用可以发现，NoteBook有如下特点：

- 编程时具有语法高亮、缩进、Tab补全的功能。
- 可直接通过浏览器运行代码，同时在代码块下方展示运行结果。

关于Jupyter NoteBook的其他使用教程，读者可以查阅官网文档。

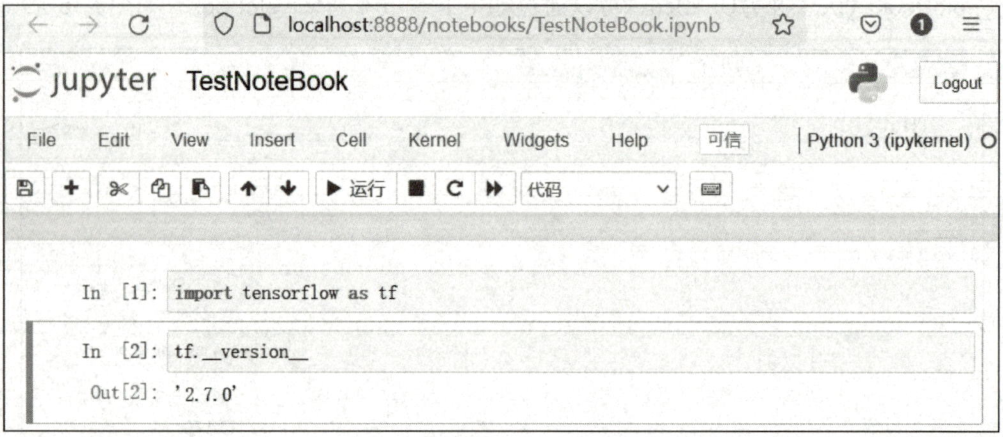

图2-37 Jupyter代码测试

（5）测试代码。

TensorFlow官网的新手快速入门案例。

①从本机conda Prompt的base（此环境中安装了TensorFlow）环境中启动Jupyter NoteBook，创建新book并命名为tf2demo01，如图2-38所示。

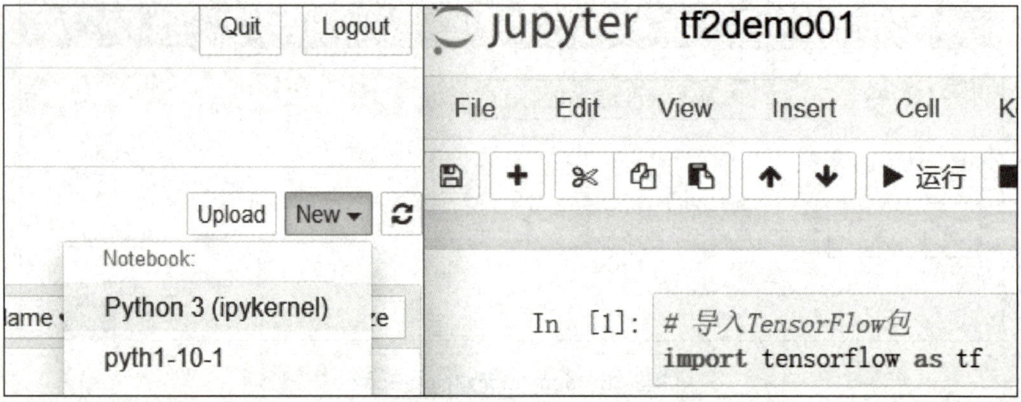

图2-38 Jupyter新建NoteBook

②根据官网代码实现步骤操作：

- 导入TensorFlow。
- 载入并准备好MNIST数据集。将样本从整数转换为浮点数。
- 将模型的各层堆叠起来，以搭建tf.keras.Sequential模型。为训练选择优化器和损失函数。
- 训练并验证模型。
- 查看结果：这个照片分类器的准确度已经达到98%。
- 将以上每一步写入book的每个单元格中，每写一步，运行一次，最终效果如图2-39所示。

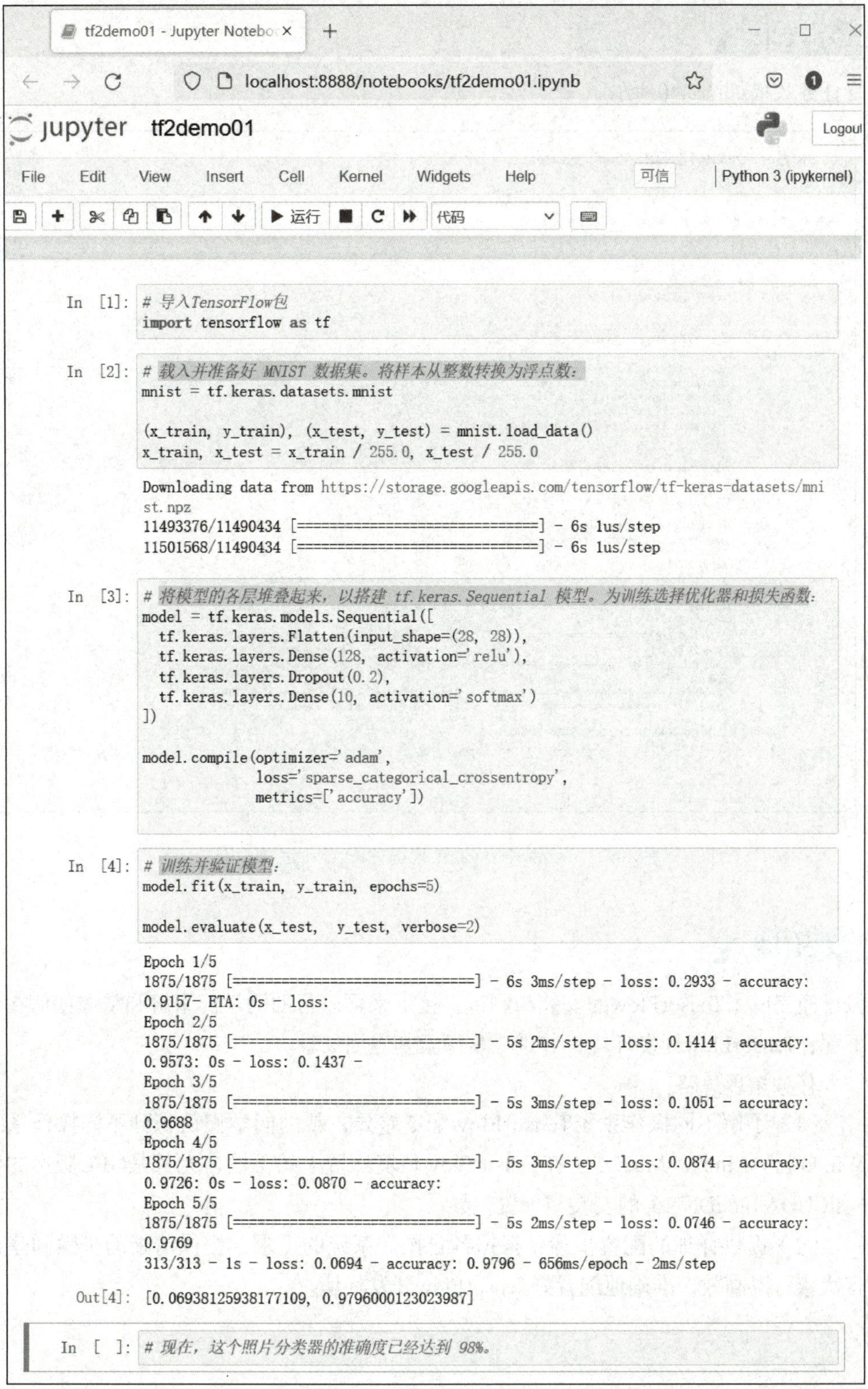

图2-39　TensorFlow测试代码

任务效果

最终任务效果如图2-40所示。

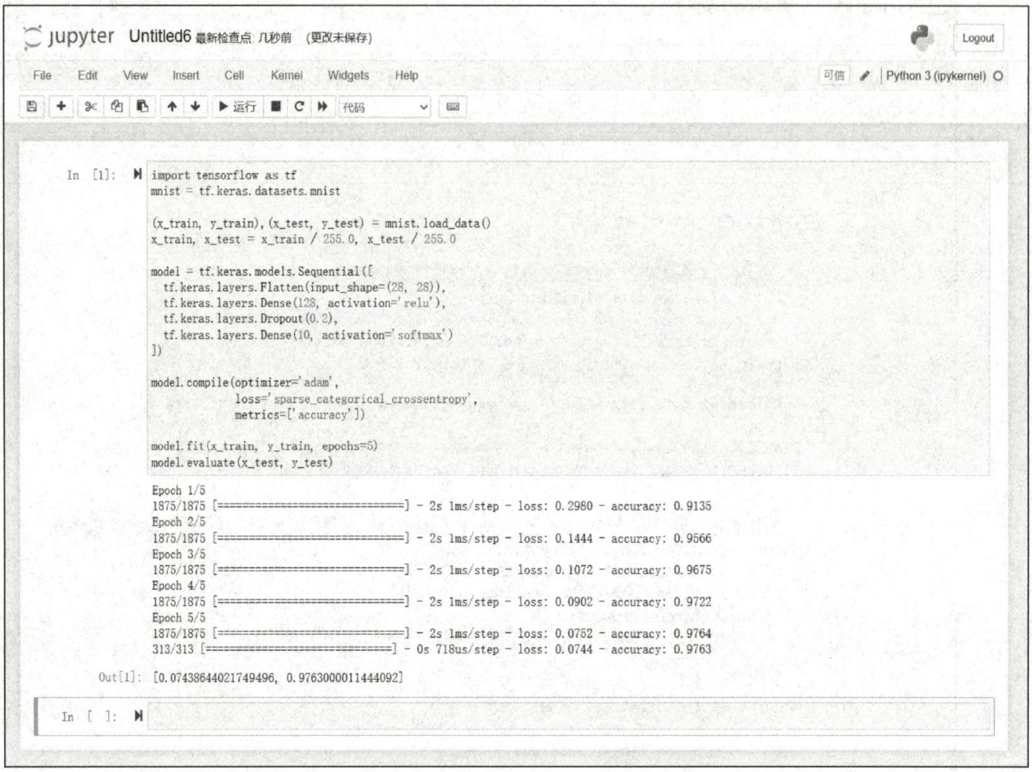

图2-40　TensorFlow测试代码在Jupyter运行截图

视 频
TensorFlow安装

任务拓展

小张已经完成了TensorFlow的安装与测试，接下来可以帮助同学们了解和掌握如何在不同操作系统下配置TensorFlow开发环境，并进一步探索其应用场景。

任务拓展思路：

（1）了解不同操作系统TensorFlow配置差异，帮助同学们认识到不同操作系统（如Windows、Linux、MacOS）在TensorFlow环境配置上的不同，尤其是GPU版本的依赖库（如CUDA和cuDNN）的安装与配置差异。

（2）提供详细的配置步骤：根据各自操作系统的需求，提供清晰的步骤和建议，确保大家可以高效、准确地配置好TensorFlow开发环境。

视 频
TensorFlow配置

任务 2.3　PyTorch 安装与测试

任务说明

由于小张要在同一台计算机上同时安装TensorFlow与PyTorch，PyTorch同样支持GPU的安装，此时它们两个对GPU的库依赖会产生冲突，因此需要将它们两个的安装环境隔离开来，此时Conda的虚拟环境就派上用场了。我们之前安装的TensorFlow都是在Conda的base（默认）环境下安装的，为了避免和TensorFlow的使用环境冲突，小张需要在本任务中完成以下内容：

（1）为PyTorch的安装单独建立一个名为pyth1-10-1（目前PyTorch最新版1.10.1）虚拟环境。

（2）通过官方网站完成对PyTorch的CUP与GPU（无GPU则可忽略此内容）版本的安装。

预备知识

“虚拟环境”是一个Python环境，这样安装在其中的Python解释器、库和脚本就与安装在其他虚拟环境中的及（默认）安装在“系统”Python（也就是作为操作系统的一部分安装的库）中的任何库隔离。

当为项目激活一个虚拟环境时，该项目就变成了它自己的独立应用，独立于系统安装的Python及其模块。

新的虚拟环境有自己的pip来安装库，有自己的库文件夹，新的库被添加到这里，还有自己的Python解释器，用于激活环境的Python版本。

有了这个新环境，这个应用程序变得自成一体，用户可感受到一些好处，比如：

（1）开发环境包含在项目中，并且不干扰系统安装的Python或其他虚拟环境。

（2）可以为多个Python版本创建一个新的虚拟环境。

（3）能够下载软件包到项目中，而不需要管理员的权限。

（4）可以很容易地将应用程序打包，并与其他开发者分享，进行复制。

（5）可以很容易地在一个文件中为项目创建一个依赖和子依赖的列表，这使得其他开发者可以很容易地复制和安装环境中使用的所有依赖项。

任务分析

目前有多种虚拟环境的解决方案，本书中选择Conda作为虚拟环境。

Conda的虚拟环境（也称为Conda环境）是一种强大的工具，它可以帮助用户管理和隔离项目的依赖关系。以下是使用Conda虚拟环境的一些主要好处：

（1）依赖隔离：每个Conda环境都有自己的安装目录，这意味着用户可以在每个环境中安装不同版本的包，而不需要担心它们之间的冲突。这对于处理有不同依赖需求的多个项目非常有用。

（2）版本控制：Conda环境可以帮助用户管理包的版本。例如，如果用户的项目需要一个特定版本的库，可以在环境中安装那个版本，而不会影响其他环境或系统级别的安装。

（3）可复制性：可以导出Conda环境的配置文件，这样其他人就可以使用这个文件来创建具有相同包和版本的环境。这对于确保代码在不同的机器和平台上的一致性非常有用。

（4）跨平台：Conda是一个跨平台的工具，这意味着用户可以在Linux、mac OS和Windows上使用相同的命令来管理环境和包。

（5）支持多种语言：虽然Conda最初是为Python设计的，但它也支持其他语言，如R、Ruby、Lua、Scala、Java、JavaScript、C/ C++、FORTRAN等。

使用Conda环境可以使用户的开发工作更加高效和可靠，特别是当用户需要处理复杂的依赖关系或者需要在多个项目之间切换时。

任务实施

实施步骤：

（1）创建Conda虚拟环境。使用如下命令创建名为pyth1-10-1的虚拟环境并指定Python版本，根据提示输入y确定：

```
conda create -n pyth1-10-1 python=3.9
```

运行结果如图2-41所示。

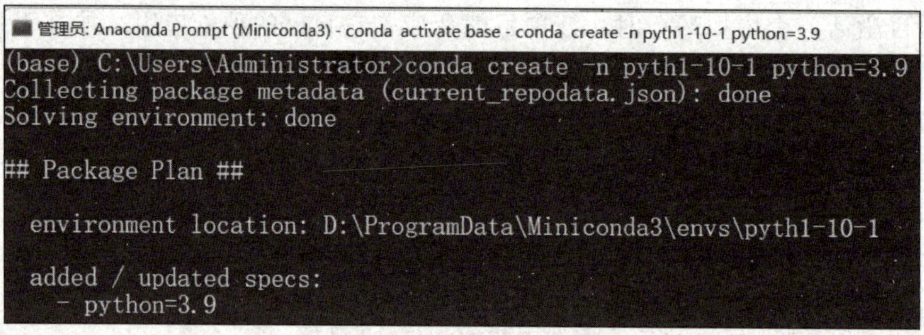

图2-41 创建Conda虚拟环境

①激活该环境。使用如下命令激活当前环境（注意环境显示的前缀文字）：

```
conda activate pytch1-10-1
```

运行结果如图2-42所示。

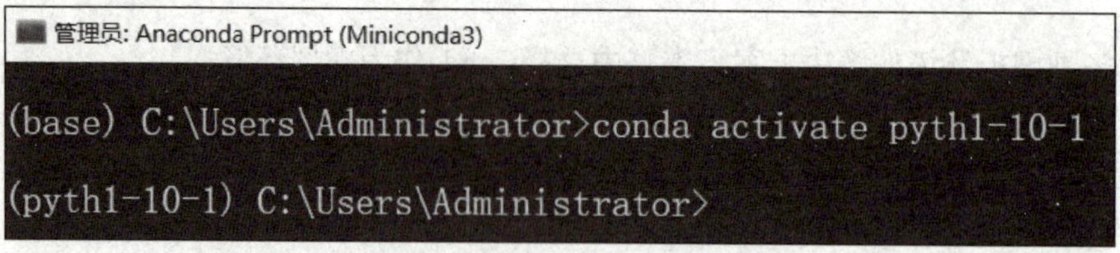

图2-42 启动Conda虚拟环境

②该环境下安装Jupyter NoteBook。使用如下命令在pyth1-10-1环境下重新安装Jupyter

NoteBook，根据提示输入y确定：

```
conda install juypter
```

运行结果如图2-43所示。

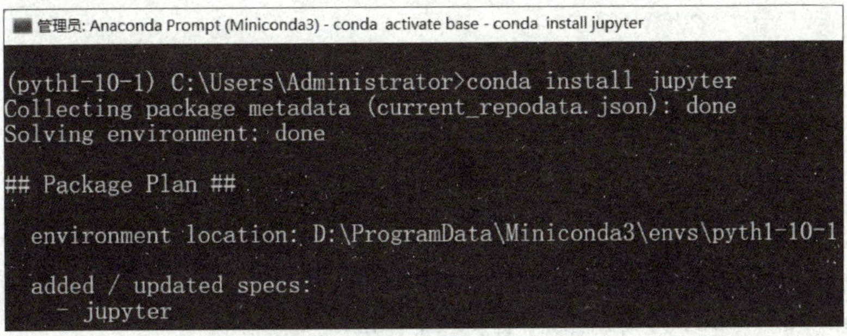

```
管理员: Anaconda Prompt (Miniconda3) - conda activate base - conda install jupyter

(pyth1-10-1) C:\Users\Administrator>conda install jupyter
Collecting package metadata (current_repodata.json): done
Solving environment: done

## Package Plan ##

  environment location: D:\ProgramData\Miniconda3\envs\pyth1-10-1

  added / updated specs:
    - jupyter
```

图2-43　Conda虚拟环境中安装Juypter

③将该环境写入到Jupyter NoteBook中。先在该环境下安装ipykernel库，该库可以为不同虚拟环境指定NoteBook运行内核，使用如下命令安装：

```
conda install ipykernel
```

运行结果如图2-44所示。

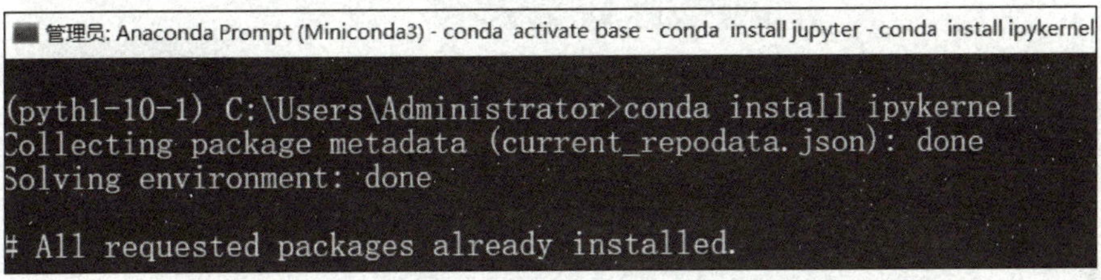

```
管理员: Anaconda Prompt (Miniconda3) - conda activate base - conda install jupyter - conda install ipykernel

(pyth1-10-1) C:\Users\Administrator>conda install ipykernel
Collecting package metadata (current_repodata.json): done
Solving environment: done

# All requested packages already installed.
```

图2-44　Conda虚拟环境中安装ipykernel

④使用ipykernel将该环境配置到Jupyter NoteBook中。

使用如下命令将当前用户下的名为pyth1-10-1的虚拟环境写入到配置中，在Jupyter NoteBook中显示的名称也为pyth1-10-1：

```
python -m ipykernel install --user --name pyth1-10-1 --display-
name "pyth1-10-1"
```

运行结果如图2-45所示。

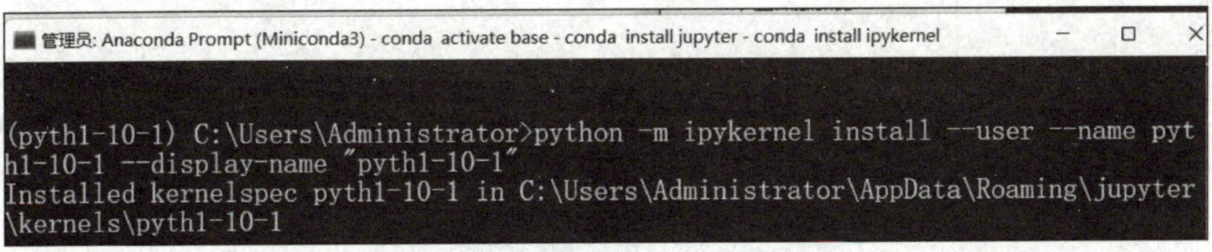

```
管理员: Anaconda Prompt (Miniconda3) - conda activate base - conda install jupyter - conda install ipykernel

(pyth1-10-1) C:\Users\Administrator>python -m ipykernel install --user --name pyt
h1-10-1 --display-name "pyth1-10-1"
Installed kernelspec pyth1-10-1 in C:\Users\Administrator\AppData\Roaming\jupyter
\kernels\pyth1-10-1
```

图2-45　Conda虚拟环境中安装ipykernel

⑤启动Jupyter测试，如图2-46所示。

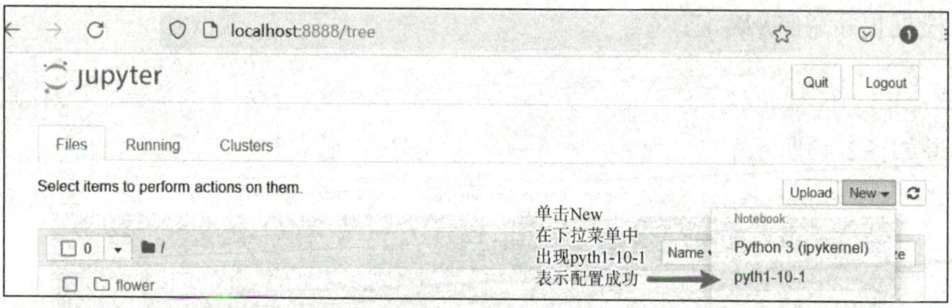

图2-46　Jupyter测试

选择pyth1-10-1则直接切换到此环境下。

（2）PyTorch的CPU版安装。访问PyTorch官网中的Get Started，选择对应的操作系统及CPU，然后复制Run this Command文本框中的内容即可，如图2-47所示。

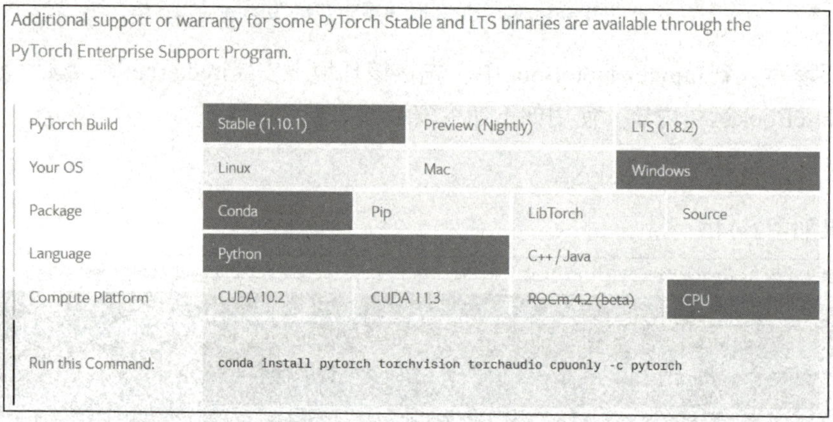

图2-47　PyTorch下载页面

在pyth1-10-1环境下安装，使用上面复制的命令。

```
conda install pytorch torchvision torchaudio cpuonly -c pytorch
```

在Jupyter NoteBook中测试，如图2-48所示。

视频

PyTorth安装

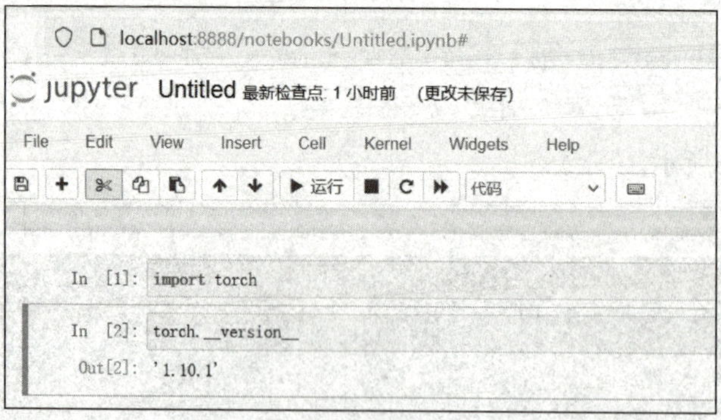

图2-48　PyTorch代码测试

（3）PyTorch的GPU版安装。在pytho1-10-1环境下安装GPU版本，只需在官网选择对应的操作系统与GPU，然后复制Run this Command后面的命令，如图2-49所示。

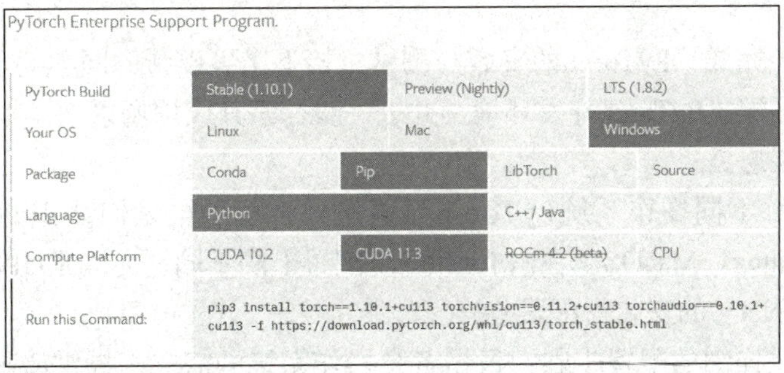

图2-49　PyTorch下载页面

在pyth1-10-1环境下安装，使用上面复制的命令。

```
pip3 install torch==1.10.1+cu113 torchvision==0.11.2+cu113
torchaudio===0.10.1+cu113 -f
https://download.pytorch.org/whl/cu113/torch_stable.html
```

注意：

一定要选择pip的安装方式，Conda方式默认安装的是CPU版本，如图2-50所示。

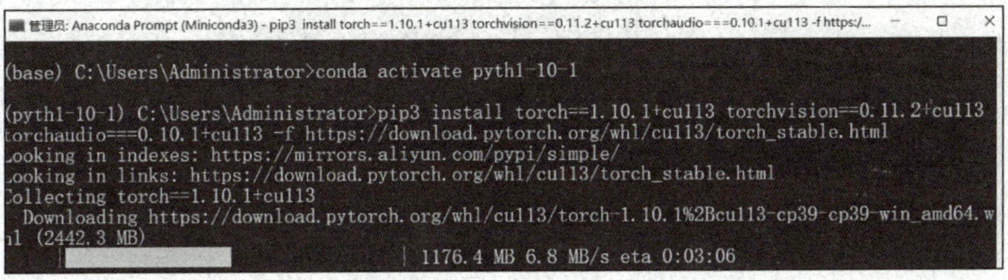

图2-50　PyTorch安装命令

如果该环境下有已经存在的PyTorch版本，会先删除之前的版本再安装当前下载的版本。

任务效果

启动Jupyter NoteBook，输入图2-51所示的代码进行测试。

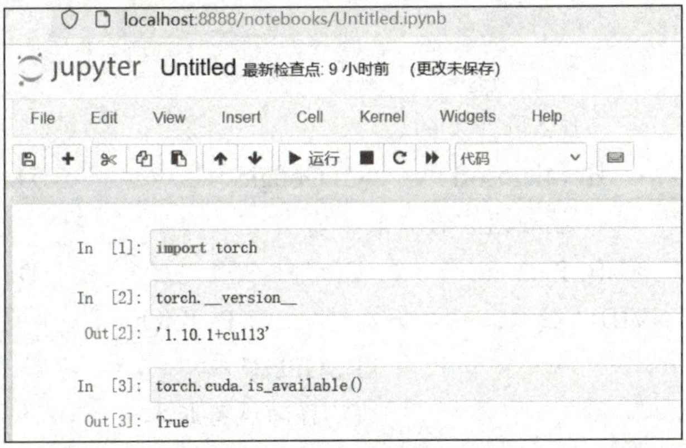

图2-51　PyTorch代码测试

任务拓展

视频

PyTorch配置

小张已经完成了PyTorch的安装与测试，接下来可以帮助同学们了解和掌握如何在不同操作系统下配置PyTorch开发环境，并进一步探索其应用场景。

任务拓展思路：

（1）了解不同操作系统PyTorch配置差异，帮助同学们认识到不同操作系统（如Windows、Linux、MacOS）在PyTorch环境配置上的不同，尤其是GPU版本的依赖库（如CUDA和cuDNN）的安装与配置差异。

（2）提供详细的配置步骤：根据各自操作系统的需求，提供清晰的步骤和建议，确保大家可以高效、准确地配置好PyTorch开发环境。

延伸阅读：国产AI框架的超算突破之路

2022年的盛夏，国家超级计算无锡中心的机房里，一群年轻工程师正在为一项重大任务昼夜奋战——让国产百度飞桨框架在“神威·太湖之光”这台世界顶尖超算上绽放光彩。起初的尝试并不顺利，飞桨框架在神威处理器上的表现不能令人满意，就像一位水土不服的运动员，难以发挥真正实力。

转折发生在第三个月的深夜。团队创新性地采用了混合精度训练方案，并重构了关键算子的计算流程。当第一个成功的信号灯亮起时，所有人都屏住了呼吸——飞桨框架的性能突然提升了40%，完全释放了超算的潜力。这一突破直接催生了“风乌”天气预报系统，它不仅将台风预测时效延长到7天，更在2023年“杜苏芮”台风预报中创下路径误差仅62 km的惊人精度。

更值得骄傲的是，经过深度优化的飞桨框架最终性能超越了国际主流产品15%，这个数字背后是无数个日夜的持续攻关，更是中国工程师们对技术极致的执着追求。如今，“风乌”系统每天为全国提供3 000万次气象服务，守护着亿万人的安全。

阅读思考：从“跟跑”到“并跑”，国产AI框架的崛起历程对我们在核心技术攻关方面有哪些启示？

习　题

一、选择题

1. TensorFlow是由（　　）公司开发的。

A. Facebook　　B. Microsoft　　C. Google　　D. Amazon

2. PyTorch支持的（　　）编程语言接口最丰富。

A. Rust　　B. Python　　C. C++　　D. Java

3. 如果计算机没有NVIDIA显卡，应该安装（　　）PyTorch。

A. CPU版本　　B. GPU版本

C. 分布式版本　　D. 移动设备版本

4. TensorFlow支持使用（　　）技术来加速计算。

A. 只有CPU　　B. 只有GPU

C. CPU和GPU　　D. CPU和TPU

5. PyTorch是由（　　）开发的。

A. 谷歌　　B. Facebook AI Research（FAIR）

C. 微软研究院　　D. 亚马逊AWS

二、填空题

1. 为了在命令行安装TensorFlow，需要使用pip install __________命令。
2. 如果在使用TensorFlow时遇到GPU支持问题，通常需要额外安装__________库。
3. 在安装TensorFlow之后，可以通过运行__________来检查其版本。
4. 如果需要在特定的Python版本中使用PyTorch，可以使用__________创建虚拟环境。

三、简答题

1. 为什么在安装TensorFlow和PyTorch时推荐使用虚拟环境？
2. 简述TensorFlow和PyTorch支持的两种主要硬件加速方式及其优缺点。

单元3

Python 基础

导读

近年来，随着人工智能、大数据等技术的快速发展，Python语言成为最受欢迎的编程语言之一。然而，Python语言并非只适用于技术领域，而是在许多行业、领域都有应用。长征时期的红军在极其恶劣的条件下不断开拓进取、迎难而上、自我革命，这就是长征精神的体现。大学生小张决定开启学习Python编程的长征之路。在本单元中小张将带领我们一起学习Python的基础知识，重点学习Python的基本语法、Python数据类型、流程控制语句、Python列表与元组、字典与集合、函数以及类与面向对象知识、模块等知识，快速学会Python编程。

单元思维导图

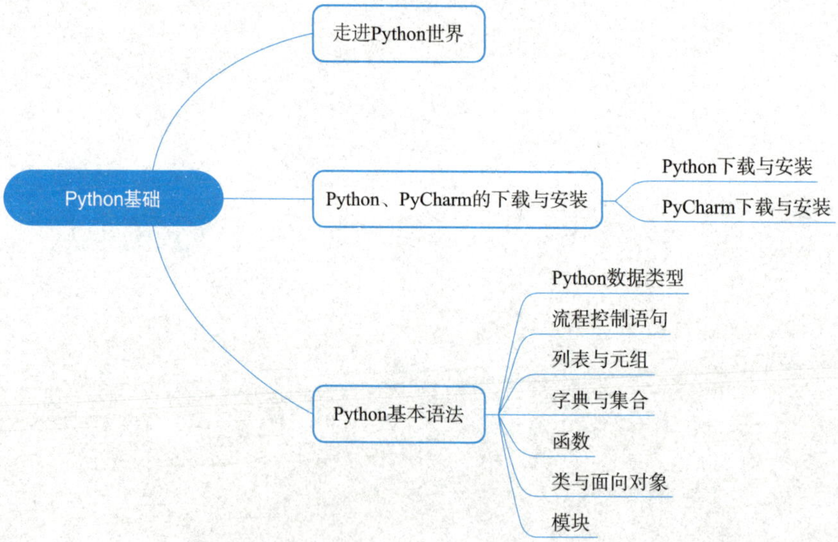

知识目标

- 了解Python的特点、版本及应用领域。
- 熟悉Python、PyCharm的下载与安装。
- 掌握Python的基本语法。
- 掌握字典与集合的创建和基本操作。
- 掌握常见标准模块、自定义模块的使用。

能力目标

- 能够独立进行程序设计。
- 使用Python开发实际应用，为从事相应的软件开发奠定良好的基础。

素质目标

- 培养学生的程序设计思维。
- 培养创新意识与创新精神，具有科学态度和批判精神，具有参与现代科学技术竞争的基本素质和发展潜力。
- 培养团队合作精神。

任务3.1　走进Python世界

任务说明

公司人工智能算法工程师小张将带领我们走进Python世界。这次任务主要完成以下内容：

（1）了解Python的发展历程。

（2）了解Python的特点。

（3）了解Python的应用方向。

（4）了解Python的版本。

预备知识

一、Python发展历程

自从20世纪90年代初Python语言诞生至今，它已被逐渐广泛应用于系统管理任务的处理和Web编程。Python的创始人为荷兰人吉多·范罗苏姆（Guido van Rossum）。Python是ABC语言的一种继承。

ABC是由Guido参加设计的一种教学语言。就Guido本人看来，ABC这种语言非常优美和强大，是专门为非专业程序员设计的。但是ABC语言并没有成功，究其原因，Guido认为是其非开放造成的。Guido决心在Python中避免这一错误。同时，他还想实现在ABC中闪现过但未曾实现的东西。

可以说，Python是从ABC发展起来，主要受到了Modula-3（另一种相当优美且强大的语言，为小型团体所设计的）的影响。并且结合了UNIXShell和C的习惯。

Python已经成为最受欢迎的程序设计语言之一。自从2004年以后，Python的使用率呈线性增长。

由于Python语言的简洁性、易读性以及可扩展性，用Python做科学计算的研究机构日益增多，一些知名大学已经采用Python来教授程序设计课程。例如卡耐基梅隆大学的编程基础、麻省理工学院的计算机科学及编程导论就使用Python语言讲授。众多开源的科学计算软件包都提供了Python的调用接口，例如著名的计算机视觉库OpenCV、三维可视化库VTK、医学图像处理库ITK。而Python专用的科学计算扩展库就更多了，例如如下三个十分经典的科学计算扩展库——NumPy、SciPy和matplotlib，它们分别为Python提供了快速数组处理、数值运算以及绘图功能。

因此，Python语言及其众多的扩展库所构成的开发环境十分适合工程技术人员、科研人员处理实验数据、制作图表，甚至开发科学计算应用程序。

二、Python 的特点

（一）简单易学、明确优雅、开发速度快

（1）简单易学：与C和Java比，Python的学习成本和难度曲线较低，更适合新手入门。

（2）明确优雅：Python的语法非常简洁，代码量少，容易编写，代码的测试、重构、维护等都非常容易。

（3）开发速度快：开发速度是当前互联网企业的生命线而开发速度快是Python语言的一大优势。

（二）跨平台、可移植、可扩展、交互式、解释型、面向对象的动态语言

（1）跨平台：Python支持Windows、Linux和MAC OS等主流操作系统。

（2）可移植：代码通常不需要多少改动就能移植到别的平台上使用。

（3）可扩展：Python语言本身由C语言编写而成，用户完全可以在Python中嵌入C，从而提高代码的运行速度和效率。也可以使用C语言重写Python的任何模块，从根本上改写Python，如PyPy。

（4）交互式：Python提供很好的人机交互界面，比如IDLE和IPython。可以从终端输入执行代码并获得结果，进行互动测试和调试代码片段。

（5）解释型：Python语言在执行过程中由解释器逐行分析、逐行运行并输出结果。

（6）面向对象：Python语言具备所有的面向对象特性和功能，支持基于类的程序开发。

（7）动态语言：在运行时可以改变其结构。例如新的函数、对象，甚至代码可以被引进，已有的函数可以被删除或是改变结构。动态语言非常具有活力。

（三）“内置电池”，大量的标准库和第三方库

Python提供了非常完善的基础库，覆盖了系统、网络、文件、GUI、数据库、文本处理等方方面面，这些是随同解释器被默认安装的，各平台通用，无须安装第三方支持就可以完成大多数工作，这一特点被形象地称作“内置电池”（batteries included）。

在程序员中，有一句话叫“不要重复造轮子”。就是说不要做重复的开发工作，如果对某个问题已经有开源的解决方案或者第三方库，就不要自己去开发，直接用别人的就好。Python内置的标准库，在可靠性和算法效率上达到了目前最高水平，被广泛使用的第三方库，也是经受了大量的应用考验，所以值得信赖。除非公司要求，不要自己去开发，请使用现成的库。

（四）社区活跃，贡献者多，互帮互助

技术社区的存在就相当于程序员手中的指南针，没有指南针，很多时候，碰到了问题，就像无头的苍蝇只能到处乱飞。技术社区可以对语言的学习和使用提供巨大的帮助，有这些助力，可以帮我们更好地了解、学习和使用一门语言。技术社区同时还推动Python语言的发展方向、功能需求，促使公司企业更多地使用Python语言。

（五）开源语言，发展动力巨大

Python是基于C语言编写的，并且使用GPL开源协议，用户可以免费获取它的源代码进行学习、研究甚至改进。更多的人参与Python的开发，促使它更好地发展，被更多地应用，形成良性循环。

代码封闭的问题。Python写的源代码通常是不加密的，如果要发布Python程序，实际上就是发布源代码，这一点跟C语言不同，C语言不用发布源代码，只需要把编译后的机器码（也就是在Windows上常见的xxx.exe文件）发布出去。要从机器码反推出C代码基本是不可能的，所以，凡是编译型的语言都没有这个问题，而解释型的语言，则必须把源码发布出去。如果不想让别人看到或抄袭Python代码怎么办？可使用类似py2exe的包装工具将Python源码转换成一个类似于exe可执行文件的形式，但这也不是绝对保险，只是增加了反编译的门槛和难度，对于有经验的人而言，一样可以获得源代码。

三、Python 的应用方向

（一）常规软件开发

Python支持函数式编程和OOP面向对象编程，能够承担任何种类软件的开发工作，因此常规的软件开发、脚本编写、网络编程等都属于标配能力。

（二）科学计算

随着NumPy、SciPy、Matplotlib、Enthought librarys等众多程序库的开发，Python越来越适合于做科学计算、绘制高质量的2D和3D图像。和科学计算领域最流行的商业软件Matlab相比，Python是一门通用的程序设计语言，比Matlab所采用的脚本语言的应用范围更广泛，有更多的程序库的支持。虽然Matlab中的许多高级功能和toolbox目前还是无法替代的，不过在日常的科研开发之中仍然有很多的工作是可以用Python代劳的。

（三）自动化运维

这几乎是Python应用的自留地，作为运维工程师首选的编程语言，Python在自动化运维方面已经深入人心，比如Saltstack和Ansible都是大名鼎鼎的自动化平台。

（四）云计算

开源云计算解决方案OpenStack就是基于Python开发的。

（五）Web 开发

基于Python的Web开发框架不要太多，比如耳熟能详的Django，还有Tornado，Flask。其中

的Python+Django架构应用范围非常广，开发速度非常快，学习门槛也很低，能够帮助用户快速搭建起可用的Web服务。

（六）网络爬虫

网络爬虫也称网络蜘蛛，是大数据行业获取数据的核心工具。能够编写网络爬虫的编程语言有不少，但Python绝对是其中的主流之一，其Scrapy爬虫框架应用非常广泛。

（七）数据分析

在大量数据的基础上，结合科学计算、机器学习等技术对数据进行清洗、去重、规格化和针对性的分析是大数据行业的基石。Python是数据分析的主流语言之一。

（八）人工智能

Python在人工智能领域内的机器学习、神经网络、深度学习等方面都是主流的编程语言，得到广泛的支持和应用。

当然，除了以上的主流和前沿领域，Python还在其他传统或特殊行业起着重要的作用。

任务分析

本次任务中，为系统学习Python及其生态环境，需要从以下四个方面入手：

（1）发展历史：了解Python起源及其演化过程，为学习语言设计哲学奠定基础。

（2）核心特点：掌握Python的简洁性、跨平台性等关键特性，便于高效开发。

（3）应用场景：熟悉Python的主流应用方向，如Web开发、数据分析等，明确学习目标。

（4）版本特性：区分不同版本的特点，确保选择适合的学习与开发版本。

任务实施

实施步骤：

了解Python的发展历程：

（1）阅读资料，了解Python由Guido van Rossum在1989年开始设计，并于1991年正式发布的背景。

（2）掌握Python从初期作为ABC语言的继承者到如今成为全球主流编程语言的发展过程。

任务效果

视频

Python简介

通过本任务的学习，应该能够：

（1）掌握Python的历史和核心设计理念。

（2）理解Python的特点及其在不同场景中的优势。

（3）了解Python的多种应用方向及其在开发领域的价值。

（4）熟悉Python主要版本及其新增功能。

任务 3.2　Python、PyCharm 的下载与安装

任务说明

小张所在项目组要进行Python项目开发，为了开发方便，项目组需要先搭建开发环境，下面跟随小张一起来进行Python的开发环境搭建。

预备知识

在Python的官网下载Python，需要下载对应版本（在桌面上的“此电脑”图标上右击，选择“属性”命令，在打开窗口中查看是32位操作系统还是64位操作系统）。

PyCharm是一款功能强大的Python编辑器，具有跨平台性。

任务分析

本次任务中，需要掌握以下技能：

（1）在官网下载Python和PyCharm。

（2）根据提示步骤进行安装。

（3）使用cmd命令提示符输入框测试是否正确安装Python。

任务实施

实施步骤：

一、Python 的下载

（1）打开官方网站，选择Downloads→Windows，如图3-1所示。

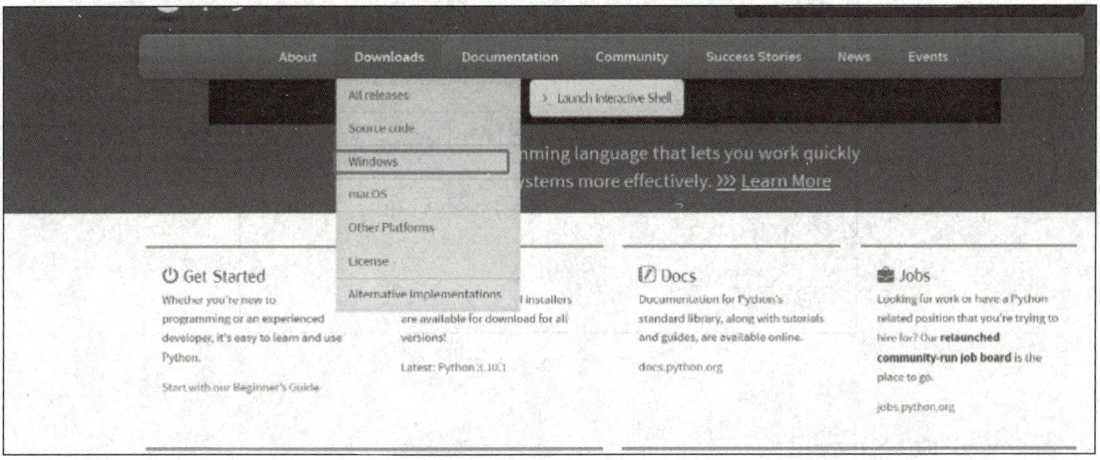

图3-1　Python下载官网

（2）跳转到Python的下载页面，下载页面有32位和64位版本的安装包，读者可以根据需求下载相应版本，如图3-2所示。

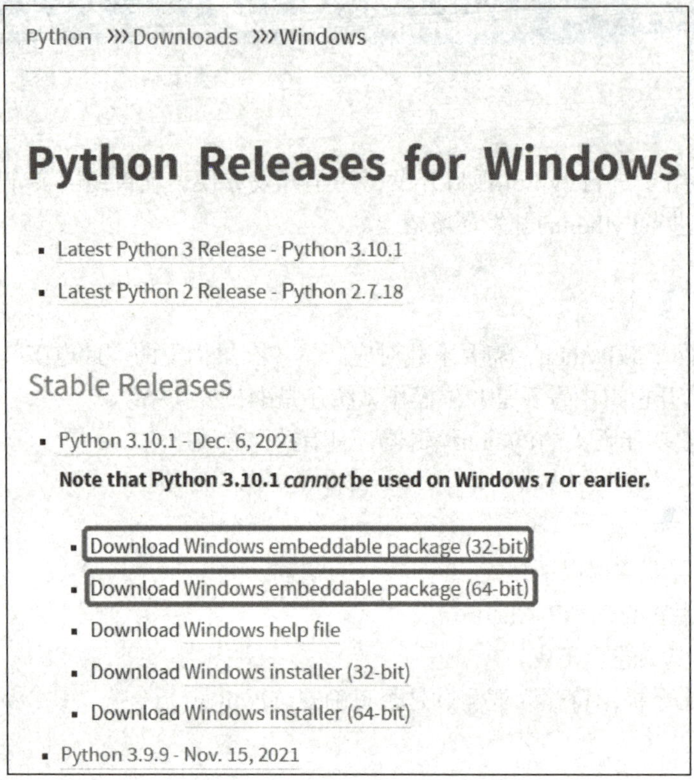

图3-2　选择相应版本下载页面

（3）选择下载64位离线安装包，如图3-3所示，单击“另存为”按钮，下载成功后，便可双击安装。

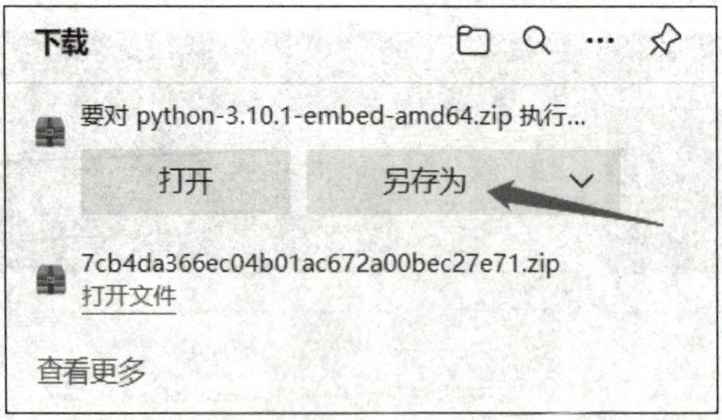

图3-3　下载页面

二、Python 的安装

（1）双击下载好的安装包，在安装页面选择Install Now选项，勾选Add Python 3.10 to PATH复选框，如图3-4所示。

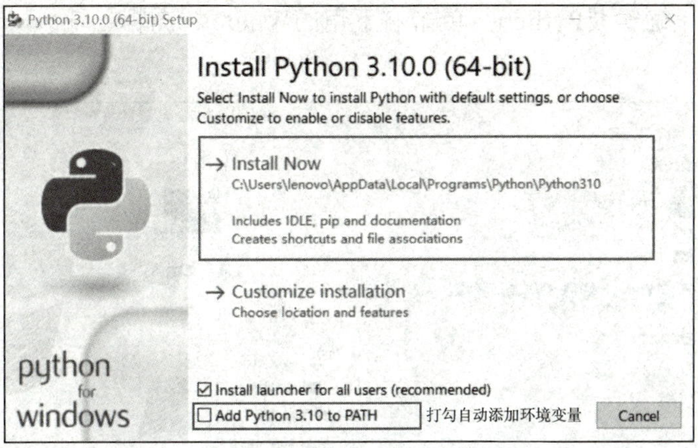

图3-4　双击下载安装包页面

（2）等待安装完成，如图3-5所示。

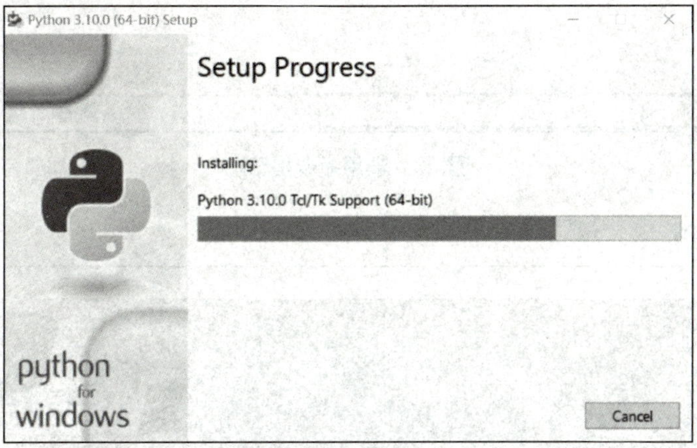

图3-5　等待安装页面

（3）看到此提示Setup was successful代表安装完成，如图3-6所示。

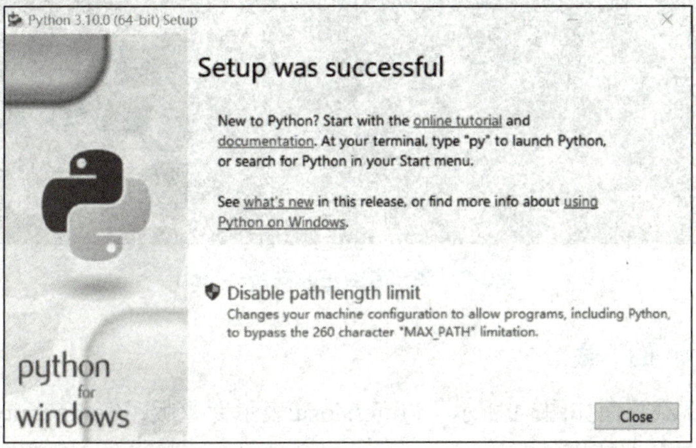

图3-6　安装完成

（4）测试是否正确安装Python。单击右下角的Windows图标，输入cmd后回车，如图3-7所示。

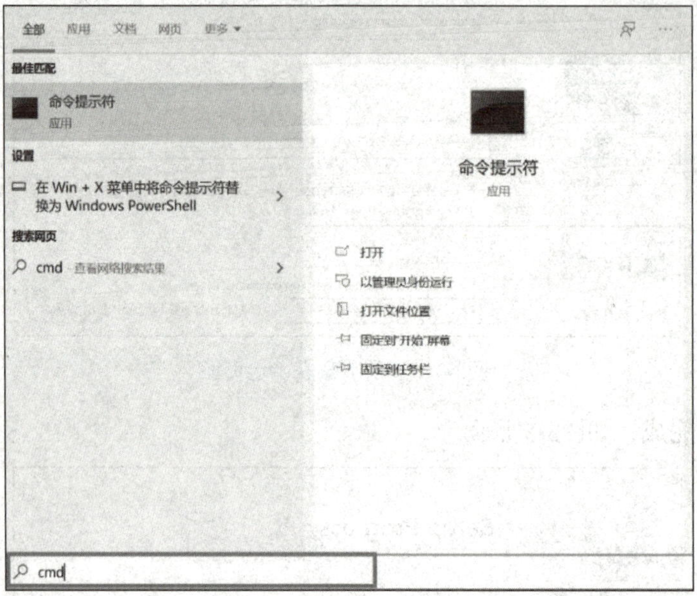

图3-7　调用命令提示符

（5）输入python，没有报错代表安装完成，如图3-8所示。

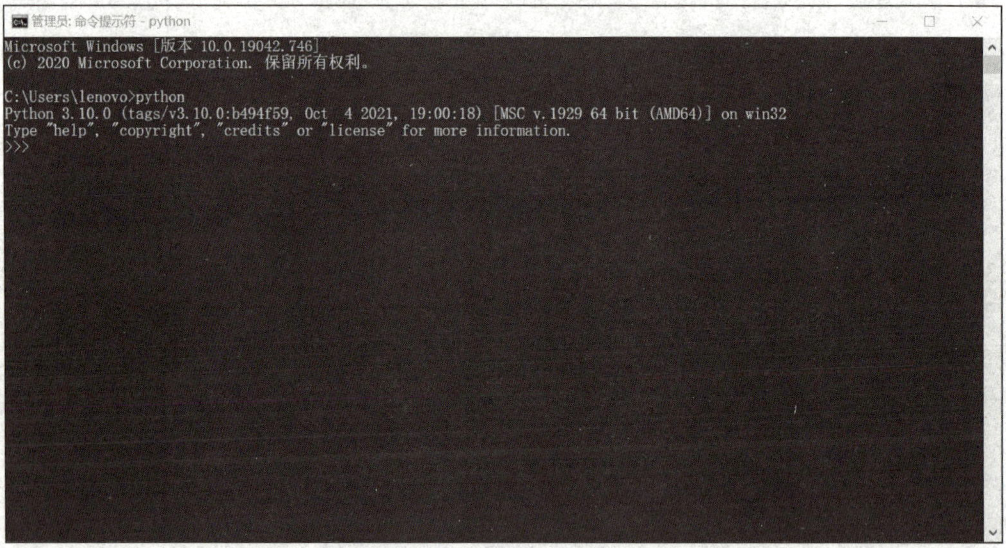

图3-8　测试是否正确安装Python

三、PyCharm 的下载

（1）PyCharm下载页面如图3-9所示。Professional表示专业版，Community是社区版，推荐安装社区版，社区版是免费使用的。

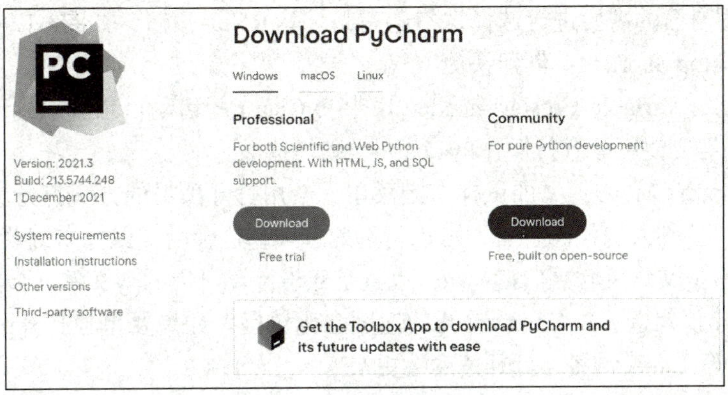

图3-9　PyCharm下载页面

（2）单击选择社区版，单击Download按钮，打开图3-10所示的对话框，单击“另存为”按钮，保存下载即可。

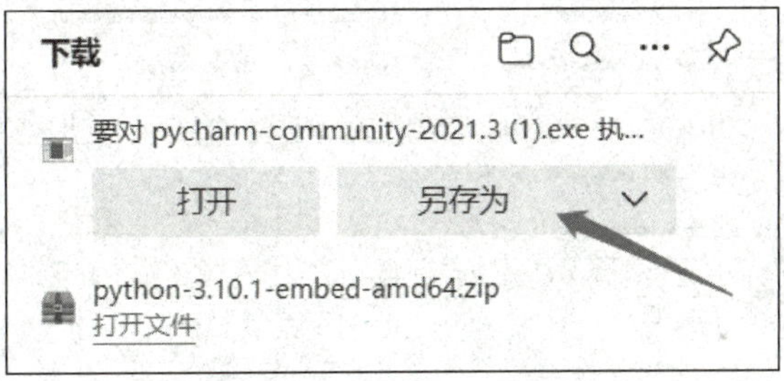

图3-10　下载PyCharm

四、PyCharm 的安装

（1）下载好后进行安装，要修改安装路径，如图3-11所示，单击Next按钮。

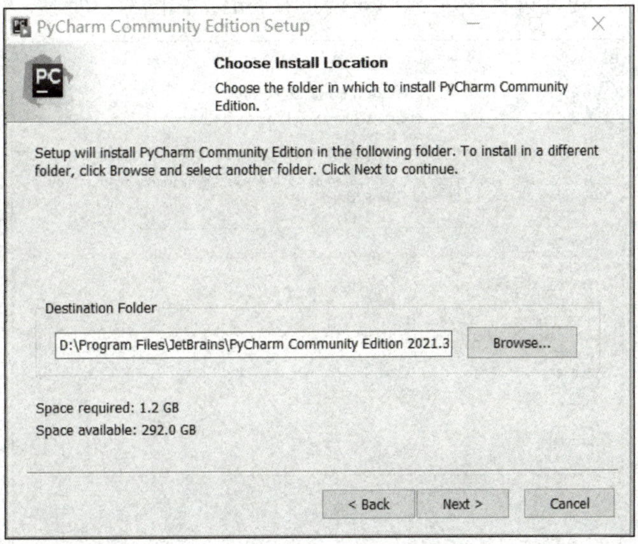

图3-11　PyCharm选择安装地址

（2）可以根据自己的需要进行选择，勾选完成，单击Next按钮，如图3-12所示。

- Create Desktop Shortcut：创建快捷方式。
- Update PATH Variable（restart needed）：将PyCharm的启动目录添加到环境变量（需要重启），如果需要使用命令行操作PyCharm，则勾选该选项。
- Update Context Menu：添加鼠标右键菜单，使用打开项目的方式打开文件夹。如果经常需要下载一些别人的代码查看，可以勾选此选项，这会增加鼠标右键菜单的选项。
- py：将所有py文件关联到PyCharm，也就是双击计算机上的py文件，会默认使用PyCharm打开。不建议勾选，PyCharm打开的速度会比较慢。如果要单独打开py文件，建议使用notepad++等文本编辑器，打开速度会更快。

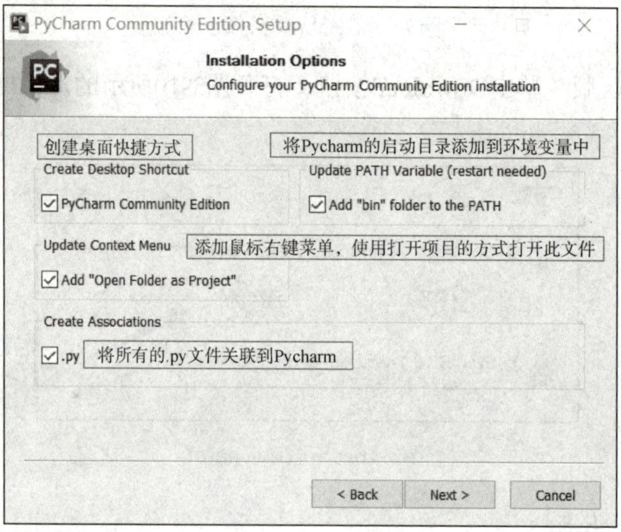

图3-12　选项设置

（3）安装JetBrains。安装过程中，选择安装JetBrains，如图3-13所示。

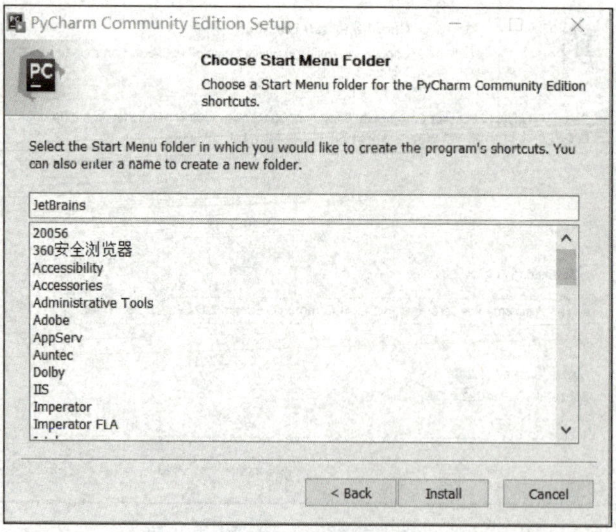

图3-13　安装JetBrains

（4）单击Install按钮，等待安装完成，如图3-14所示。

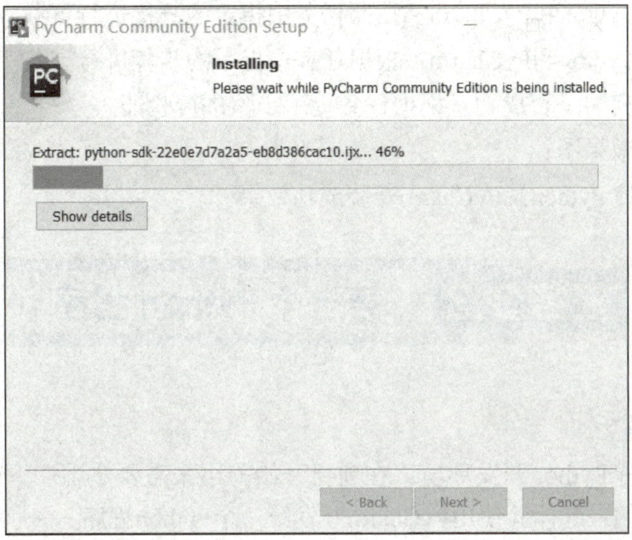

图3-14　安装等待过程

任务效果

通过上面步骤，我们就成功安装了Python以及Python的解释器PyCharm。安装成功界面如图3-15所示。

图3-15　成功安装PyCharm

视 频

Python、PyCharm的下载与安装

任务拓展

小张已经掌握了在Windows操作系统如何下载和安装Python和PyCharm。项目组的同事们也需要在各自计算机上进行相同的环境配置，有的同事安装的是Linux操作系统，也有同事使用的是Mac操作系统，他们会遇到不同的问题吗？接下来跟随小张一起帮助同事们进行同样的环境配置吧！

视频

PyCharm环境配置

任务拓展思路：

（1）下载Python和PyCharm：按照任务中指定的链接进行下载。

（2）安装Python和PyCharm：根据任务中提示的步骤进行安装。

（3）验证安装是否成功：根据任务提示步骤进行验证。

任务拓展效果图：

参照图3-15 Python及PyCharm安装成功效果。

任务 3.3 第一个 Python 程序

任务说明

小张已经搭建好了Python开发环境，在项目开始前小张需要熟悉一下PyCharm的使用方法，本任务中小张将带我们一起体验使用PyCharm开发第一个Python程序——“Hello Python”。

预备知识

一、编写 Hello World 程序

Hello World程序是所有程序员学习一门新语言时必做的第一个程序。在Python中，编写Hello World程序非常简单。只需要打开任何文本编辑器，输入以下代码：

```
Print("Hello World!")
```

然后将文件保存为hello.py即可。

二、运行 Python 程序

要运行Python程序，需要打开命令行终端，导航到保存hello.py文件的目录，然后输入以下命令：

```
python hello.py
```

如果一切正常，将在终端上看到输出Hello World!。

三、使用 Python 交互式解释器

Python还有一个非常有用的功能，称为交互式解释器。通过交互式解释器，可以直接在命令行终端上输入Python代码并立即执行它。这对于快速测试代码和学习语言非常有用。

要启动Python交互式解释器，请打开命令行终端，将看到Python提示符（>>>）。现在可以输入Python代码，并立即看到它的输出。例如：

```
>>> print("Hello World!")
Hello World!
```

要退出Python交互式解释器，请输入exit()或按【Ctrl+Z】组合键和【Enter】键。

任务分析

本次任务中，需要掌握以下技能：
（1）打开PyCharm新建一个Python工程。
（2）在文本编辑区输入“print("Hello Python!")”代码。
（3）运行代码。

任务实施

实施步骤：
（1）双击打开PyCharm，如图3-16所示，进入该软件。

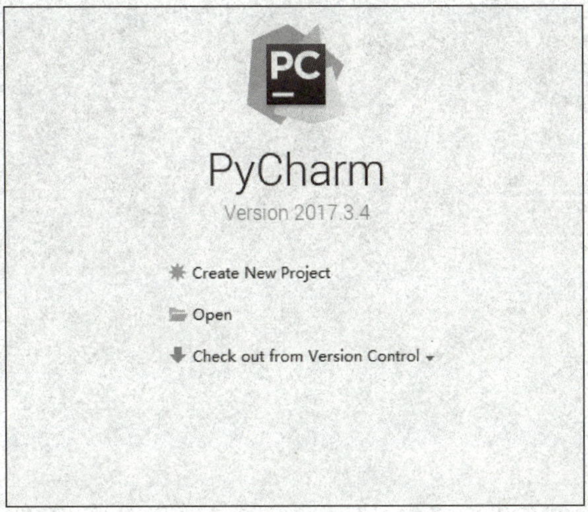

图3-16　进入PyCharm软件

（2）单击Create New Project选项，会出现设置项目位置和选择解释器，如图3-17所示。

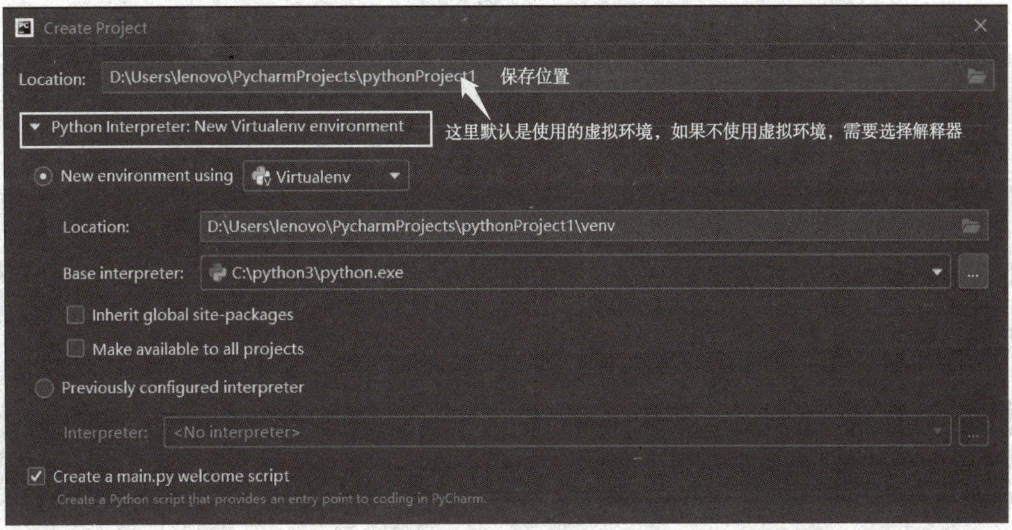

图3-17　新建工程

注意：这里默认使用的Python的虚拟环境，如果不使用虚拟环境，一定要修改。

如果出现Interpreter field is empty表示Python的环境变量有问题。也可以直接选择。

（3）选择图3-18中的1，如果图3-18中3位置的下拉菜单中选不到Python.exe，则单击图3-18中2按钮。

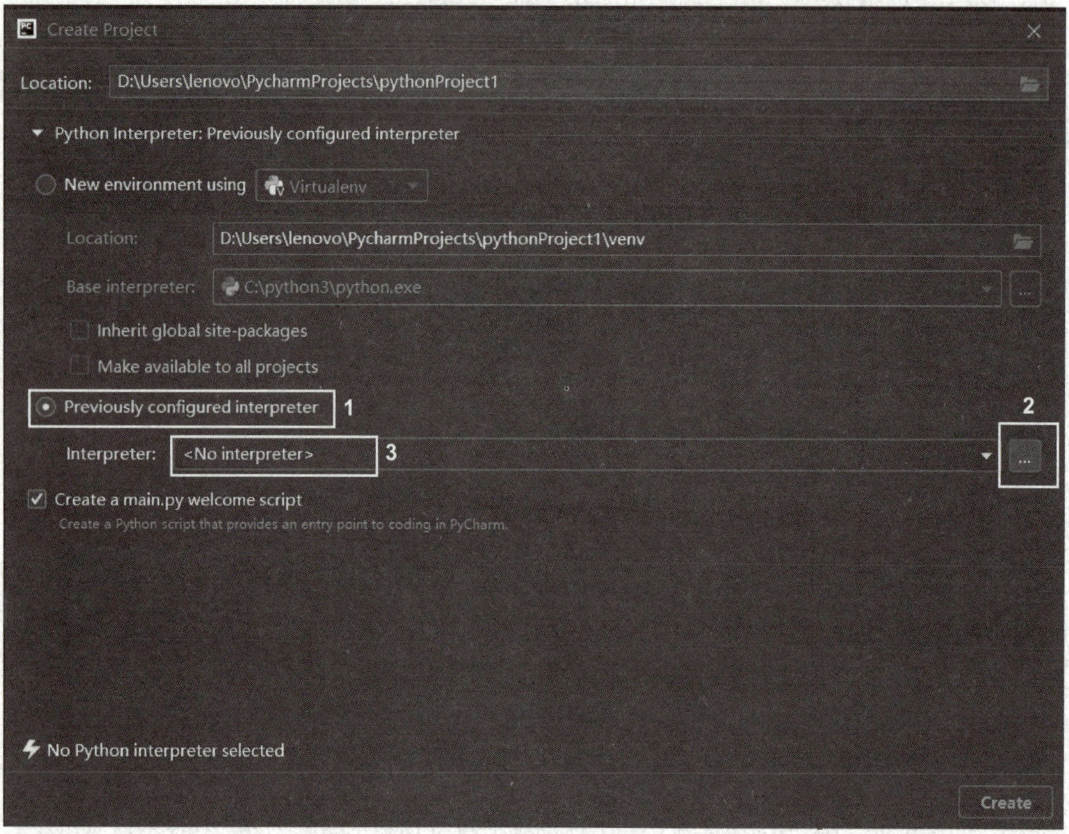

图3-18 新工程选项设置

单击图3-18中2按钮后，出现图3-19，选择图3-19中1，如果图3-19中3位置依然没有出现Python.exe，则单击图3-19中2按钮选择Python的安装目录，找到安装的Python目录，然后选择Python.exe。

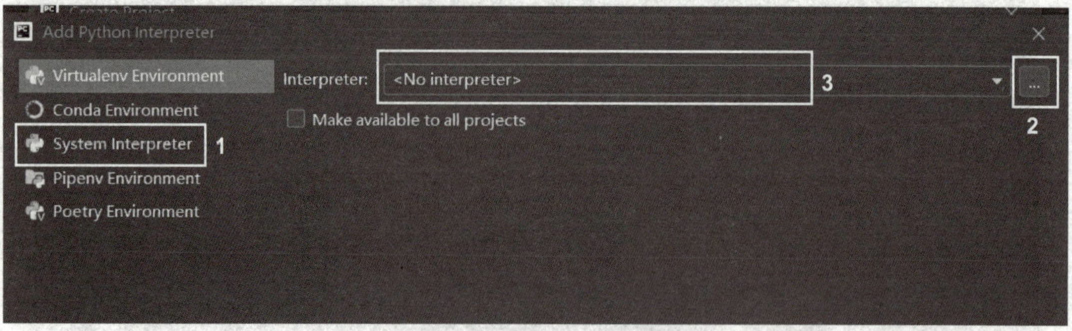

图3-19 选择Python安装目录

添加Python.exe成功的界面如图3-20所示。

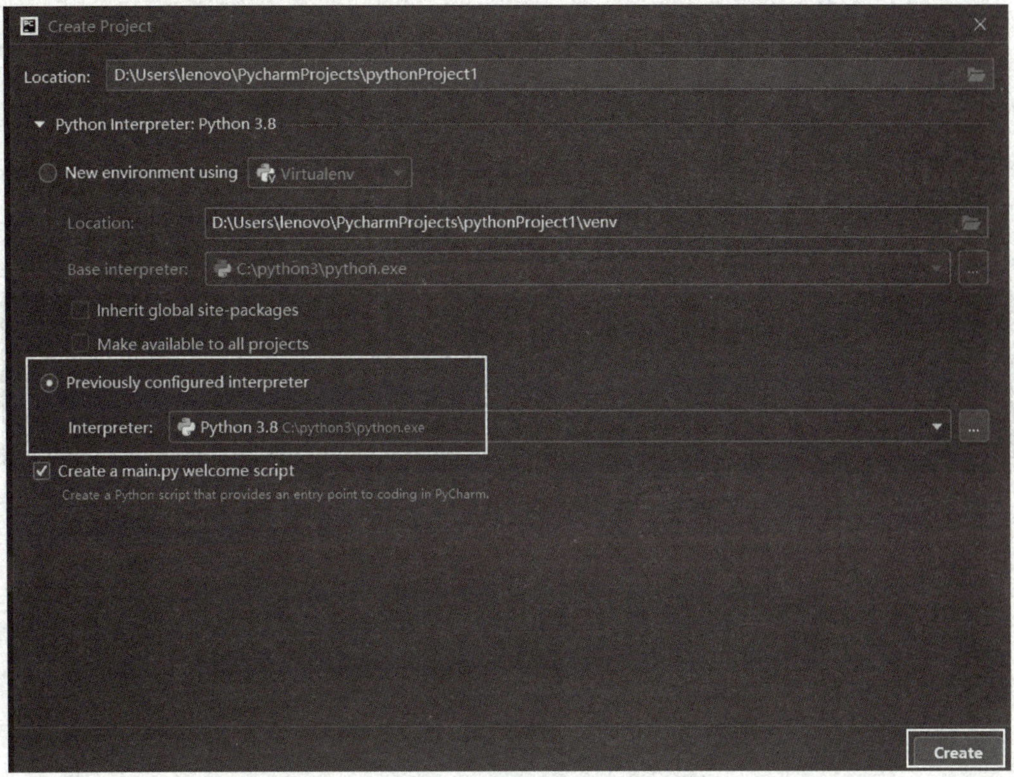

图3-20　添加Python.exe

（4）单击Create按钮即可。

（5）编写程序。输入以下代码：

```
print("Hello Python!")
```

（6）按组合键【Shift+F10】或者单击绿色三角形运行程序。

任务效果

小张通过操作PyCharm软件，熟悉了创建Python项目的基本步骤，并且成功运行了第一个Python程序，输出“Hello Python”，如图3-21所示。

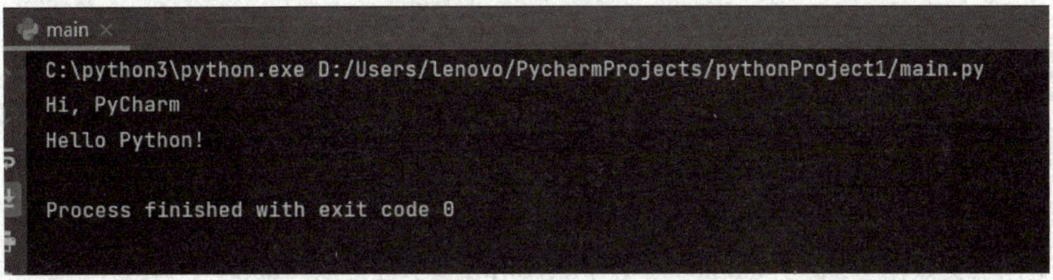

图3-21　“Hello Python”运行效果

视频

Hello Python

任务拓展

视 频

print中文输出

小张已经学会了如何用Python解释器来编写Python程序，而且已经编写了自己的第一个程序，那如何用PyCharm输出“今天天气真的不错啊！”？

任务拓展思路：

（1）打开解释器：打开桌面上的PyCharm解释器。

（2）输出命令：利用print输出“今天天气真的不错啊！”。

任务拓展效果如图3-22所示。

```
C:\Users\阿伟呀\PycharmProjects\pythonProject1\venv\Scripts\python.exe E:/pythonProject2/xh.py
今天天气真的不错啊!

进程已结束,退出代码0
```

图3-22 “今天天气真的不错啊！”运行效果

任务 3.4 交换两个变量的值

任务说明

所有的编程语言都支持变量，Python也不例外。变量是编程的起点，程序需要将数据存储到变量中。变量在Python内部是有类型的，比如int、float等，但是我们在编程时无须关注变量类型，所有的变量都无须提前声明，赋值后就能使用。另外，可以将不同类型的数据赋值给同一个变量，所以变量的类型是可以改变的。那么在本次任务中小张要实现的是交换两个变量的值。

预备知识

Python是一种跨平台的计算机程序设计语言。是一个高层次的、结合了解释性、编译性、互动性和面向对象的脚本语言。Python的设计具有很强的可读性。Python语言与Perl，C和Java等语言有许多相似之处。但是，也存在一些差异。在本任务来学习Python的基础语法，包括Python的数据类型、流程控制语句、列表与元组、函数、类与面向对象等知识，让你快速学会Python编程。

Python 数据类型

在内存中存储的数据可以有多种类型。例如，一个人的年龄可以用数字来存储，他的名字可以用字符来存储。Python定义了一些标准类型，用于存储各种类型的数据。Python 3有六个标准的数据类型：

（1）不可变数据（3个）：Number（数字）、String（字符串）、Tuple（元组）。

（2）可变数据（3个）：List（列表）、Dictionary（字典）、Set（集合）。

（一）Number 数字类型

数字数据类型用于存储数值，其是不可改变的数据类型，这意味着改变数字数据类型会分配一个新的对象。

例如，当指定一个值时，Number对象就会被创建：

```
var1=10
var2=20
```

1. Python 3 支持的数字类型

（1）整型（int）：通常被称为是整型或整数，其可是正或负整数，不带小数点。Python 3整型是没有限制大小的，可以当作Long类型使用，所以Python 3没有Python 2的Long类型。布尔（bool）是整型的子类型。

（2）浮点型（float）：浮点型由整数部分与小数部分组成，浮点型也可以使用科学计数法表示（2.5e2=2.5×10^2=250）。

（3）复数（complex）：复数由实数部分和虚数部分构成，可以用a+jb，或者complex(a, b)表示，复数的实部a和虚部b都是浮点型。

2. Python 3 数字类型转换

有时候，我们需要对数据内置的类型进行转换，这时，只需要将数据类型作为函数名即可。

- int(x)将x转换为一个整数。
- float(x)将x转换到一个浮点数。
- complex(x)将x转换到一个复数，实数部分为x，虚数部分为0。
- complex(x, y)将x和y转换到一个复数，实数部分为x，虚数部分为y。x和y是数字表达式。

例如，将浮点数变量a转换为整数：

```
>>> a=10.0
>>> int(a)
10
```

（二）Str 字符串

字符串是Python中常用的数据类型。可以使用引号（'或"）来创建字符串。创建字符串很简单，只要为变量分配一个值即可。

例如：

```
>>>var1='Hello World!'
>>>var2="Python"
```

1. Python 访问字符串中的值

Python不支持单字符类型，单字符在Python中也是作为一个字符串使用。

Python访问子字符串，可以使用方括号[]来截取字符串，字符串截取的语法格式如下：变量[头下标:尾下标]。

提示：索引值从前往后索引是以0为开始值，从后往前索引是以-1为从末尾的开始位置，如

图3-23所示。访问下标时[头下标:尾下标]遵循左闭右开原则，str[0:2]是不包含第3个字符的，如图3-24所示。

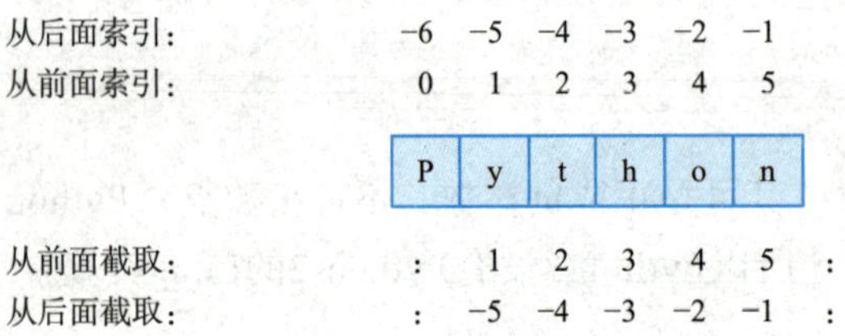

图3-23　索引示意图

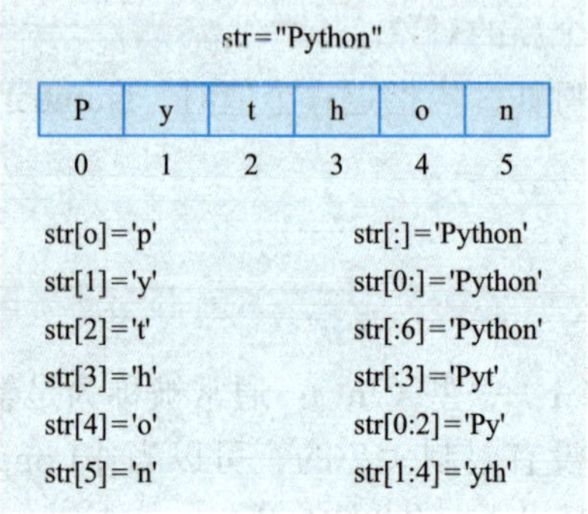

图3-24　索引值示意图

如下实例：

```
var1='Hello World!'
var2="Python"
print ("var1[0]: ", var1[0])
print ("var2[1:5]: ", var2[1:5])
```

以上实例执行结果：

```
var1[0]:  H
var2[1:5]: ytho
```

2. Python 字符串更新

可以截取字符串的一部分并与其他字段拼接，如下实例：

```
var1='Hello World!'
print ("已更新字符串 : ", var1[:6] + 'Python!')
```

以上实例执行结果:

```
已更新字符串 :  Hello Python!
```

3. Python 转义字符

在需要在字符中使用特殊字符时，Python用反斜杠"\转义字符"，见表3-1。

表3-1　Python支持的转义字符

转义字符	说　明
\n	换行符，将光标位置移到下一行开头
\r	回车符，将光标位置移到本行开头
\t	水平制表符，也即Tab键，一般相当于四个空格
\a	蜂鸣器响铃。注意不是喇叭发声，现在的计算机很多都不带蜂鸣器了，所以响铃不一定有效
\b	退格（Backspace），将光标位置移到前一列

续表

转义字符	说　明
\\	反斜线
\'	单引号
\"	双引号
\	在字符串行尾的续行符，即一行未完，转到下一行继续写

4. Python字符串格式化

Python支持格式化字符串的输出。尽管这样可能会用到非常复杂的表达式，但最基本的用法是将一个值插入到一个有字符串格式符%s的字符串中。常用Python字符串格式化符号见表3-2。

表3-2　Python字符串格式化符号

符　号	描　述
%c	格式化字符及其ASCII码
%s	格式化字符串
%d	格式化整数
%u	格式化无符号整型
%o	格式化无符号八进制数
%x	格式化无符号十六进制数
%X	格式化无符号十六进制数（大写）
%f	格式化浮点数字，可指定小数点后的精度
%e	用科学计数法格式化浮点数
%E	作用同%e，用科学计数法格式化浮点数
%g	%f和%e的简写
%G	%f和%E的简写
%p	用十六进制数格式化变量的地址

在Python中，字符串格式化使用与C中sprintf()函数一样的语法。

例如：

```
print ("我叫 %s 今年 %d 岁!" % ('小明', 10))
```

以上实例输出结果：

```
我叫 小明 今年 10 岁!
```

任务分析

小张已经学习了Python中的基本数据类型，接下来进行变量交换练习。

（1）新建chapter3-1.py文件，设置两个不同值变量。

（2）设置临时变量，辅助两个变量交换。

（3）输出交换后的两个变量。

任务实施

先定义两个变量str1和str2，值分别为'Hello'和'Python'，然后借助第三个变量temp来保存临时数据，从而实现两个变量的交换。

实施步骤：

新建chapter3-1.py文件，输入如下代码：

```
str1='Hello'
Str2='Python'

temp=str1
str1=str2
str2=temp

print('str1:', str1)
print('str2:', str2)
```

任务效果

通过上述的描述，小张成功地实现了Python两个变量的交换。两个变量交换后的结果如图3-25所示。

视 频

变量交换

图3-25　变量交换效果

任务拓展

小张已经学会了Python交换变量的方法，接下来跟随小张来做一个进阶题。

任务拓展思路：

（1）提示用户输入两个变量的值。

（2）程序通过交换变量的方法将这两个变量的值交换。

（3）最后输出交换后的变量值。

任务拓展效果图：

由用户输入变量内容，进行交换的结果如图3-26所示。

```
C:\Users\阿伟呀\PycharmProjects\pythonProject1\venv\Scripts\python.exe E:/pythonProject2/xh.py
请输入变量A的值：1
请输入变量B的值：2
交换前：a = 1, b = 2
交换后：a = 2, b = 1

进程已结束,退出代码0
```

图3-26　变量转换拓展效果

视 频

编辑交换变量程序

任务 3.5　判断会员级别

任务说明

某商场会员的积分规则见表3-3。

表3-3　商场会员积分规则

会员积分	会员级别	会员积分	会员级别
0	注册会员	10 000<score≤30 000	金牌会员
0<score≤2 000	铜牌会员	30 000<score	钻石会员
2 000<score≤10 000	银牌会员	—	—

在本任务中，小张将根据会员的积分，使用if结构语句判断会员的级别。

预备知识

我们已经学会了程序设计中的第一种结构，顺序结构。当运行程序的时候，Python解释器就是按照代码编写的顺序从上到下逐行执行。此时的程序是没有“判断能力”的，为了让程序更加聪明一点，就需要学习流程控制中的选择结构与循环结构。

大家在首次登录手机App的时候，需要输入用户名和密码，都正确才能登录，类似这种需求，就需要if语句。if语句是最简单的判断语句，根据分支数量的不同，if语句分为单分支if语句、双分支if...else语句和多分支if...elif...else语句。

一、单分支 if 语句

单分支if语句是if分支语句中最简单的语句，主要由三部分构成：if关键字、判断条件、语句组。单分支if语句是根据判断条件表达式的结果来选择是否执行相应的语句组，其语法结构如下：

```
if判断条件:
语句组
print("我是if后边要执行的代码")
```

可以通过图3-27来了解条件语句的执行过程。

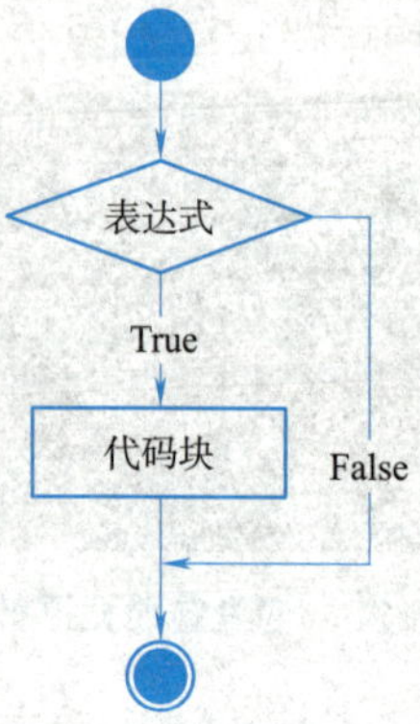

图3-27　if条件语句执行过程

注意:

（1）每个条件后面要使用冒号（:），表示接下来是满足条件后要执行的语句块。

（2）使用缩进来划分语句块，相同缩进数的语句在一起组成一个语句块。

（3）在Python中没有switch ... case语句。

如下实例：

```
# 假设用户名是admin，密码是：123
# 从键盘接收用户名和密码存到uname和password变量里
uname = input("请输入用户名:")
password = input("请输入密码:")
if uname == "admin" and password == "123":
    print("登录成功")
    print(f"欢迎{uname}用户")
print("我是if后边要执行的代码")
```

判断条件的结果是布尔值，如果是True，则执行语句组，否则继续执行if后边的代码。如何判定哪些语句从属于这个if语句呢？首先要特别注意if判断条件后边的冒号（英文半角），此外python中是使用四个空格（缩进）表示语句的从属关系，因此，在python中编程，冒号与缩进配合应用。最后的print语句与if语句是对齐的，它们是平级的，就是按顺序执行，而语句组之前有四个空格，代表它从属于if语句，只有判断条件为True，才被执行。

二、if...else 语句

if语句让程序能有一个选择执行路径，if...else语句可以有两个选择执行路径。其语法结构如下：

```
if 判断条件:
    语句组1
else:
    语句组2
print("我是if...else后边要执行的代码")
```

可以通过图3-28来简单了解条件语句的执行过程。

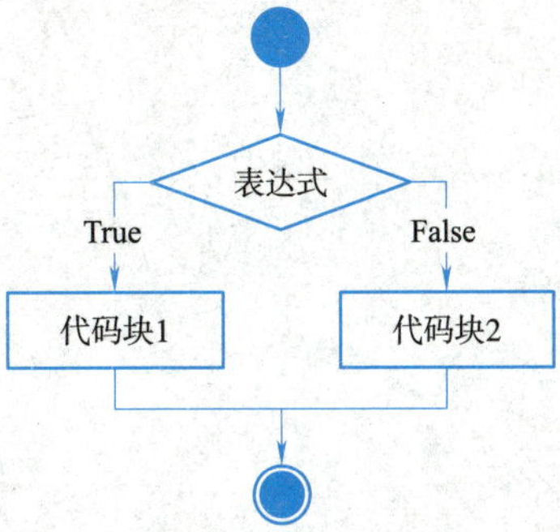

图3-28　if...else条件语句执行过程

修改上述例子，增加用户输入失败的情况。如下实例：

```
# 假设用户名是admin，密码是：123
# 从键盘接收用户名和密码存到uname和password变量里
uname = input("请输入用户名:")
password = input("请输入密码:")
if uname == "admin" and password == "123":
    print("登录成功")
    print("欢迎{uname}用户")
else:
    print("用户名和密码有误，登录失败")
```

三、if...elif...else 语句

当一个条件可以分解成多个条件块时，这个多分支语句就可以派上用场了。比如学生成绩（0~100）等级判定。其语法结构如下：

```
if 判断条件1:
    语句组1
elif 判断条件2:
    语句组2
elif 判断条件3:
    语句组3
......
elif 判断条件n:
    语句组n
print("我是if...else后边要执行的代码")
```

可以通过图3-29来了解条件语句的执行过程。

Python会从上到下逐个判断表达式是否成立，一旦遇到某个成立的表达式，就执行后面紧跟的语句块；此时，剩下的代码就不再执行了，不管后面的表达式是否成立。如果所有的表达式都不成立，就执行else后面的代码块。

如下实例：

```
a=int(input("请输入你的成绩：\n"))
if 90<=a<=100:
    print("你的成绩等级：A")
```

```
elif 80<=a<90:
    print("你的成绩等级: B")
elif 70<=a<80:
    print("你的成绩等级: C")
elif 60<=a<70:
    print("你的成绩等级: D")
elif 0<=a<60:
    print("你的成绩等级: E")
```

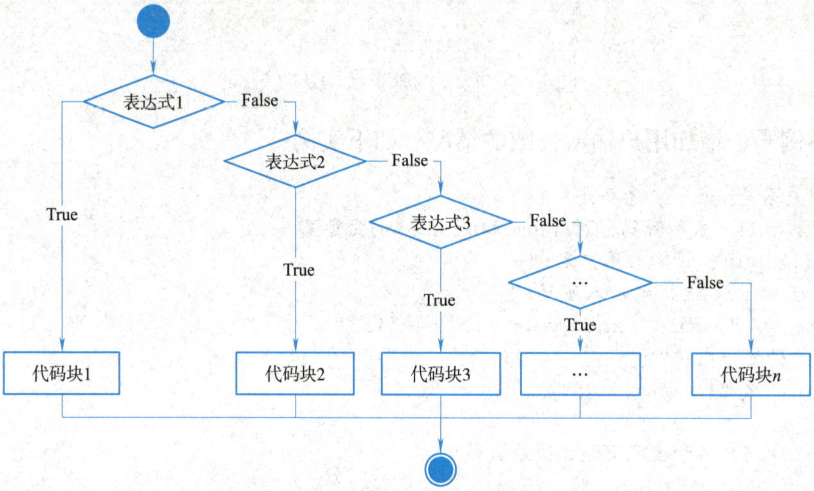

图3-29 if...elif...else条件语句执行过程

任务分析

本次任务中，需要按照以下逻辑步骤进行任务：

（1）定义一个表示会员积分的变量score。

（2）根据积分规则从下至下进行等级判断。

（3）只要满足其中一个条件，程序便会执行对应的输出语句，并结束条件判断语句。

任务实施

在前面的介绍和示例中，小张已经了解了if结构语句的类型和语法，接下来小张将通过任务具体实现对if结构语句的使用。

实施步骤：

新建chapter3-2.py，输入下列代码：

```
score=int(input("请输入您的会员积分:"))
if score==0:
   print("注册会员")
elif  0<score<=2000:
   print("铜牌会员")
elif  2000<score<=10000:
   print("银牌会员")
elif  10000<score<=30000:
```

```
    print("金牌会员")
else:
    print("钻石会员")
```

任务效果

通过上述任务，小张成功地根据会员的积分判断出会员的级别，如图3-30所示。

图3-30　任务实施效果

视频
判断会员级别

任务拓展

小张已经对Python有比较深的了解，接下来我们和小张来一起做一道Python的题目。

任务拓展思路：

（1）在程序中定义一个列表，用于存储多个整数，可以任意指定列表中的元素量。

（2）程序需要根据列表中的元素，选出其中的正整数，并把它们加起来求和。

任务拓展效果如图3-31所示。

图3-31　任务拓展效果

视频
筛选列表中的正数

任务 3.6　判断是否为酒后驾车

任务说明

小张接到公司任务，为交警大队制定一个判断是否酒驾的小程序。于是小张去了解相关规定：车辆驾驶员的血液酒精含量小于20 mg/100 mL不构成酒驾；酒精含量大于等于20 mg/100 mL且小于80 mg/100 mL为酒驾；酒精含量大于等于80 mg/100 mL为醉驾。小张开始编写Python程序判断是否为酒后驾车。

预备知识

if 嵌套

前面详细介绍了三种形式的条件语句，即if、if..else和if...elif...else，这三种条件语句之间可以相互嵌套。在嵌套if语句中，可以把if...elif...else结构放在另外一个if...elif...else结构中。

```
if 表达式1:
    语句
    if 表达式2:
        语句
    elif 表达式3:
        语句
    else:
        语句
elif 表达式4:
    语句
else:
    语句
```

if、if...else和if...elif...else之间可以相互嵌套。因此，在开发程序时，需要根据场景需要，选择合适的嵌套方案。需要注意的是，在相互嵌套时，一定要严格遵守不同级别代码块的缩进规范。

任务分析

我们需要运用以下技能实现本任务：

（1）梳理思路，分清楚不构成酒驾、酒驾、醉驾的界限值。

（2）根据（1）中思路写出伪代码。

（3）新建Python工程，运用if嵌套语句写出代码并运行。

任务实施

通过梳理思路，是否构成酒驾的界限值为20 mg/100 mL；而在已确定为酒驾的范围（大于或等于20 mg/100 mL）中，是否构成醉驾的界限值为80 mg/100 mL，需要进行嵌套判断。是否构成酒驾及醉驾判断过程如图3-32所示。

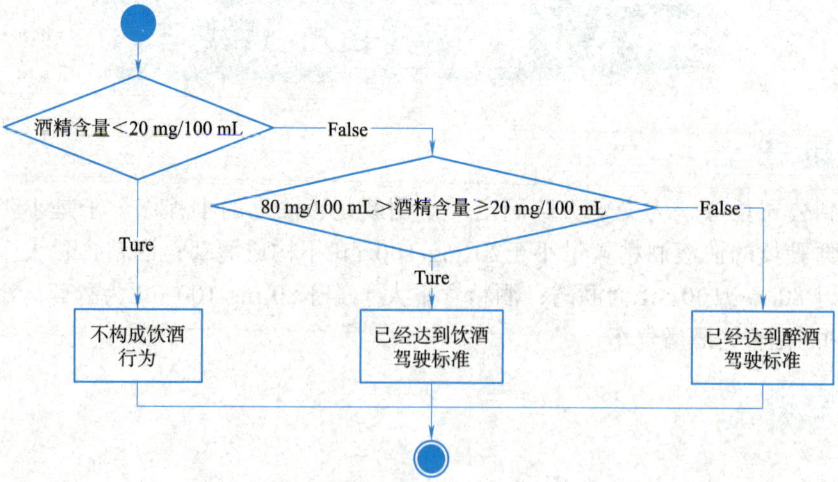

图3-32　是否构成酒驾及醉驾判断过程

实施步骤：

新建chapter3-3，输入下面代码。

由此，我们可以使用两个if...else语句嵌套来实现：

```
proof=int(input("输入驾驶员每100 mL血液酒精的含量："))
if proof  <  20:
    print("驾驶员不构成酒驾")
else:
    if proof  <  80:
        print("驾驶员已构成酒驾")
    else:
        print("驾驶员已构成醉驾")
```

运行结果为：

```
输入驾驶员每100 mL血液酒精的含量：10
驾驶员不构成酒驾
```

当然，这个例题单独使用if...elif...else也可以实现，这里只是为了让初学者熟悉if分支嵌套的用法而已。

任务效果

小张通过100 mL血液酒精含量，可以轻松判断出驾驶员是否构成酒驾或是醉驾，如图3-33所示。

图3-33　任务实施效果

视频　判断是否为酒后驾车

任务拓展

小张已经学习了Python中if的嵌套，接下来让我们做一道关于if嵌套的题。

任务拓展思路：

（1）当输入数字为正数时，输出“您输入的是整数”；否则输出“您输入的是负数”的提示信息。

（2）当输入数字为偶数时，输出“您输入的是偶数”；否则输出“您输入的是奇数”的提示信息。

任务拓展效果图：

小张根据用户输入的数字12，轻松地判断出12是正数，并且还是偶数，结果如图3-34所示。

视频

if嵌套程序编写

图3-34　任务拓展效果

任务 3.7　奖金发放

任务说明

小张所在公司要为员工发放奖金，奖金根据利润提成。利润低于或等于10万元时，奖金可提10%；利润高于10万元低于20万元时，低于10万元的部分按10%提成，高于10万元的部分，可提成7.5%；利润在20万元到40万元之间时，20万元及以下部分，按前述规定提成，高于20万元的部分，可提成5%；利润在40万元到60万元之间时，40万元及以下部分，按前述规定提成，高于40万元的部分，可提成3%；利润在60万元到100万元之间时，60万元及以下部分，按前述规定提成，高于60万元的部分，可提成1.5%；利润高于100万元时，100万元及以下部分，按前述规定提成，超过100万元的部分按1%提成。从键盘输入当月利润*I*，小张要计算出本次公司发放的奖金总额。

预备知识

一、while 循环结构控制语句

Python中的循环语句有两种，分别是while循环和for循环。

while循环和if条件分支语句类似，即在条件（表达式）为真的情况下，都会执行相应的代码块。不同之处在于，只要条件为真，while就会一直重复执行那段代码块。

while语句的语法格式如下：

```
while条件表达式:
    语句组
```

这里的语句组，指的是缩进格式相同的多行代码，不过在循环结构中，它又称为循环体。

while语句执行的具体流程为：首先判断条件表达式的值，其值为真（True）时，则执行代码块中的语句，当执行完毕后，再回过头来重新判断条件表达式的值是否为真，若仍为真，则继续重新执行代码块……如此循环，直到条件表达式的值为假（False），才终止循环。

可以通过图3-35来简单while循环语句的执行过程：

如下实例：

打印1~100的所有数字，就可以使用while循环，实现代码如下：

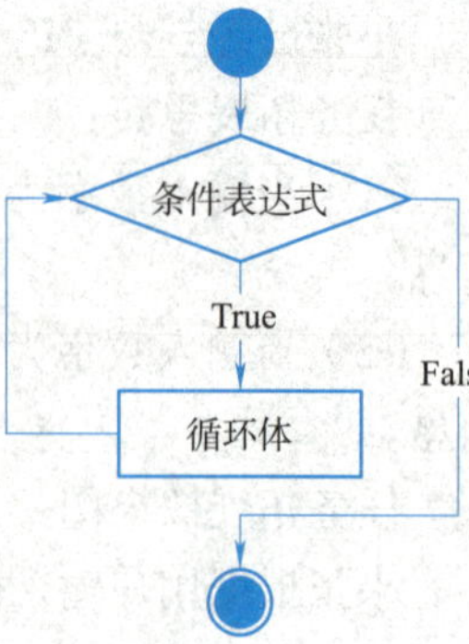

图3-35　while循环执行流程

```
# 循环的初始化条件
num=1
# 当 num 小于100时，会一直执行循环体
while num<100 :
    print("num=", num)
    # 迭代语句
    num+=1
print("循环结束!")
```

运行程序会发现，程序只输出了1~99，却没有输出100。这是因为，当循环至num的值为100时，此时条件表达式为假（100<100），当然就不会再去执行代码块中的语句，因此不会输出100。

注意，在使用while循环时，一定要保证循环条件有变成假的时候，否则这个循环将成为一个死循环。所谓死循环，指的是无法结束循环的循环结构，例如将上面while循环中的num+=1代码注释掉，再运行程序你会发现，Python解释器一直在输出"num=1"，永远不会结束（因为num<100一直为True），除非我们强制关闭解释器。

再次强调，只要位于while循环体中的代码，其必须使用相同的缩进格式（通常缩进4个空格），否则Python解释器会报SyntaxError错误（语法错误）。例如，将上面程序中num+=1语句前移一个空格，再次执行该程序，此时Python解释器就会报SyntaxError错误。

除此之外，while循环还常用来遍历列表、元组和字符串，因为它们都支持通过下标索引获取指定位置的元素。

下面程序演示了如何使用while循环遍历一个字符串变量：

```
my_char="Hello Python!"
i=0
while i<len(my_char):
    print(my_char[i],end="")
    i=i+1
```

程序执行结果为：

```
Hello Python!
```

二、for 循环

for循环，它常用于遍历字符串、列表、元组、字典、集合等序列类型，逐个获取序列中的各个元素。

for循环的语法格式如下：

```
for 迭代变量 in 字符串|列表|元组|字典|集合:
    代码块
```

格式中，迭代变量用于存放从序列类型变量中读取出来的元素，所以一般不会在循环中对迭代变量手动赋值；代码块指的是具有相同缩进格式的多行代码（和while一样），由于和循环结构联用，因此代码块又称为循环体。

for循环语句的执行流程如图3-36所示。

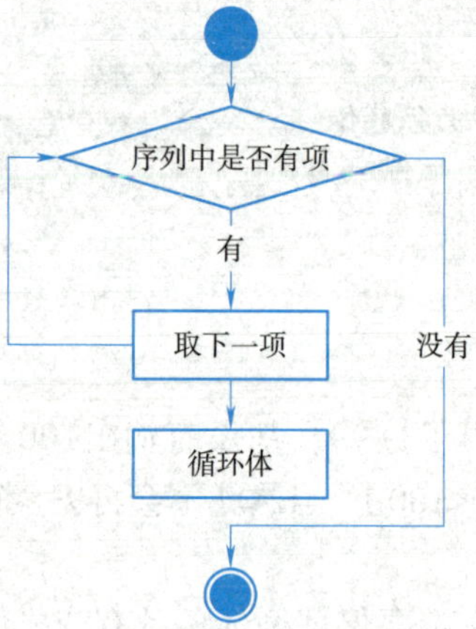

图3-36　for循环执行流程

下面的程序演示了for循环的具体用法：

```
add="Hello,welcome to Python World!"
#for循环，遍历 add 字符串
for ch in add:
    print(ch,end="")
```

运行结果为：

```
Hello,welcome to Python World!
```

可以看到，使用for循环遍历add字符串的过程中，迭代变量ch会先后被赋值为add字符串中的每个字符，并代入循环体中使用。只不过例子中的循环体比较简单，只有一行输出语句。

三、跳转语句

在执行while循环或者for循环时，只要循环条件满足，程序将会一直执行循环体，不停地转圈。但在某些场景，我们可能希望在循环结束前就强制结束循环，Python提供了两种强制离开当前循环体的办法：

（1）使用continue语句，可以跳过执行本次循环体中剩余的代码，转而执行下一次的循环。

（2）使用break语句，可以完全终止当前循环。

（一）break 语句

break语句可以立即终止当前循环的执行，跳出当前所在的循环结构。无论是while循环还是for循环，只要执行break语句，就会直接结束当前正在执行的循环体。

break语句的语法非常简单，只需要在相应while或for语句中直接加入即可。

如下实例：

```
add="Hello, welcome to Python World!"
# 一个简单的for循环
for i in add:
    if i==',' :
      #终止循环
```

```
        break
    print(i,end="")
print("\n执行循环体外的代码")
```

运行结果为:

```
Hello
执行循环体外的代码
```

分析上面程序不难看出，当循环至add字符串中的逗号（,）时，程序执行break语句，其会直接终止当前的循环，跳出循环体。

break语句一般会结合if语句进行搭配使用，表示在某种条件下跳出循环体；对于嵌套的循环结构来说，break语句只会终止所在循环体的执行，而不会作用于所有的循环体。

（二）continue 语句

和break语句相比，continue语句的作用则没有那么强大，它只会终止执行本次循环中剩下的代码，直接从下一次循环继续执行。

continue语句的用法和break语句一样，只要while或for语句中的相应位置加入即可。如下实例:

```
add = "Hello, welcome to Python World!"
# 一个简单的for循环
for i in add:
    if i == ',' :
        # 忽略本次循环的剩下语句
        print('\n')
        continue
    print(i,end="")
print("\n执行循环体外的代码")
```

运行结果为:

```
Hello
Welcome to Python World!
执行循环体外的代码
```

可以看到，当遍历add字符串至逗号（,）时，会进入if判断语句执行print语句和continue语句。其中，print语句起到换行的作用，而continue语句会使Python解释器忽略执行print（i, end=""）代码，直接从下一次循环开始执行。

任务分析

我们需要运用以下技能实现本任务:

（1）input输入值i，revenue定义6档利润r，precentage定义6档提成率p，bonus定义6档提成b，total定义6档奖金t，一共循环6次。

（2）如果输入比利润高，则奖金+=（输入-利润）×提成。

（3）最后六档奖金显示为：总奖金=奖金1+奖金2+…+奖金6。

任务实施

实施步骤：

新建chapter3-4.py，输入下面代码：

```
i=int(input('净利润:'))
r=[1000000,600000,400000,200000,100000,0]
p=[0.01,0.015,0.03,0.05,0.075,0.1]
b=['第六档提成','第五档提成','第四档提成','第三档提成','第二档提成','第一档提成']
t=0
for idx in range(0,6):
    if i>r[idx]:
        t+=(i-r[idx])*p[idx]
        print(b[idx],((i-r[idx])*p[idx]))
        i=r[idx]
print('总提成',t)
```

运行结果如下：

```
净利润:1100000
第六档提成 1000.0
第五档提成 6000.0
第四档提成 6000.0
第三档提成 10000.0
第二档提成 7500.0
第一档提成 10000.0
总提成 40500.0
```

任务效果

视频

for循环示例——奖金发放

小张通过上述任务，根据净利润运用循环和判断语句轻松算出提成金额，如图3-37所示。

图3-37　任务实施效果

任务拓展

小张已经掌握for循环，那就让我们一起监督小张再来做一个关于while循环的题目吧。

任务拓展思路：

（1）用户需要在程序运行时输入一个整数，表示其考试成绩。

（2）程序根据成绩的多少，判断其对应的评价等级，输出给用户，评价等级如图3-38所示。

成绩范围	评价等级
90分及以上	优秀
80分～90分	良好
70分～80分	中等
60分～70分	及格
60分以下	不及格

图3-38　成绩评价等级

任务拓展效果图：

小张通过上述拓展任务，输入学生的成绩后并判断出成绩的等级，效果如图3-39所示。

```
C:\Users\阿伟呀\PycharmProjects\pythonProject1\venv\Scripts\python.exe E:/pythonProject2/xh.py
请输入您的成绩：50
您的成绩评价为：  不及格

进程已结束,退出代码0
```

图3-39　任务拓展效果

视频

while循环示例——考试评级

任务 3.8　刮 刮 乐

任务说明

小张所在公司为奖励员工购买了刮刮乐福利彩票，刮刮乐是一种网点即开型福利彩票，即买即刮。彩民只要刮去刮刮乐上的银色油墨后即可查看是否中奖。每张刮刮乐有多个兑奖刮开区，每个兑奖刮开区对应着不同的获奖信息，包括“一等奖”、“二等奖”、“三等奖”和“谢谢惠顾”。假设现在有一张刮刮乐，该卡片上共有8个刮奖区，每个刮奖区对应的兑奖信息为：“谢谢惠顾”、“一等奖”、“三等奖”、“谢谢惠顾”、“谢谢惠顾”、“三等奖”、“二等奖”和“谢谢惠顾”，大家只能刮开其中一个区域。小张对刮刮乐彩票非常感兴趣，在本任务中，小张通过Python中列表知识模拟刮刮乐的使用过程。

预备知识

列表和元组是Python内置的两种重要的数据类型，它们都是序列类型，可以存放任何类型的数据，并且支持索引、遍历等操作。

一、列表

序列是Python中最基本的数据结构。序列中的每个值都有对应的位置值，称为索引，第一个索引是0，第二个索引是1，依此类推。Python有6个序列的内置类型，但最常见的是列表和元组。列表是最常用的Python数据类型，它可以作为一个方括号内的逗号分隔值出现。List列表，就是多个元素放在一起，像清单一样，这个列表只能有一列数据（不能多列）。列表都可以进行的操作包括索引、切片、加、乘、检查成员。

（一）列表的创建

创建一个列表，只要把逗号分隔的不同的数据项使用方括号括起来即可。列表的数据项不需要具有相同的类型。

如下所示：

```
list1=['Google', 'Python', 1997, 2000]
```

```
list2=[1, 2, 3, 4, 5 ]
list3=[ "a" , "b" , "c" , "d" ]
list4=['red', 'green', 'blue', 'yellow', 'white', 'black']
```

注意：当列表元素很多时，可以将列表（用括号包裹）换行书写（单个元素自身是个整体，不能换行）。括号包括[]，()，{}。

（二）访问列表中的值

与字符串的索引一样，列表索引从0开始，第二个索引是1，依此类推，如图3-40所示。

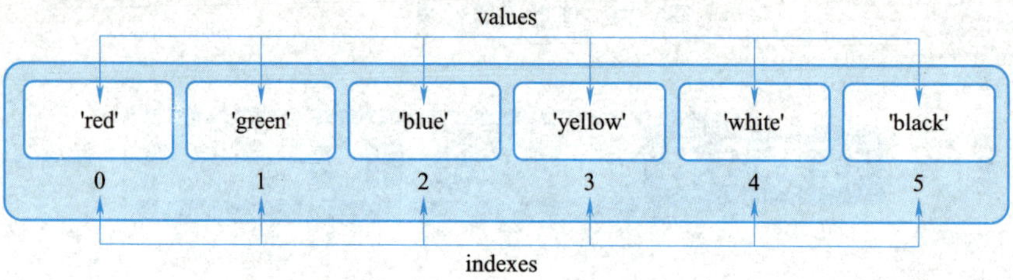

图3-40　列表索引从0开始

1. 索引从前向后访问

通过索引，可以对列表进行截取、组合等操作。

如下实例：

```
list=['red','green','blue','yellow','white','black']
print(list[0])
print(list[1])
print(list[2])
```

以上实例输出结果：

```
red
green
blue
```

2. 索引从后向前访问

索引也可以从尾部开始，最后一个元素的索引为-1，往前一位为-2，以此类推，如图3-41所示。

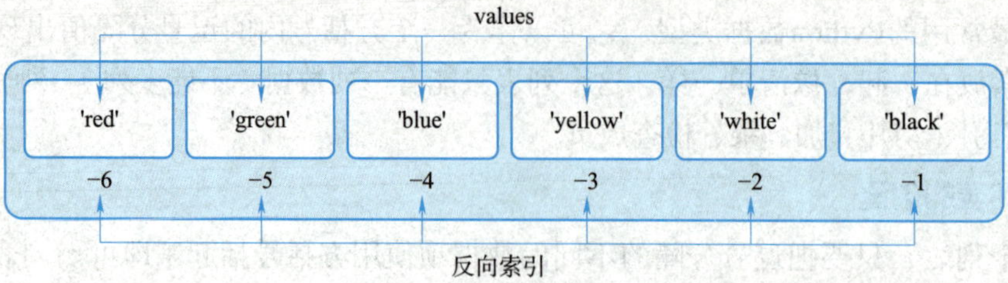

图3-41　列表索引从尾部开始

如下实例：

```
list=['red','green','blue','yellow','white','black']
```

```
print(list[-1])
print(list[-2])
print(list[-3])
```

以上实例输出结果：

```
black
white
yellow
```

3. 切片访问

使用下标索引来访问列表中的值，同样也可以使用方括号[]的形式截取字符，如图3-42所示。

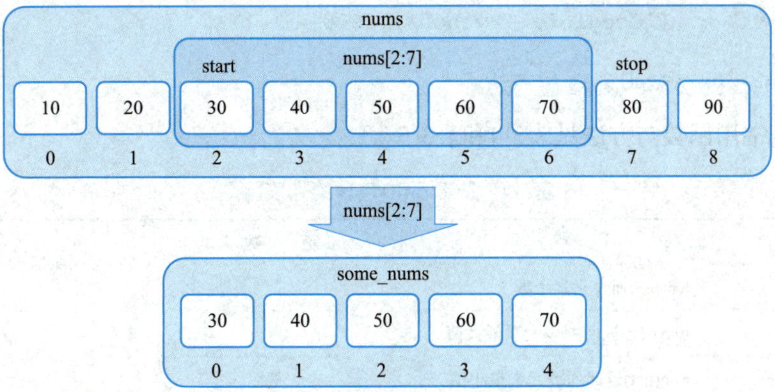

图3-42　使用切片访问列表

如下实例：

```
nums=[10,20,30,40,50,60,70,80,90]
print(nums[0:4])
```

以上实例输出结果：

```
[10, 20, 30, 40]
```

（三）更新列表中的值

可以对列表的数据项进行修改或更新，也可以使用append()方法来添加列表项，如下所示：

```
list=['Google', 'Python', 1997, 2000]
print ("第三个元素为 : ", list[2])
list[2]=2001
print ("更新后的第三个元素为 : ", list[2])
list1=['Google', 'Python', 'Taobao']
list1.append( ‘Baidu’ )
print ("更新后的列表 : ", list1)
```

以上实例输出结果：

```
第三个元素为 :  1997
```

```
更新后的第三个元素为 :  2001
更新后的列表 :  ['Google', 'Python', 'Taobao', 'Baidu']
```

（四）删除列表元素

可以使用del语句来删除列表的元素，如下实例：

```
list=['Google', 'Python', 1997, 2000]
print ("原始列表 : ", list)
del list[2]
print ("删除第三个元素 : ", list)
```

以上实例输出结果：

```
原始列表 :  ['Google', 'Python', 1997, 2000]
删除第三个元素 :  ['Google', 'Python', 2000]
```

（五）Python 列表常用函数与方法

Python列表常用函数与方法见表3-4和表3-5。

表3-4　Python中包含的列表函数

序　号	函　数
1	len(list)列表元素个数
2	max(list)返回列表元素最大值
3	min(list)返回列表元素最小值
4	list(seq)将元组转换为列表

表3-5　Python中包含的列表方法

序　号	方　法
1	list.append(obj)在列表末尾添加新的对象
2	list.count(obj)统计某个元素在列表中出现的次数
3	list.extend(seq)在列表末尾一次性追加另一个序列中的多个值（用新列表扩展原来的列表）
4	list.index(obj)从列表中找出某个值第一个匹配项的索引位置
5	list.insert(index, obj)将对象插入列表
6	list.pop([index=-1])移除列表中的一个元素（默认最后一个元素），并且返回该元素的值
7	list.remove(obj)移除列表中某个值的第一个匹配项
8	list.reverse()反向列表中元素
9	list.sort(key=None, reverse=False)对原列表进行排序
10	list.clear()清空列表
11	list.copy()复制列表

二、元组

元组也是将任何数据类型的元素按照先后顺序使用()包裹起来组成的数据类型，它也属于序列类型。

Python的元组与列表类似，不同之处在于元组的元素不能修改。元组使用小括号()，列表使用方括号[]。

（一）元组的创建

元组创建很简单，只需要在括号中添加元素，并使用逗号隔开即可，如图3-43所示。

图3-43　元组结构示意图

如下实例：

```
tup1=('Google','Python',1997,2000)
tup2=(1,2,3,4,5)
tup3=” a” ,” b” ,” c” ,” d”      #不需要括号也可以
type(tup3)
<class'tuple'>
```

提示：元组中只包含一个元素时，需要在元素后面添加逗号，否则括号会被当作运算符使用：

如下实例：

```
tup1=(50)
type(tup1)                          # 不加逗号，类型为整型
<class'int'>
tup1=(50,)
type(tup1)                          # 加上逗号，类型为元组
<class'tuple'>
```

（二）访问元组

元组可以使用下标索引来访问元组中的值，如下实例：

```
tup1=('Google', 'Python', 1997, 2000)
tup2=(1, 2, 3, 4, 5, 6, 7 )
print ("tup1[0]: ", tup1[0])
print ("tup2[1:5]: ", tup2[1:5])
```

以上实例输出结果：

```
tup1[0]:  Google
tup2[1:5]:  (2, 3, 4, 5)
```

（三）修改元组

元组中的元素值是不允许修改的，但可以对元组进行连接组合，如下实例：

```
tup1=(12, 34.56)
tup2=('abc', 'xyz')
# 以下修改元组元素操作是非法的。
# tup1[0]=100
# 创建一个新的元组
tup3=tup1+tup2
print (tup3)
```

以上实例输出结果：

```
(12, 34.56, 'abc', 'xyz')
```

（四）删除元组

元组中的元素值是不允许删除的，但我们可以使用del语句来删除整个元组，如下实例：

```
tup=('Google', 'Python', 1997, 2000)
print (tup)
del tup
print ("删除后的元组 tup : ")
print (tup)
```

以上实例元组被删除后，输出变量会有异常信息，输出如下所示：

```
('Google', 'Python', 1997, 2000)
删除后的元组 tup :
Traceback (most recent call last):
  File "test.py", line 8, in <module>
    print (tup)
NameError: name 'tup' is not defined
```

（五）元组运算符

与字符串一样，元组之间可以使用+号和*号进行运算。这就意味着它们可以组合和复制，运算后会生成一个新的元组，元组运算符见表3-6。

表3-6 元组运算符的运用

Python表达式	结　果	描　述
len((1, 2, 3))	3	计算元素个数
(1, 2, 3) + (4, 5, 6)	(1, 2, 3, 4, 5, 6)	两个元组连接
('Hi!',) * 4	('Hi!', 'Hi!', 'Hi!', 'Hi!')	复制4个'Hi!'元素
3 in (1, 2, 3)	True	元素是否存在
for x in (1, 2, 3): print (x,)	1 2 3	迭代

（六）元组索引截取

因为元组也是一个序列，所以可以访问元组中的指定位置的元素，也可以截取索引中的一段元素，如图3-44所示。

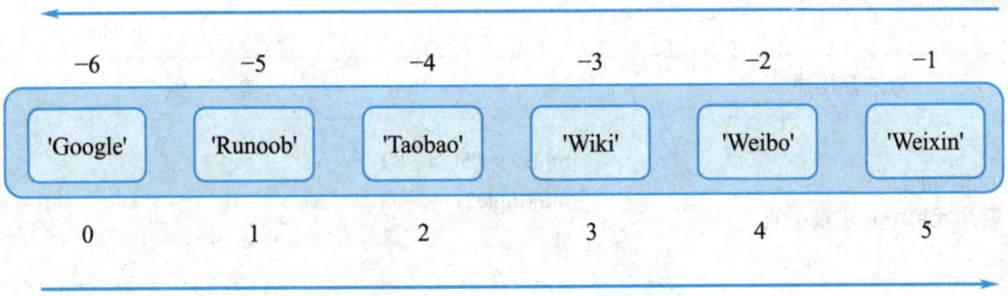

图3-44 元组索引示意图

以元组tup为例，根据元组索引截取内容见表3-7。

```
tup=('Google', 'Python', 'Taobao', 'Wiki', 'Weibo','Weixin')
```

表3-7 元组索引示例

表达式	结 果	描 述
tup[1]	'Python'	读取第二个元素
tup[-2]	'Weibo'	反向读取，读取倒数第二个元素
tup[1:]	('Python', 'Taobao', 'Wiki', 'Weibo', 'Weixin')	截取元素，从第二个开始后的所有元素
tup[1:4]	('Python', 'Taobao', 'Wiki')	截取元素，从第二个开始到第四个元素（索引为3）

运行实例如下：

```
tup=('Google','Python','Taobao','Wiki','Weibo','Weixin')
tup[1]
'Python'
tup[-2]
'Weibo'
tup[1:]
('Python','Taobao','Wiki','Weibo','Weixin’)
tup[1:4]
('Python','Taobao','Wiki')
```

（七）元组内置函数

Python中关于元组内置函数见表3-8。

表3-8 Python元组内置函数

序号	方法及描述	实 例
1	len(tuple) 计算元组元素个数	tuple1 = ('Google', 'Python', 'Taobao') len(tuple1) 3
2	max(tuple) 返回元组中元素最大值	tuple2 = ('5', '4', '8') max(tuple2) '8'

续表

序号	方法及描述	实　例
3	min(tuple) 返回元组中元素最小值	tuple2 = ('5', '4', '8') min(tuple2) '4'
4	tuple(iterable) 将可迭代系列转换为元组	list1= ['Google', 'Taobao', 'Python', 'Baidu'] tuple1=tuple(list1) tuple1 ('Google', 'Taobao', 'Python', 'Baidu')

任务分析

本次任务中，我们需要按照以下步骤实现任务：

（1）先定义列表reward_info用来保存刮刮乐卡片上的8个刮奖区。

（2）用户输入数字1~8中的一个数字，判断用户输入数字，找到相应刮奖区，否则输入的位置不对。

任务实施

实施步骤：

新建文件chapter3-5.py，输入下列代码：

```
reward_info=["谢谢惠顾", "一等奖", "三等奖", "谢谢惠顾", "谢谢惠顾", "三等奖",
 "二等奖", "谢谢惠顾"]
num=int(input(“请输入刮去的位置(1~8): ”))
if num,isdigit():
    num=int(num)
    if num>=1 and num<=8:
           print('恭喜获得:', reward_info[num-1])
    else:
           print('输入位置不对，请重新输入数字（1-8))
else:
    print('请输入刮去的位置(1-8))
```

运行结果：

```
请输入刮去的位置(1~8): 4
谢谢惠顾
```

视频

列表的使用——刮刮乐

任务效果

小张通过上述任务，输入刮去的位置编号，得出相应的中奖结果，效果如图3-45所示。

请扫描下面二维码，查看代码案例视频。

图3-45 任务实施效果

视 频

列表的排序

任务拓展

在本任务中小张已经掌握了Python中重要的序列，接下来让我们监督小张做一道题来更加熟记于心吧。

任务拓展思路：

（1）程序需要对指定的序列进行排序，可以选择任意一种排序算法实现

（2）为了方便，我们选择程序中定义一个列表，并在其中存储多个数字类型的元素，如[5，2，7，1，9，3]等。

（3）程序需要将该列表中的元素从小到大顺序进行排序。

程序拓展效果图：

小张通过上述拓展任务，通过使用循环和判断语句实现了列表里数字的排序，效果如图3-46所示。

图3-46 任务拓展效果

延伸阅读：Python 在环境监测领域的工程应用

2023年，中国环境科学研究院采用Python技术栈构建了国家级大气污染预警系统。该系统基于NumPy和Pandas实现海量监测数据的实时处理，日均处理数据量超过15 TB。研究团队利用Scikit-learn库构建的集成学习模型，将区域污染预警准确率提升至91.2%，预警响应时间缩短至12 min。该系统已接入全国368个地级市的环保监测网络，为《大气污染防治行动计划》的实施提供了关键技术支撑。该案例入选2023年度国家生态环境科技创新工程，相关技术规范已被纳入《环境空气质量预报预警技术指南》。

阅读思考：在开发环境监测系统时，如何确保算法模型的可解释性与决策透明度？

习 题

一、单项选择题

1. 下列选项中，属于数值类型的是（　　）。

A. 0　　B. 1.0　　C. 1+2j　　D. 以上全部

2. 若将2转换为0b10，应该使用（　　）函数。

A. oct()　　B. bin()　　C. hex()　　D. int()

3. 下列选项中，不属于Python数据类型的是（　　）。

A. bool　　B. dict　　C. string　　D. set

4. 下列选项中，运行后会输出1、2、3的是（　　）。

A.

```
for i in range(3):
    print(i)
```

B.

```
for i in range(2):
    print(i+1)
```

C.

```
nums=[0,1,2]
for i in nums:
    print(i+1)
```

D.

```
i=1
while i<3:
    print(i)
    i=i+1
```

5. 现有如下代码：

```
sum=0
for i in range(100):
    if(i%10):
        continue
    sum=sum+i
print(sum)
```

若运行代码，输出的结果为（　　）。

A. 5050　　B. 4950　　C. 450　　D. 45

6. 已知x=10，y=20，z=30；以下代码执行后x、y、z的值分别为（　　）。

```
if x<y:
    z=x
    x=y
    y=z
```

A. 10，20，30　　B. 10，20，20　　C. 20，10，10　　D. 20，10，30

7. 已知x与y的关系见表3-9。

表3-9 x与y的关系

x	y
x<0	x-1
x=0	x
x>0	x+1

以下选项中，可以正确地表达x与y之间关系的是（　　）。

A.

```
y=x+1
if x>=0:
    if x==0:
        y=x
    else:
        y=x-1
```

B.

```
y=x-1
if x!=0:
    if x>0:
        y=x+1
    else:
        y=x
```

C.

```
if x<=0:
    if x<0:
        y=x-1
    else:
        y=x
else:
    y=x+1
```

D.

```
y=x
if x<=0:
    if x<0:
        y=x-1
    else:
        y=x+1
```

8. 下列语句中，可以跳出循环结构的是（　　）。

A. continue　　B. break　　C. if　　D. while

9. Python中使用（　　）转义字符。

A. /　　B. \　　C. $　　D. %

10. 下列选项中，用于格式化字符串的是（　　）。

A. %　　B. format()　　C. f-string　　D. 以上全部

11. 关于字符串的说法中，下列描述错误的是（　　）。

A. 字符串创建后可以被修改

B. 字符串可以使用单引号、双引号和三引号定义

C. 转义字符\n表示换行

D. 格式符均由%和说明转换类型的字符组成

12. 下列方法中，可以将字符串中的字母全部转换为大写的是（　　）。

A. upper()　　B. lower()　　C. title()　　D. capitalize()

13. 下列选项中，不属于字符串的是（　　）。

A. "1"　　B. 'python'　　C. """^"""　　D. '1'. 23

14. 下列方法中，可以对列表元素排序的是（　　）。

A. sort()　　B. reverse()　　C. max()　　D. list()

15. 阅读下面的程序：

```
li_one=[2, 1, 5, 6]
print(sorted(li_one[:2]))
```

运行程序，输出结果是（　　）。

A. [1, 2]　　B. [2, 1]　　C. [1, 2, 5, 6]　　D. [6, 5, 2, 1]

16. 下列方法中，默认删除列表最后一个元素的是（　　）。

A. del　　B. remove()　　C. pop()　　D. extend()

17. 阅读下面程序：

```
lan_info={'01': 'Python', '02': 'Java', '03': 'PHP'}
lan_info.update({'03': 'C++'})
print(lan_info)
```

运行程序，输出结果是（　　）。

A. {'01': 'Python', '02': 'Java', '03': 'PHP'}

B. {'01': 'Python', '02': 'Java', '03': 'C++'}

C. {'03': 'C++', '01': 'Python', '02': 'Java'}

D. {'01': 'Python', '02': 'Java'}

18. 阅读下面程序：

```
set_01={'a', 'c','b', 'a'}
set_01.add('d’)
print(len(set_01))
```

运行程序，输出结果是（　　）。

A. 5　　B. 3　　C. 4　　D. 2

二、填空题

1. 布尔类型的取值包括__________和__________。
2. 使用__________函数可查看数据的类型。
3. float()函数用于将数据转换为__________类型的数据。
4. 若a=3，b=-2，则a+=b的结果为__________。
5. __________语句是最简单的条件语句。
6. Python中的循环语句有__________和__________循环。
7. 若循环条件的值变为__________，说明程序进入无限循环。
8. __________循环一般用于实现遍历循环。
9. __________语句可以跳出本次循环，执行下一次循环。
10. 定义字符串可使用__________、双引号和三引号包裹。
11. 删除字符串中头部的空格，可以使用__________方法。
12. 拼接字符串可以使用__________方法和运算符__________。

三、操作题

1. 编写程序，要求程序能根据用户输入的数据计算圆的面积（圆的面积公式：$S=\pi^2r$，π取值为3.14），并分别输出圆的直径和面积。

2. 已知某煤场有29. 5 t煤，先用一辆载重4 t的汽车运3次，剩下的用一辆载重为2. 5 t的汽车运送，请计算还需要运送几次才能送完。编写程序解答此问题。

3. 编写程序，实现利用while循环输出100以内偶数的功能。

4. 编写程序，实现判断用户输入的数是正数还是负数的功能。

5. 编写程序，已知字符串s='AbcDeFGhIJ'，请计算该字符串中小写字母的数量。

6. 编写程序，检查字符串"Life is short. I use python"中是否包含字符串"python"，若包含则替换为"Python"后输出新字符串，否则输出原字符串。

7. 已知列表li_num1 = [4, 5, 2, 7]和li_num2 = [3, 6]，请将这两个列表合并为一个列表，并将合并后的列表中的元素按降序排列。

8. 已知元组tu_num1 =（'p', 'y', 't', ['o', 'n']），请向元组的最后一个列表中添加新元素“h”。

9. 已知字符串str= 'skdaskerkjsalkj'，请统计该字符串中各字母出现的次数。

10. 已知列表li_one = [1, 2, 1, 2, 3, 5, 4, 3, 5, 7, 4, 7, 8]，编写程序实现删除列表li_one中重复数据的功能。

单元4

TensorFlow入门

导读

在人工智能领域，我们要加强与国际通用平台的接轨。公司人工智能算法工程师小张就为公司选择了TensorFlow平台进行公司计算模型的搭建，本单元，小张将逐步解析公司工作任务，开启人工智能之旅。小张选择的TensorFlow是一个开源的、基于Python的机器学习框架，它由Google开发，并在图形分类、音频处理、推荐系统和自然语言处理等场景下有着丰富的应用，是目前热门的机器学习框架。其优势为：

（1）工作流程相对容易，API稳定，兼容性好，并且与NumPy完美结合。

（2）能在各种类型的机器上运行。

（3）可以同时在多个CPU、GPU上运行，或者两者混合运行。

（4）谷歌已经在TensorFlow上发布了多个预先训练好的机器学习模型。

而PyTorch是一个基于Torch的Python开源机器学习库，用于自然语言处理等应用程序，由Facebook的人工智能小组开发，不仅能够实现强大的GPU加速，同时还支持动态神经网络，这一点是很多主流框架如TensorFlow都不支持的。PyTorch提供了两个高级功能：

（1）具有强大的GPU加速的张量计算（如NumPy）。

（2）包含自动求导系统的神经网络。

单元思维导图

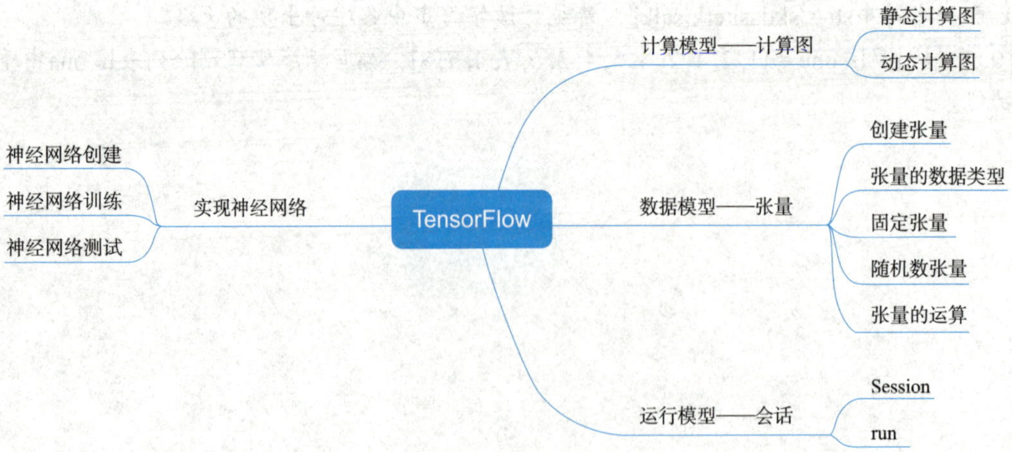

知识目标

- 掌握TensorFlow和PyTorch的关系和区别。
- 掌握TensorFlow和PyTorch关键库的使用。

能力目标

- 能熟练运用Tensorflow和PyTorch进行神经网络的搭建与测试。
- 能进行神经网络模型的优化与参数设置。

素质目标

- 掌握TensorFlow框架的核心技术原理，培养严谨求实的科学态度和精益求精的工匠精神。
- 在深度学习项目开发中，培养团队协作意识和解决复杂工程问题的能力。

任务4.1 理解计算图的概念及使用

任务说明

在前面小张已经学习了TensorFlow的主要依赖包以及TensorFlow的安装。下面小张要对TensorFlow进行基础搭建。这次任务主要完成以下内容：

（1）了解什么是计算图。

（2）创建TensorFlow的计算模型。

预备知识

一、计算图的概念

（一）什么是计算图

一个机器学习任务的核心是模型的定义以及模型的参数求解方式，对这两者进行抽象之后，可以确定一个唯一的计算逻辑，将这个逻辑用图表示，称为计算图。计算图表现为有向无环图，定义了数据的流转方式、数据的计算方式，以及各种计算之间的相互依赖关系等。

（二）计算图的基本组成

下面，简要介绍一下TensorFlow的基本组成。

1. 节点

基于梯度下降求解的机器学习问题，一般分为前向求值和后向求梯度两个过程。其中，前向过程由用户指定，包括模型定义、目标函数、损失函数、激活函数的选取等；后向的计算过程，包括计算梯度、更新梯度等，在优化器中已经由TensorFlow实现，用户不必关心。

（1）前向图节点。前向图中的节点，根据功能主要分为计算节点（Operation）、存储节点（Variable）和数据节点（Placeholder）。

- Operation：对应无状态的计算或控制操作，主要负责算法逻辑表达或者流程控制。
- Variable：对应有状态的变量操作，通常用来存储模型参数。

- Placeholder：用于定义输入数据的类型和形状等属性，是对数据的统一抽象。

（2）后向图中的节点。后向图也可以分为三类，如下：

- 梯度：迭代过程中，模型参数的梯度。
- 参数更新操作：根据优化器的优化算法，结合梯度更新相应的模型参数。
- 更新后的参数：更新后的模型参数，用于模型的下一轮训练。

2. 边

计算图中的边是有向边，定义了操作之间的关系，分为两类：一类用来传输数据，称为数据边；另一类用来定义依赖关系，称为控制边。

所有的节点都通过数据边或者控制边连接，其中入度为0的节点没有前置依赖，可以立即执行；入度大于0的节点，要等待其依赖的所有节点执行结束之后才可以执行。

（三）计算图的运行

TensorFlow中可以定义多个计算图，不同计算图上的张量和运算相互独立，因此每一个计算图都是一个独立的计算逻辑。

（1）图的启动。启动计算图的第一步是创建一个会话（Session）对象，如果没有任何的创建参数，会话构造器将启动默认图。一个Session可以运行多个计算图，一个计算图也可以在多个Session中运行。

（2）运行方式。简单来说，计算图的运行参考了拓扑排序的思想，可以分为如下四个步骤：

①以节点名称作为关键字、入度作为值，创建一张哈希表，并将此计算图中的所有节点放入哈希表中。

②为此计算图创建一个可执行节点队列，将哈希表中入度为0的节点加入该队列，并从节点哈希表中删除这些节点。

③依次执行队列中的每一个节点，执行成功之后将此节点输出指向的节点的入度减1，更新哈希表中对应节点的入度。

④重复②和③，直至可执行队列为空。

注意：对于步骤③来说，可执行队列中的节点在资源允许的情况下可以并行执行。TensorFlow有灵活的硬件调度机制来高效利用资源。

（3）硬件调度。在实现上，TensorFlow将图形定义转换成分布式执行的操作，以充分利用可用的计算资源（如CPU或GPU）。一般不需要显式指定使用CPU还是GPU，TensorFlow能自动检测。如果检测到GPU，TensorFlow会尽可能地利用找到的第一个GPU来执行操作。

如果机器上有超过一个可用的GPU，除第一个外的其他GPU默认是不参与计算的。为了让TensorFlow使用这些GPU，开发者可以用with tf.device语句将Operation明确指派给特定的CPU或GPU来执行。

（四）计算图的种类

TensorFlow中的计算图有三种，分别是静态计算图，动态计算图，以及Autograph。目前TensorFlow 2.0默认采用的是动态计算图，而TensorFlow 1.0中采用的是静态计算图。

二、计算图的使用

在了解过什么是计算图后，我们来看一下计算图的使用。

（一）静态计算图

使用静态计算图的方法分两步，第一步定义计算图，第二步在会话中执行计算图，如下展示了TensorFlow 1.0和TensorFlow 2.0的写法（可以调用tf.global_variables_initalizer去初始化变量或者通过tf.control_dependencies去执行计算图中没有包含的节点）：

```
import tensorflow as tf
# TensorFlow1.0
#定义计算图
g=tf.Graph()
with g.as_default():
    #placeholder为占位符，执行会话时候指定填充对象
    x = tf.placeholder(name='x', shape=[], dtype=tf.string)
    y = tf.placeholder(name='y', shape=[], dtype=tf.string)
    z = tf.string_join([x,y],name='join',separator=' ')
#执行计算图
with tf.Session(graph=g) as sess:
    print(sess.run(fetches=z,feed_dict={x:"hello",y:"world"}))

# TensorFlow2.0
g=tf.compat.v1.Graph()
with g.as_default():
    x=tf.compat.v1.placeholder(name='x', shape=[], dtype=tf.string)
    y=tf.compat.v1.placeholder(name='y', shape=[], dtype=tf.string)
    z=tf.strings.join([x,y],name="join",separator=" ")
with tf.compat.v1.Session(graph=g) as sess:
    # fetches的结果非常像一个函数的返回值，而feed_dict中的占位符相当于函数的参数序列。
    print(sess.run(fetches=z,feed_dict={x:"hello",y:"world"}))
```

（二）动态计算图

动态计算图已经不区分计算图的定义和执行了，而是定义后立即执行，因此称为Eager Execution。对于上面的操作，可以直接如下面代码的第一部分那样直接使用，也可以将使用动态计算图代码的输入和输出关系封装成函数，如下：

```
# 第一部分
# 动态计算图在每个算子处都进行构建，构建后立即执行
x=tf.constant("hello")
y=tf.constant("world")
z=tf.strings.join([x,y],separator=" ")
tf.print(z) # hello world

# 第二部分
# 可以将动态计算图代码的输入和输出关系封装成函数
def strjoin(x,y):
    z=tf.strings.join([x,y],separator=" ")
    tf.print(z) # hello world
```

```
    return z
result=strjoin(tf.constant("hello"),tf.constant("world"))
print(result) # tf.Tensor(b'hello world', shape=(), dtype=string)
```

（三）Autograph

动态计算图运行效率相对较低，可以用@tf.function装饰器将普通Python函数转换成TensorFlow 1.0对应的静态计算图构建代码。在TensorFlow 1.0中，使用计算图分两步，第一步定义计算图，第二步在会话中执行计算图。在TensorFlow 2.0中，如果采用Autograph的方式使用计算图，第一步定义计算图变成了定义函数，第二步执行计算图变成了调用函数。不需要使用会话了，一切都像原始的Python语法一样自然。事件中，我们一般会先用动态计算图调试代码，然后在需要提高性能的地方利用@tf.function切换成Autograph获得更高的效率，如下：

```
# 使用autograph构建静态图
@tf.function
def strjoin(x,y):
    z=tf.strings.join([x,y],separator=" ")
    tf.print(z) # hello world
    return z
result=strjoin(tf.constant("hello"),tf.constant("world"))
print(result) # tf.Tensor(b'hello world', shape=(), dtype=string)
```

（四）Autograph 编码规范总结

（1）被@tf.function修饰的函数应尽可能使用TensorFlow中的函数而不是Python中的其他函数。例如使用tf.print而不是print、使用tf.range而不是range、使用tf.constant（True）而不是True。

（2）避免在@tf.function修饰的函数内部定义tf.Variable。

（3）被@tf.function修饰的函数不可修改该函数外部的Python列表或字典等数据结构变量。

（4）如果调用被@tf.function装饰的函数时输入的参数不是Tensor类型，则每次都会重新创建计算图，因此，一般建议调用@tf.function时应传入Tensor类型。

（五）@tf.function

需要注意的是，不是所有的函数都可以通过tf.function进行加速的，有的任务并不值得将函数转化为计算图形式，比如简单的矩阵乘法，然而，对于大量的计算，如对深度神经网络的优化，这一图转换能给性能带来巨大的提升。我们也把这样的图转换称为tf.AutoGraph，在TensorFlow 2.0中，会自动地对被@tf.function装饰的函数进行AutoGraph优化。下面来看看被tf.function装饰的函数第一次执行时都做了什么：

（1）函数被执行并且被跟踪（tracing），Eager Execution处于关闭状态，所有的TensorFlow函数被当作tf.Operation进行图的创建。

（2）AutoGraph被唤醒，去检测Python代码可以转为TensorFlow的逻辑，比如while>tf.while_loop，for>tf.while_loop，if >tf.cond，assert>tf.assert。

（3）通过以上两步，对函数进行建图，为了保证Python代码中每一行的执行顺序，tf.control_dependencies被自动加入到代码中，保证第i行执行完后我们会执行第i+1行。

（4）返回tf.Graph，根据函数名和输入参数，将这个graph存到一个cache中。

（5）对于任何一个该函数的调用，会重复利用cache中的计算图进行计算。

来看一下TensorFlow 2.0中Eager Execution的代码如何转换为tf.function的代码。首先来看一段简单的TensorFlow 2.0代码：

```
def f():
    a=tf.constant([[10,10],[11.,1.]])
    x=tf.constant([[1.,0.],[0.,1.]])
    b=tf.Variable(12.)
    y=tf.matmul(a, x) + b
    return y
print(f().numpy())
#执行结果
[[22. 22.]
[23. 13.]]
```

因为TensorFlow 2.0默认是Eager Execution，代码的阅读和执行就和普通的Python代码一样，简单易读。首先简单地加上@tf.function装饰一下，为了方便调试，加入一个print和一个tf.print，如下：

```
@tf.function
def f():
    a=tf.constant([[10,10],[11.,1.]])
    x=tf.constant([[1.,0.],[0.,1.]])
    b=tf.Variable(12.)
    y=tf.matmul(a, x) + b
    print("PRINT: ", y)
    tf.print("TF-PRINT: ", y)
    return y
f()
#执行结果
PRINT:  Tensor("add:0", shape=(2, 2), dtype=float32)
ValueError: tf.function-decorated function tried to create variables on non-first call.
```

这里有个异常，为什么？因为tf.function可能会对一段Python函数进行多次执行来构图，在多次执行的过程中，同样的Variable被创建了多次，产生错误。这其实也是一个很容易混乱的概念，在eager mode下一个Variable是一个Python object，所以会在执行范围外被销毁，但是在tf.function的装饰下，Variable变成了tf.Variable，是在Graph中持续存在的。所以，把一个在eager mode下正常执行的函数转换到TensorFlow图形式，需要一边思考着计算图一边构建程序。

任务分析

本次任务中，我们需要掌握以下技能：

（1）计算图的基本操作：创建、编辑与运行。

（2）Session会话的调用。

（3）代码的调试。

任务实施

在前面的介绍和示例中，小张了解到了计算图的概念以及使用还了解到了TensorFlow的默认计算图，那么下面小张来实施任务，尝试着创建一个计算图。

实施步骤：

根据上面提到的计算图程序进行计算图创建。

（1）打开Python编译环境、并新建文件4-1计算图.ipynb。

（2）在文件中编辑默认计算图：默认计算图：tf.get_default_graph()。

```
import tensorflow as tf
a=tf.constant([1.0,2.0],name='a')
b=tf.constant([2.0,3.0],name='b')
result=a+b
# a.graph获取张量a所属的计算图
# tf.get_default_graph()获取默认的计算图
print(a.graph is tf.get_default_graph()) # 判断张量a是否属于默认计算图
```

输出：

```
True
```

（3）创建新的计算图：tf.Graph()。

```
import tensorflow as tf
g1=tf.Graph() # 生成新的计算图g1
with g1.as_default():
    # tf.get_variable()与tf.Variable()均可以用来创建变量，但是前者不保证唯一性
    v=tf.get_variable("v",initializer=tf.zeros(shape=[1]))

g2=tf.Graph() # 生成新的计算图g2
with g2.as_default():
    v=tf.get_variable("v",initializer=tf.ones(shape=[1]))

# 在计算图g1中读取变量"v"的取值
with tf.Session(graph=g1) as sess:
    # 初始化所有的变量
    tf.global_variables_initializer().run()
    # tf.variable_scope()指定变量的作用域，字符串作为变量的前缀
    # reuse=True表示重用变量，此时tf.get_variable("v")不会产生新的变量而是使用先前
      定义的变量
    with tf.variable_scope("",reuse=True):
        # 输出的是图g1的变量，值为0
        print(sess.run(tf.get_variable("v")))

# 在计算图g2中读取变量"v"的取值
with tf.Session(graph=g2) as sess:
    tf.global_variables_initializer().run()
    with tf.variable_scope("",reuse=True):
        # 输出是图g2的变量，值为1
```

```
        print(sess.run(tf.get_variable("v")))
```

输出：

```
[0.]
[1.]
```

注意：

当在Python shell中进行试验时，通常会多次运行相同的命令，这可能会导致默认图中包含许多重复节点。例如，同一个python shell中运行两次x=tf.variable（3，name="x"），会有两个x节点。

可以通过重启Python shell解决这个问题，但更方便的是通过运行tf.reset_default_graph()来重置默认计算图。

任务效果

通过上述任务，小张成功创建出了默认的计算图模型，计算图以tensorboard的方式显示在了网页界面上，如图4-1所示。

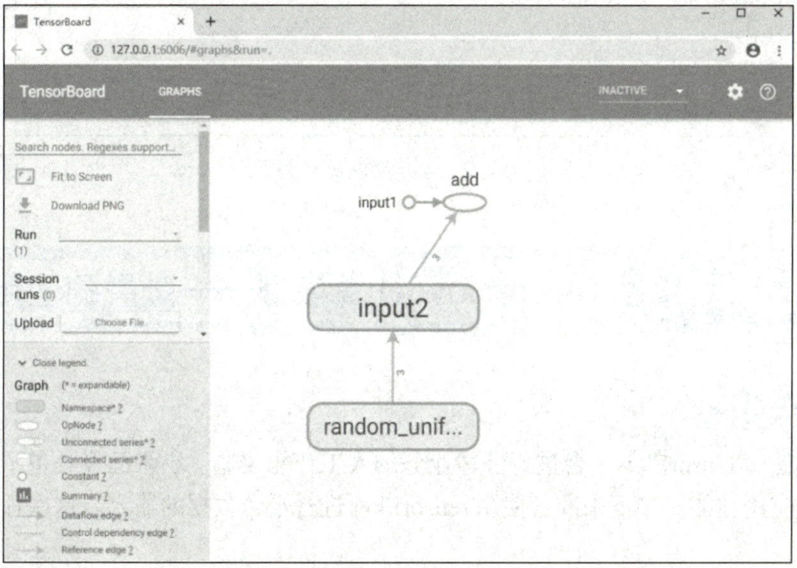

图4-1　默认显示的计算图

视频
TensorFlow计算图（1）

在该计算图中有两个输入节点，1个计算节点，完成了一个简单的加和计算，通过该图，工程师小张顺利完成了公司初步计算任务的图形化编程，让计算流程以图形的方式存储在公司的服务器上，完成了公司交给的任务，同时自身的能力也得到了提升。

任务拓展

小张已经学会了如何创建一个默认计算图，那么他如何创建其他的计算图呢？

任务拓展思路：

（1）进行数据准备：通过必要的变量和常量的声明，确定好需要搭建的数据模型的输入和输出的数据类型以及数据量。

（2）进行计算准备：通过分析默认计算图，确定计算图的操作流程。

（3）编码实现：通过对上述过程进行分析后，进行Python代码编写，并通过tensorboard对计算图进行展示。

任务拓展效果如图4-2所示。

视频

TensorFlow计算图（2）

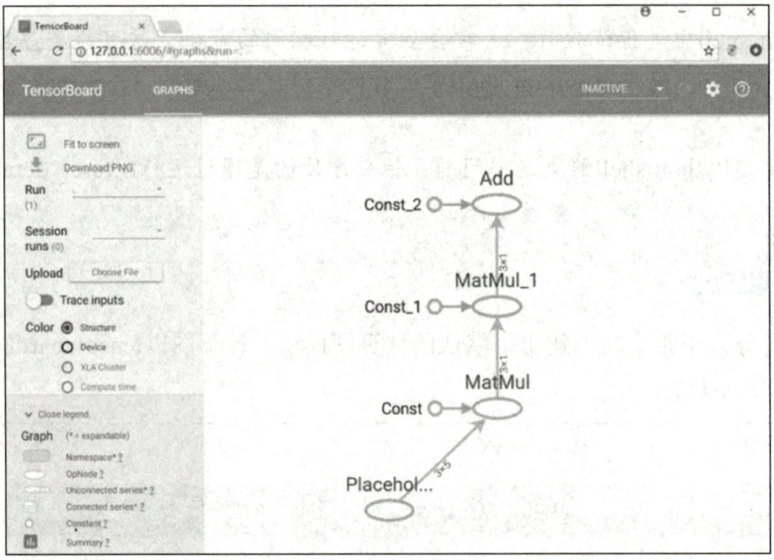

图4-2　自定义的计算图

任务4.2　TensorFlow计算模型——张量的使用

任务说明

公司决定使用TensorFlow平台进行公司业务的人工智能改造，小张已经具备了人工智能平台计算图的简单应用技能，接下来准备使用TensorFlow进行平台数据的输入。这次任务主要完成以下内容：

（1）了解什么是Tensor。

（2）使用Tensor进行y=w*x+b的模型构建。

预备知识

一、张量的概念

TensorFlow中的Tensor就是张量，张量是数学对象，是对标量、向量、矩阵的泛化。我们可以直接理解成张量就是列表，就是多维数组。

在TensorFlow系统中，张量的维数被描述为阶，但是张量的阶和矩阵的阶并不是同一个概念。张量的阶（有时是关于如顺序或度数或者是*n*维）是张量维数的一个数量描述，比如，下面的张量（使用Python中list定义的）就是2阶。

```
t=[[1, 2, 3], [4, 5, 6], [7, 8, 9]]
```

可以认为一个二阶张量就是我们平常所说的矩阵，一阶张量可以认为是一个向量。对于一个二阶张量可以用语句t[i，j]来访问其中的任何元素，而对于三阶张量可以用t[i，j，k]来访问其中的任何元素。关于张量不同阶的具体含义见表4-1。

表4-1 阶在数学和Python的对比

阶	数学实例	Python例子
0	纯量（只有大小）	s=483
1	向量（大小和方向）	v=[1.1,2.2,3.3]
2	矩阵（数据表）	m = [[1, 2, 3], [4, 5, 6], [7, 8, 9]]
3	3阶张量（数据立体）	t = [[[2], [4], [6]], [[8], [10], [12]], [[14], [16], [18]]]
n	*n*阶	....

张量是所有深度学习框架中最核心的组件，因为后续的所有运算和优化算法都是基于张量进行的。几何代数中定义的张量是基于向量和矩阵的推广，通俗一点理解的话，我们可以将标量视为零阶张量，矢量视为一阶张量，那么矩阵就是二阶张量。

二、张量的使用

（一）创建张量

tf.constant方法用来创建一个张量，传入内容，可以是数字、Python列表、NumPy数组，第二个参数为指定数据类型，可以省略。例如：

```
import tensorflow as tf
a=tf.constant([1,2,3],dtype=tf.int32)
print(a)
```

打印结果：

```
tf.Tensor([1 2 3], shape=(3,), dtype=int32)
```

shape是张量的形状，一个张量有多少阶，就看形状中的逗号隔开了几个数字，比如形状为（3,）的张量逗号隔开了3这一个数字，所以它的阶数是1阶，里面有3个元素，再比如形状为（3，3）的张量逗号隔开了3和3两个数字，所以它的阶数是2阶，并且是一个3行3列的矩阵。

当然，也可以以属性的方式来查看张量信息。示例：

```
print('张量的阶数：', a.ndim)
print('张量的形状：', a.shape)
print('张量的类型：', a.dtype)
```

打印结果：

```
张量的阶数：1
```

```
张量的形状：(3,)
张量的类型：<dtype: 'int32'>
```

（二）张量的数据类型

张量的数据类型有：int有符号整数；float有符号浮点数；uint无符号整数；string字符串；bool布尔型；complex复数（由实数和虚数组成）。

（三）固定张量

TensorFlow提供了一些创建固定张量的函数，比如创建值全是0的张量、创建值全是1的张量。

1. 全0张量

```
tf.zeros(shape,dtype=float32)
```

示例：

```
#创建一维张量 4个元素
a=tf.zeros(4)
print(a)

#创建一维张量 4个元素
aa=tf.zeros([4])
print(aa)

#创建3行3列的二维张量
b=tf.zeros([3,3])
print(b)

#创建3行3列的二维张量
bb=tf.zeros((3,3))
print(bb)

#指定类型
c=tf.zeros([3,3],tf.int8)
print(c)
```

2. 全1张量

```
tf.ones(shape,dtype=float32)
```

创建值全是1的张量，除了将zeros()函数替换成ones()函数之外，创建用法和全0张量完全一致。

3. 元素值相同的张量

```
tf.ones(shape,dtype=float32)
```

示例：

```
#创建一维张量4个元素
```

```
aa=tf.fill([4],10)
print(aa)
```

打印结果：

```
tf.Tensor([10 10 10 10], shape=(4,), dtype=int32)
```

（四）随机数张量

1. 正态分布

函数签名：

```
tf.random.normal(shape,mean,stddev,dtype)
```

- shape：张量形状。
- mean：均值，默认为0。
- stddev：标准差，默认为1。
- dtype：存储类型，默认为float32。

示例：

```
#创建2行2列均值为0标准差为1的随机数张量
a=tf.random.normal([2, 2], mean=0, stddev=1)
print(a)
```

打印结果：

```
tf.Tensor(
[[-0.849204 0.42851505]
[-2.1599882 -0.6131579 ]], shape=(2, 2), dtype=float32)
```

2. 截断正态分布

函数签名：

```
tf.random.truncated_normal(shape,mean,stddev,dtype)
```

本函数返回一个截断的正态分布，截断的标准是2倍的标准差，可以保证生成的数据更向均值集中。示例：

```
b=tf.random.truncated_normal([2, 2], mean=0, stddev=1)
print(b)
```

打印结果：

```
tf.Tensor(
[[-0.06899758 1.8015716 ]
[-0.39744875 0.00498725]], shape=(2, 2), dtype=float32)
```

3. 设置随机种子

如果想要保证多次生成的随机数张量完全一致，可以设置相同的随机种子。

```
tf.random.set_seed(10)
```

```
a=tf.random.normal([1,5])
print(a)

tf.random.set_seed(10)
b=tf.random.normal([1,5])
print(b)
```

打印结果：

```
tf.Tensor([[-0.8757808 0.3356369 -0.35219625 -0.30314562 -0.03882965]],
shape=(1, 5), dtype=float32)
tf.Tensor([[-0.8757808 0.3356369 -0.35219625 -0.30314562 -0.03882965]],
shape=(1, 5), dtype=float32)
```

4. 均匀分布

函数签名：

```
tf.random.uniform(shape,minval,maxval,dtype)
```

- shape：张量形状。
- minval：最小值，闭区间。
- maxval：最大值，开区间。
- dtype：数据类型，默认float32。

```
c = tf.random.uniform([2, 2], minval=0, maxval=1)
print(c)
```

打印结果：

```
tf.Tensor(
[[0.46760368 0.58308244]
[0.5945486 0.2994659 ]], shape=(2, 2), dtype=float32)
```

（五）张量的运算

1. 四则运算

注意：只有阶数相同的张量才可以做四则运算。

（1）加法：

```
tf.add
```

例如：

```
a=tf.constant([1,2,3])
b=tf.constant([1,2,3])
print(tf.add(a,b))
```

打印结果：

```
tf.Tensor([2 4 6], shape=(3,), dtype=int32)
```

（2）减法：

```
tf.subtract
```

例如：

```
a=tf.constant([2,4,6])
b=tf.constant([0,0,3])
print(tf.subtract(a,b))
```

打印结果：

```
tf.Tensor([2 4 3], shape=(3,), dtype=int32)
```

（3）乘法：

```
ttf.multiply
```

例如：

```
a=tf.constant([2,4,6])
b=tf.constant([0,0,3])
print(tf.multiply(a,b))
```

打印结果：

```
tf.Tensor([ 0 0 18], shape=(3,), dtype=int32)
```

（4）除法：

```
tf.divide
```

例如：

```
a=tf.constant([2,4,6])
b=tf.constant([0,0,3])
print(tf.divide(b,a))
```

打印结果：

```
tf.Tensor([0. 0. 0.5], shape=(3,), dtype=float64)
```

2. 平方、次方与开方

（1）对张量求平方：

```
tf.square
```

例如：

```
a=tf.constant([1,2,3,4,5])
print(tf.square(a))
```

打印结果：

```
tf.Tensor([ 1 4 9 16 25], shape=(5,), dtype=int32)
```

（2）对张量求次方：

```
tf.pow
```

例如：

```
a=tf.range(5)    #创建一个序列张量 0 1 2 3 4
b=tf.pow(a,3)    #求序列张量的3次方
print(b)
```

打印结果：

```
tf.Tensor([ 0 1 8 27 64], shape=(5,), dtype=int32)
```

如果说求a张量的b张量次方，那么就等于是将a张量的每个位置的元素求b张量中对应元素的次方。

```
a=tf.constant([[2,2],[2,2]])
b=tf.constant([[1,2],[3,4]])
print(tf.pow(a,b))
```

打印结果：

```
tf.Tensor(
[[ 2 4]
[8 16]], shape=(2, 2), dtype=int32)
```

如果指数是分数，那么就是根号运算。比如指数是0.5的话，那么就是对张量逐元素求平方根。

```
a=tf.constant([1,4,9,16,25],dtype=tf.float32)
print(tf.pow(a,0.5))
```

打印结果：

```
tf.Tensor([1. 2. 3. 4. 5.], shape=(5,), dtype=float32)
```

开根号会涉及小数点，因此张量元素类型必须是浮点数类型

（3）对张量求平方根：

```
tf.sqrt
```

例如：

```
a=tf.constant([1,4,9,16,25],dtype=tf.float64)
print(tf.sqrt(a))
```

打印结果：

```
tf.Tensor([1. 2. 3. 4. 5.], shape=(5,), dtype=float64)
```

3. 其他运算

除了常用的运算之外，TensorFlow还提供了其他更广泛的运算。

- tf.sign（x）：取符号。
- tf.abs（x）：求绝对值。
- tf.negative（x）：求相反数。
- tf.reciprocal（x）：求倒数。
- tf.ceil（x）：向上取整。
- tf.floor（x）：向下取整。
- tf.round（x）：四舍五入取整。
- tf.maximum（x, y）：返回两个张量中的最大值（逐个位置比较两张量的元素，取最大值，最终返回一个新张量）。
- tf.minimum（x，y）：返回两个张量中的最小值（逐个位置比较两张量的元素，取最小值，最终返回一个新张量）。

4. 重载运算符

为了使用简便，TensorFlow将常用的数学运算符号进行了重载，让我们可以对张量进行直接运算而不用显式调用函数进行运算。例如加法运算，可以直接把tf.add（a, b）写成a+b：

```
a = tf.constant([1,2,3])
b = tf.constant([1,2,3])
print(tf.add(a,b))
print(a+b)
```

打印结果：

```
tf.Tensor([2 4 6], shape=(3,), dtype=int32)
tf.Tensor([2 4 6], shape=(3,), dtype=int32)
```

5. 矩阵乘法

矩阵乘法是线性代数中很重要的内容，矩阵乘法的条件是第一个矩阵的列数要等于第二个矩阵的行数才可以进行乘法计算。

计算规则是，第一个矩阵的每行的每个数字与第二个矩阵的每列的每个数字对应相乘再相加，计算结果是第一个矩阵的行数与第二个矩阵的列数所对应的值。

可以用tf.matmul（a，b）函数来计算矩阵乘积，也可以用@运算符来进行运算。

```
a=tf.constant([[2,3],[4,5]])
print(a)
b=tf.constant([[1,2],[3,4]])
print(b)
print(tf.matmul(a,b))
```

打印结果：

```
tf.Tensor(
[[2 3]
[4 5]], shape=(2, 2), dtype=int32)
tf.Tensor(
[[1 2]
```

```
[3 4]], shape=(2, 2), dtype=int32)
tf.Tensor(
[[11 16]
[19 28]], shape=(2, 2), dtype=int32)
```

三、张量的统计

常用统计函数有如下四种：

- tf.reduce_sum（tensor，axis）：求和。
- tf.reduce_mean（tensor，axis）：求平均值。
- tf.reduce_max（tensor，axis）：求最大值。
- tf.reduce_min（tensor，axis）：求最小值。

参数axis为0时，代表纵向操作，沿经度方向（也就是按列、跨行），axis为1时，代表横向操作，沿纬度方向（也就是按行、跨列），不指定axis则代表全局操作。

```
a=tf.constant([[5,3,1],[2,4,6]])
print(a)

print('纵向操作：{}'.format(tf.reduce_sum(a,0)))
print('横向操作：{}'.format(tf.reduce_sum(a,1)))
print('全局操作：{}'.format(tf.reduce_sum(a)))
```

打印结果：

```
tf.Tensor(
[[5 3 1]
[2 4 6]], shape=(2, 3), dtype=int32)
纵向操作：[7 7 7]
横向操作：[ 9 12]
全局操作：21
```

求平均值时，求出的结果数据类型与原始张量的数据类型会保持一致，也就会出现如下现象：

```
a=tf.constant([[5,3,1],[2,4,6]])
print(a)
print(tf.reduce_mean(a,0))
```

打印结果：

```
[[5 3 1]
[2 4 6]], shape=(2, 3), dtype=int32)
tf.Tensor([3 3 3], shape=(3,), dtype=int32)
```

纵向求平均值第一列5+2=7，除以2得3.5，但是受限于int数据类型，所以最后的值为3。

为了解决这个问题，可以将张量的数据类型转换成float再进行统计即可。

```
a=tf.constant([[5,3,1],[2,4,6]])
print(a)
print(tf.reduce_mean(tf.cast(a,dtype=tf.float32),0))
```

打印结果：

```
tf.Tensor(
[[5 3 1]
[2 4 6]], shape=(2, 3), dtype=int32)
tf.Tensor([3.5 3.5 3.5], shape=(3,), dtype=float32)
```

任务分析

本次任务中，我们需要掌握以下技能：

（1）张量的基本操作：创建与赋值、变换。

（2）张量的常量与变量的赋值。

（3）代码的调试。

任务实施

小张了解了张量的运算之后，要学习下要如何使用了，下面小张来使用学过的张量的知识来构建以下模型。

构建模型：y=w*x+b，w和b一定时，x是可变量。

实施步骤：

根据前面介绍的张量的使用来进行模型的构建。

（1）打开Python的Jupyter NoteBook编译环境，在cmd中输入以下命令：

```
Jupyter notebook -ip=本机IP地址
```

（2）进行Tensor变量的声明和初始化主要代码如下：

注意：此处使用tensorFlow1.x版本进行TensorFlow进行配置，因此需要使用tensorflow.compat.v1并执行tf.disable_v2_behavior()进行2.x版本的屏蔽。

```
import tensorflow.compat.v1 as tf
tf.disable_v2_behavior()
W=tf.Variable([.3], dtype=tf.float32)
b=tf.Variable([-.3], dtype=tf.float32)
x=tf.placeholder(tf.float32)
linear_model = W*x + b
```

W和b是Variable，执行上面的语句，W和b并没有被初始化，如果执行程序，需要下面的初始化语句:

```
init=tf.global_variables_initializer()
```

完整代码如下：

```
import tensorflow.compat.v1 as tf
tf.disable_v2_behavior()
W=tf.Variable([.5], dtype=tf.float32)
b=tf.Variable([-.5], dtype=tf.float32)
x=tf.placeholder(tf.float32)
```

```
linear_model = W*x+b
#print( "linear_model:" ,linear_model)
init=tf.global_variables_initializer()
sess=tf.Session()
sess.run(init)
print(sess.run(linear model, {x: [1, 2, 3, 4]}))
```

输出：

```
[ 0. 0.5 1. 1.5]
```

任务效果

通过上述任务，小张成功使用TensorFlow中的Tensor创建了张量并进行了张量的初始化，效果如图4-3所示。

视频

创建张量（1）

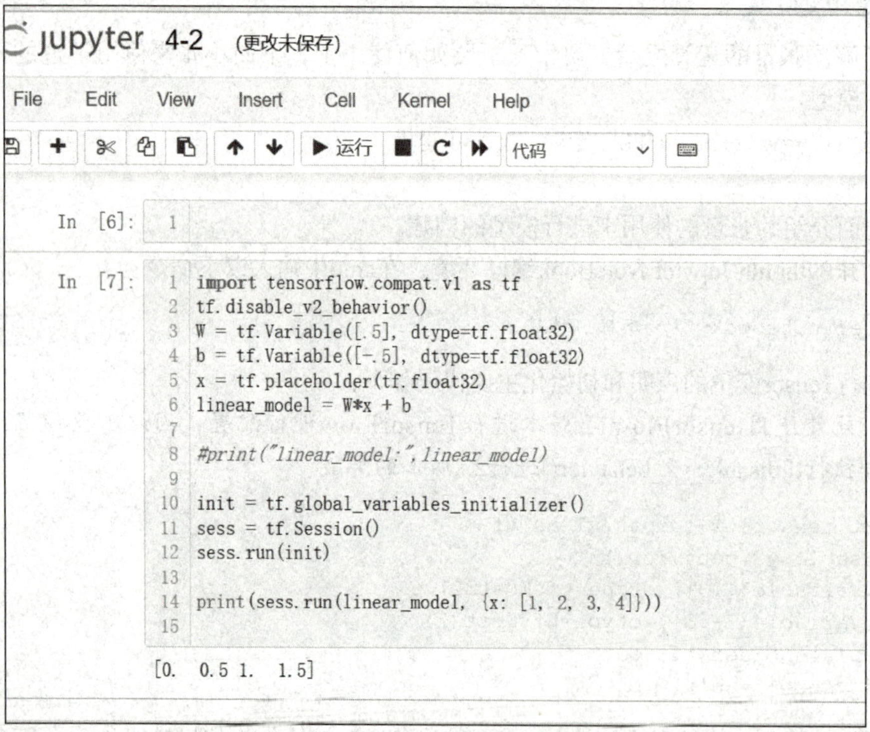

图4-3 Tensor操作效果图

任务拓展

小张已经学会了如何创建一个张量的模型，那么他如何创建其他的数学模型呢？比如构建y=W*X**2+b。

任务拓展思路：

（1）进行数据准备：通过必要的变量和常量的声明，确定好需要搭建的数据模型的输入和输出的数据类型以及数据量。

（2）进行模型构建准备：模型采用y=W*X**2+b。

（3）编码实现：通过对上述过程进行分析后，进行Python代码编写，并运行展示。

任务拓展效果如图4-4所示。

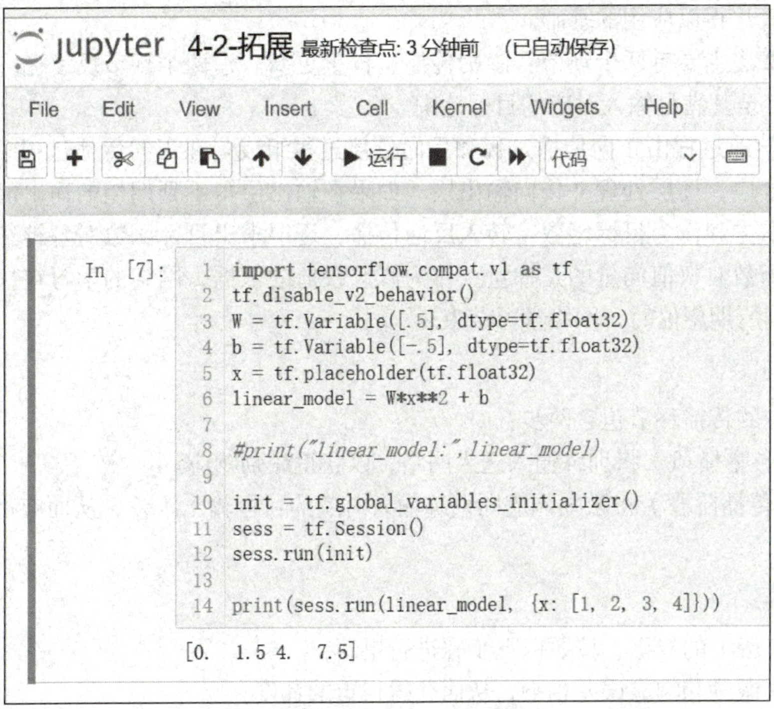

图4-4　自定义的计算图

视频
创建张量（2）

任务4.3　TensorFlow训练神经网络

任务说明

小张已经学了对Tensor张量的使用，公司需要构建基于TensorFlow的人工神经网络，这次任务的主要内容如下：

（1）熟悉人工神经网络的基本结构。

（2）构建基于反向传播的网络模型。

（3）完成不少于3 000轮的模型训练。

预备知识

一、通过TensorFlow训练神经网络模型

前面学过了前向传播算法，既然有前向传播算法，就会有反向传播算法，下面先来简单介绍反向传播算法。

（一）反向传播算法简介

反向传播算法，简称BP算法，适合于多层神经元网络的一种学习算法，它建立在梯度下降法的基础上。它的信息处理能力来源于简单非线性函数的多次复合，因此具有很强的函数复现能力。这是BP算法得以应用的基础。

反向传播算法主要有两个环节：激励传播、权重更新。这两个环节反复循环迭代，不断优化网络输出，直至其满足输入对应的目标范围。

BP算法的学习过程由正向传播过程和反向传播过程组成。在正向传播过程中，输入信息通过输入层经隐含层，逐层处理并传向输出层。如果在输出层得不到期望的输出值，则取输出与期望的误差的平方和作为目标函数，转入反向传播，逐层求出目标函数对各神经元权值的偏导数，构成目标函数对权值向量的是梯量，作为修改权值的依据，网络的学习在权值修改过程中完成。误差达到所期望值时，网络学习结束。

（二）激励传播

每次迭代中的传播环节包含两步：

（1）（前向传播阶段）将训练输入送入网络，以获得激励响应。

（2）（反向传播阶段）将激励响应同训练输入对应的目标输出求差，从而获得隐层和输出层的响应误差。

（三）权重更新

对于每个突触上的权重，按照以下步骤进行更新：

（1）将输入激励和响应误差相乘，从而获得权重的梯度。

（2）将这个梯度乘上一个比例并取反后加到权重上。

（3）这个比例将会影响到训练过程的速度和效果，因此称为“训练因子”。梯度的方向指明了误差扩大的方向，因此在更新权重的时候需要对其取反，从而减小权重引起的误差。

（四）通过 TensorFlow 训练神经网络模型

神经网络模型的训练过程其本质上就是神经网络参数的设置过程。

在神经网络优化算法中最常用的方法之一是反向传播算法，反向传播算法是吸纳了一个迭代的过程，在每次迭代的开始，需要选取一小部分训练数据，这一小部分数据称为一个batch。然后这一个batch会通过前向传播算法得到神经网络的预测结果。计算出神经网络的预测答案与正确答案之间的差距，最后根据预测值和真实值之间的误差，反向传播算法会相应的更新神经网络参数的取值，使在这个batch上神经网络模型的预测结果更接近真实答案。

通过TensorFlow实现反向传播算法的第一步是使用TensorFlow表达一个batch数据，但如果每轮迭代中选取的数据都通过常量来表示，会导致TensorFlow的计算图非常大。因为每生成一个常量，TensorFlow都会在计算图中增加一个节点。一般来说，一个神经网络的训练过程会经过几百万轮甚至上亿轮的迭代，这样就导致计算图非常大，而且利用率低。为了避免这个问题，TensorFlow提供placeholder机制用于提供输入数据。placeholder相当于定义了一个位置，这个位置中的数据在程序运行时再指定，这样在程序中就不需要生成大量常量来提供输入数据，而只需要将数据通过placeholder传入TensorFlow计算图。在placeholder定义时，需要指定数据类型。

下面程序是通过placeholder实现前向传播算法。

```
import tensorflow as tf
w1=tf.Variable(tf.random_normal([2,3],stddev=1,seed=1))
w2=tf.Variable(tf.random_normal([3,1],stddev=1,seed=1))
#定义placeholder作为存放数据的地方。这里的维度不一定要定义，
#但如果维度是确定的，给出维度会降低出错的概率
x=tf.placeholder(tf.float32,shape=(1,2),name="input")
#通过前项传播算法得到神经网络的输出
a=tf.matmul(x,w1)
y=tf.matmul(a,w2)
#定义会话
sess=tf.Session()
#定义初始化变量
init_op=tf.global_variables_initializer()
sess.run(init_op)
sess.run(w2.initializer)
#feed_dict是一个字典，在这个字典中需要给出每个使用placeholder定义变量的取值
print(sess.run(y,feed_dict={x:[[0.7,0.9]]}))
sess.close()
```

在上面的程序中输入的是1×2矩阵（shape=（1,2）），若改为$n\times2$的矩阵，就可以得到n个前向传播结果。

在得到一个batch的前向传播结果后需要定义一个损失函数来刻画当前的预测值和真实答案之间的差距。然后通过反向传播算法来缩小预测值和真实值之间的差距。下面代码定义了一个损失函数及反向传播算法。

```
#使用sigmoid函数将y转化为0-1之间的数值，转化后y代表预测正样本的概率，
#1-y代表预测负样本的概率
y=tf.sigmoid(y)
#定义损失函数，刻画预测值与真实值之间的差距
cross_entropy=-tf.reduce_mean(y_*tf.log(tf.clip_by_value(y,1e-10,1.0))+
                              (1-y_)*tf.log(tf.clip_by_value(1-y,1e-10,1.0)))
#定义学习率
LR=0.001
#定义反向传播算法优化神经网络参数
train_step=tf.train.AdamOptimizer(LR).minimize(cross_entropy)
```

二、完整神经网络样例程序

下面给出了一个完整的程序来训练神经网络解决二分类问题。

```
import tensorflow as tf
from numpy.random import RandomState

batch_size=8

w1=tf.Variable(tf.random_normal([2,3],stddev=1,seed=1))
w2=tf.Variable(tf.random_normal([3,1],stddev=1,seed=1))
```

```
x=tf.placeholder(tf.float32,shape=(None,2),name='x-input')
y_=tf.placeholder(tf.float32,shape=(None,1),name='y-input')

#定义神经网络前向传播过程
a=tf.matmul(x,w1)
y=tf.matmul(a,w2)

#定义损失函数和反向传播算法
cross_entropy=-tf.reduce_mean(
y_*tf.log(tf.clip_by_value(y,1e-10,1.0)))
train_step=tf.train.AdamOptimizer(0.001).minimize(cross_entropy)

#通过随机数生成一个模拟数据集
rdm=RandomState(1)
dataset_size=128
X=rdm.rand(dataset_size,2)
Y=[[int(x1+x2<1)] for(x1,x2) in X]

#创建一个会话来运行 tensorflow 程序
with tf.Session() as sess:
init_op=tf.initialize_all_variables()
sess.run(init_op)
print(sess.run(w1))
print(sess.run(w2))
STEPS=5000
for i in range(STEPS):
start=(i*batch_size)% dataset_size
end=min(start+batch_size,dataset_size)

#通过选取的样本训练神经网络并更新参数
sess.run(train_step,feed_dict={x:X[start:end],y_:Y[start:end]})
if i%1000==0:

#每隔一段时间计算在所有数据上的交叉熵并输出，交叉熵越小说明预测的结果和真实的结果差距越小
total_cross_entropy=sess.run(
cross_entropy,feed_dict={x:X,y_:Y})
print("After %d training step,cross entropy on all data is %g"%(1,total_cross_
entropy))
print(sess.run(w1))
print(sess.run(w2))
```

上面的程序实现了训练神经网络的全部过程，从这段程序中可以总结出训练神经网络的过程可以分为以下三个步骤：

（1）定义神经网络的结构和向前传播的输出结果。

（2）定义损失函数以及选择反向传播优化算法。

（3）生成会话并且在训练数据上反复运行反向传播优化算法。

任务分析

本次任务中，小张需要搭建一个单层简单神经网络，需要包含输入层、单层的隐藏层和输出层，采用反向传播算法进行模型参数的训练。

我们需要掌握以下技能：

（1）神经网络的创建与运行。

（2）输入层与输出层的设计。

（3）反向传播算法的实现。

任务实施

在前面的介绍和示例中，小张了解到了神经网络的概念以及使用，还了解到了神经网络的初始化，那么下面小张来实施任务，尝试着创建一个属于自己的神经网络。

实施步骤：

根据上面提到神经网络，进行网络的构建与运行：

（1）打开Python编译环境，并新建文件4-3神经网络.ipynb。

（2）数据包的导入，并屏蔽掉Tensorflow2.x版本的特性。

```
import tensorflow as tf
# 生成模拟数据集
from numpy.random import RandomState
tf.disable_v2_behavior()
```

（3）定义训练数据batch的大小。

```
# 定义训练数据 batch 的大小
batch_size=8
```

（4）定义神经网络参数及前向传播过程。

```
# 定义神经网络的参数
w1=tf.Variable(tf.random_normal([2,3],stddev=1,seed=1))
w2=tf.Variable(tf.random_normal([3,1],stddev=1,seed=1))

# 在 shape 上的一个维度上使用 None 可以方便使用不大的 batch 大小
x=tf.placeholder(tf.float32,shape=(None,2),name='x-input')
y_=tf.placeholder(tf.float32,shape=(None,1),name='y-input')

# 定义神经网络前向传播过程
a=tf.matmul(x,w1)
y=tf.matmul(a,w2)
```

（5）定义损失函数及反向传播过程。

```
# 定义损失函数和反向传播的算法
cross_entropy=-tf.reduce_mean(y_*tf.log(tf.clip_by_value(y,1e-10,1.0)))
train_step=tf.train.AdamOptimizer(0.001).minimize(cross_entropy)
```

（6）数据集生成。

```
rdm=RandomState(1)
```

```
dataset_size=128
X=rdm.rand(dataset_size,2)
# 定义规则来给出样本的标签，0 和 1 的表示方法
Y=[[int(x1+x2<1)] for(x1,x2) in X]
```

（7）开启会话，并运行。

```
with tf.Session() as sess:
    init_op=tf.global_variables_initializer()
    sess.run(init_op)
    print(sess.run(w1))
    print(sess.run(w2))

    # 设定训练的轮数
    STEPS=5000
    for i in range(STEPS):
        start=(i*batch_size)% dataset_size
        end=min(start+batch_size,dataset_size)
        sess.run(train_step,feed_dict={x:X[start:end],y_: Y[start:end]})
        if i % 1000==0:
            # 每隔一段时间，计算在所有数据上的交叉熵差输出
            total_cross_entropy=sess.run(cross_entropy,feed_dict={x:X,y_:Y})
            print("After %d training step(s),cross entropy on all data is %g"%
(i,total_cross_entropy))
    print(sess.run(w1))
    print(sess.run(w2))
```

输出：

```
[[-0.8113182  1.4845988  0.06532937]
 [-2.4427042  0.0992484  0.5912243 ]]
[[-0.8113182 ]
 [1.4845988 ]
 [0.06532937]]
After 0 training step(s),cross entropy on all data is 0.0674925
After 1000 training step(s),cross entropy on all data is 0.0163385
After 2000 training step(s),cross entropy on all data is 0.00907547
After 3000 training step(s),cross entropy on all data is 0.00714436
After 4000 training step(s),cross entropy on all data is 0.00578471
[[-1.9618274  2.582354  1.6820377]
 [-3.4681718  1.0698233  2.11789 ]]
[[-1.8247149]
 [2.6854665]
 [1.418195 ]]
```

任务效果

通过上述任务，小张成功创建出单层的神经网络，并将训练3 000次的结果显示在了Jupyter的输出窗口中，效果如图4-5所示。

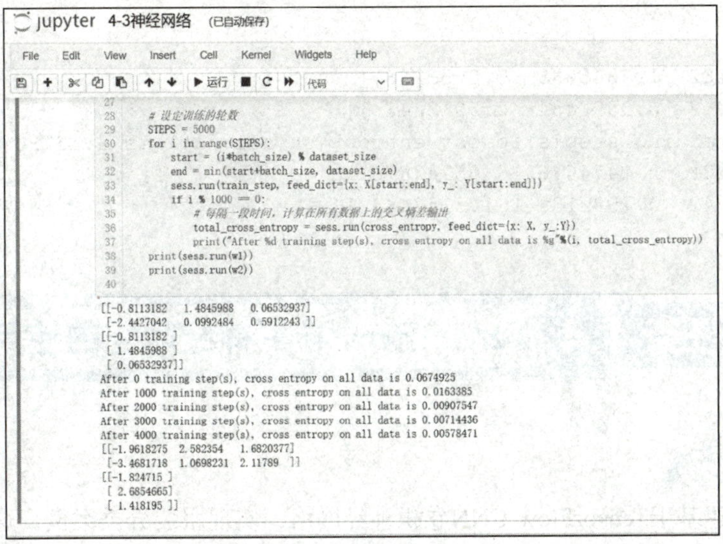

图 4-5 创建单层神经网络

视 频

TensorFlow神经网络

任务拓展

小张已经学会了如何创建一个神经网络，那么他如何创建多层的神经网络呢?

任务拓展思路:

（1）进行数据准备：进行模型中Tensor变量的声明与初始化。

（2）进行计算准备：通过分析$y=wx+b$，确定自己计算流程。

（3）编码实现：通过对上述过程进行分析后，进行Python代码编写，并通过Jupyter进行展示。

任务拓展，创建多层神经网络代码如图4-6所示。

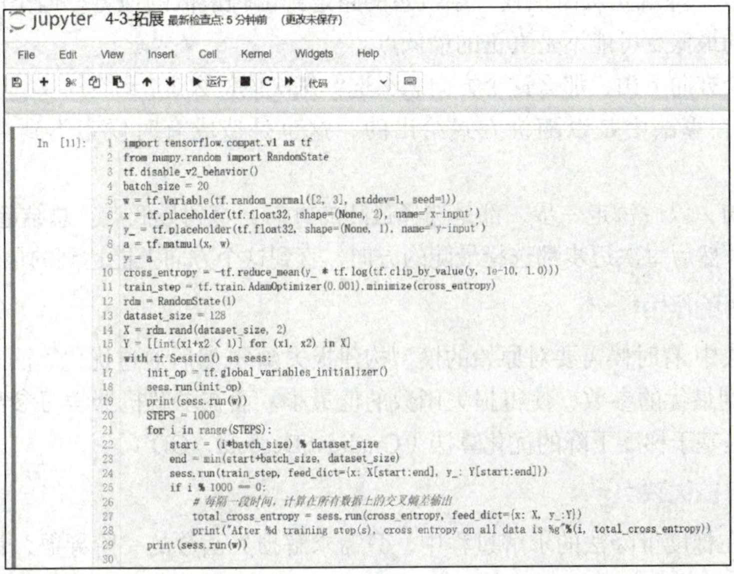

图 4-6 创建多层神经网络代码

视 频

单层神经网络训练

输出：

```
[[-0.8113182  1.4845988  0.06532937]
 [-2.4427042  0.0992484  0.5912243 ]]
After 0 training step(s),cross entropy on all data is 4.13795
[[-0.8113182  2.1474676  0.65743876]
 [-2.4427042  0.75921386  1.3157483 ]]
```

任务 4.4 TensorFlow 卷积神经网络的使用

任务说明

公司需要构建基于TensorFlow CNN卷积神经网络，实现服装分类案例，这次任务的主要内容如下：

（1）熟悉CNN神经网络的基本结构。

（2）构建基于卷积神经网络的分类模型。

（3）完成不少于200轮的模型训练。

预备知识

一、随机梯度下降算法

（一）梯度下降的概念

因为梯度下降是一种思维，没有严格的定义，所以用一个比喻来解释什么是梯度下降。

简单来说，梯度下降就是从山顶找一条最短的路走到山脚最低的地方。但是因为选择方向的原因，我们找到的最低点可能不是真正的最低点。

既然是选择一个方向下山，那么这个方向怎么选？每次该怎么走？

先说选方向，在算法中是以随机方式给出的，这也是造成有时候走不到真正最低点的原因。

如果选定了方向，以后每走一步，都是选择最陡的方向，直到最低点。总结起来就一句话：随机选择一个方向，然后每次迈步都选择最陡的方向，直到这个方向上能达到的最低点。

（二）梯度下降的作用

在机器学习算法中,有时候需要对原始的模型构建损失函数,然后通过优化算法对损失函数进行优化，以便寻找到最优的参数，使得损失函数的值最小。而在求解机器学习参数的优化算法中，使用较多的就是基于梯度下降的优化算法（Gradient Descent，GD）。

（三）梯度下降的优缺点

优点：效率。在梯度下降法的求解过程中，只需求解损失函数的一阶导数，计算的代价比较小，可以在很多大规模数据集上应用。

缺点：求解的是局部最优值，即由于方向选择的问题，得到的结果不一定是全局最优步长选择，过小使得函数收敛速度慢，过大又容易找不到最优解。

二、PyTorch中的优化器

PyTorch一共有11个优化器（可实现的算法不止11种），分别是：SGD、ASGD、Adagrad、Adadelta、Rprop、RMSprop、Adam、Adamax、SparseAdam、AdamW、L-BFGS。

（1）SGD，实现随机梯度下降算法，momentum、nesterov可选：

- 优点：使用mini-batch的时候，可以收敛得很快。
- 缺点：在随机选择梯度的同时会引入噪声，使得权值更新的方向不一定正确；不能解决局部最优解的问题。

（2）ASGD，随机平均梯度下降（averaged stochastic gradient descent），简单地说ASGD就是用空间换时间的一种SGD。

（3）AdaGrad算法，独立地适应所有模型参数的学习率，梯度越大，学习率越小；梯度越小，学习率越大。Adagrad适用于数据稀疏或者分布不平衡的数据集。

- 优点：它可以自动调节学习率，不需要人为调节。
- 缺点：仍依赖于人工设置一个全局学习率，随着迭代次数增多，学习率会越来越小，最终会趋近于0。

（4）AdaDelta算法，是Adagrad的改进版，对学习率进行自适应约束，但是进行了计算上的简化，加速效果不错，训练速度快。

- 优点：避免在训练后期学习率过小；初期和中期，加速效果不错，训练速度快。
- 缺点：还是需要手动指定初始学习率，初始梯度很大的话，会导致整个训练过程的学习率一直很小，在模型训练的后期，模型会反复地在局部最小值附近抖动，从而导致学习时间变长。

（5）Rprop，弹性反向传播：

- 首先为各权重变化赋一个初始值，设定权重变化加速因子与减速因子。
- 在网络前馈迭代中当连续误差梯度符号不变时，采用加速策略，加快训练速度；当连续误差梯度符号变化时，采用减速策略，以期稳定收敛。
- 网络结合当前误差梯度符号与变化步长实现BP，同时，为了避免网络学习发生振荡或下溢，算法要求设定权重变化的上下限。

缺点：优化方法适用于full-batch，不适用于mini-batch，因此基本上没什么用

（6）RMSProp（root mean square prop，均方根传递），RProp的改进版，也是Adagard的改进版。梯度震动较大的项，在下降时，减小其下降速度；对于震动幅度小的项，在下降时，加速其下降速度。RMSprop采用均方根作为分母，可缓解Adagrad学习率下降较快的问题，对于RNN有很好的效果。

- 优点：可缓解Adagrad学习率下降较快的问题，并且引入均方根可以减少摆动，适合处理非平稳目标，对于RNN效果很好。
- 缺点：依然依赖于全局学习率。

RMSProp算法在经验上已经被证明是一种有效且实用的深度神经网络优化算法。目前它是深度学习从业者经常采用的优化方法之一。

（7）Adam（AMSGrad），将Momentum算法和RMSProp算法结合起来使用的一种算法，既用动量来累积梯度，又使得收敛速度更快，同时使得波动的幅度更小，并进行了偏差修正。

优点：

- 对目标函数没有平稳要求，即loss function可以随着时间变化。
- 参数的更新不受梯度的伸缩变换影响。
- 更新步长和梯度大小无关，只和alpha、beta_1、beta_2有关，并且由它们决定步长的理论上限。
- 更新的步长能够被限制在大致的范围内（初始学习率）。
- 能较好处理噪声样本，能天然地实现步长退火过程（自动调整学习率）。
- 很适合应用于大规模的数据及参数的场景、不稳定目标函数、梯度稀疏或梯度存在很大噪声的问题。

（8）Adamax，Adam的改进版，对Adam增加了一个学习率上限的概念，是Adam的一种基于无穷范数的变种。

（9）SparseAdam，针对稀疏张量的一种Adam优化方法，相当于Adam的稀疏张量专用版本。

（10）AdamW，Adam的进化版，是目前训练神经网络最快的方式。

- 优点：比Adam收敛得更快。
- 缺点：只有fastai适用，缺乏广泛的框架，而且也具有很大的争议性。

（11）L-BFGS（limited-memory broyden-fletcher-goldfarb-shanno），是一种在牛顿法基础上提出的一种求解函数根的算法，简单来说，L-BFGS和梯度下降、SGD干的同样的事情，但大多数情况下收敛速度更快。L-BFGS是对BFGS的改进，特点就是节省内存，是解无约束非线性规划问题最常用的方法。

这个optimizer不支持为每个参数单独设置选项，不支持参数组（只能有一个），目前所有的参数不得不都在同一设备上。

这是一个内存高度密集的optimizer（它要求额外的param_bytes*(history_size+1)个字节），内存不符合要求，尝试减小history size，或者使用不同的算法。

- 优点：收敛速度快、内存开销少，是解无约束非线性规划问题最常用的方法。
- 缺点：使用条件严苛。

三、PyTorch中的损失函数

深度学习的优化方法直接作用的对象是损失函数。在最优化、统计学、机器学习和深度学习等领域中经常能用到损失函数。损失函数是用来表示预测与实际数据之间的差距程度。一个最优化问题的目标是将损失函数最小化，针对分类问题，直观的表现就是分类正确的样本越多越好。在回归问题中，直观的表现就是预测值与实际值误差越小越好。

PyTorch中的nn模块提供了多种可直接使用的深度学习损失函数，如交叉熵、均方误差等，针对不同的问题，可以直接调用现有的损失函数。常用损失函数见表4-2。

表4-2 常用损失函数

类	算法名称	适用问题类型
torch.nn.L1Loss()	平均绝对值误差损失	回归
torch.nn.MSELoss()	均方误差损失	回归
torch.nn.CrossEntropyLoss()	交叉熵损失	多分类
torch.nn.NLLLoss()	负对数似然函数损失	多分类
torch.nn.NLLLoss2d()	图片负对数似然函数损失	图像分割
torch.nn.KLDivLoss()	KL散度损失	回归
torch.nn.BCELoss()	二分类交叉熵损失	二分类
torch.nn.MarginRanKingLoss()	评价相似度的损失	
torch.nn.MultiLabelMarginLoss()	多标签分类的损失	多标签分类
torch.nn.SmoothL1Loss()	平滑的L1损失	回归
torch.nn.SoftMarginLoss()	多标签二分类问题的损失	多标签二分类

四、防止过拟合

（1）在训练和建立模型的时候，从相对简单的模型开始，不要一开始就把特征做得非常多、模型参数跳得非常复杂。

（2）增加样本，要覆盖全部的数据类型。数据经过清洗之后再进行模型训练，防止噪声数据干扰模型。

（3）正则化。在模型算法中添加惩罚函数来防止过拟合。常见的有L1、L2正则化。

（4）集成学习方法bagging(如随机森林）能有效防止过拟合。

（5）减少特征个数。

注意：降维不能解决过拟合。降维只是减小了特征的维度，并没有减小特征所有的信息。

五、网络参数初始化

（一）Xavier 初始化

假设层的输入有三个元素$x1,x2,x3$，输入为y，权重分别是$w1,w2,w3$，则y值为：$y=w1x1+w2x2+w3x3$，在计算参数w的初值时考虑到输入该层元素的个数n，于是出现了Xavier方法。

（二）Kaiming 初始化

Xavier的问题是，它没有考虑到激活函数对输出数据分布的影响，它会带偏当前广泛使用的ReLU激活函数的结果，于是He Kaiming提取了针对ReLU激活函数的Kaiming初始化（有时也叫作He初始化）。其原理是：由于ReLU过滤掉了0以下的输入值，因此，激活函数输出的均值将大于0，为解决这个问题，Kaiming方法修改了生成随机数时的标准差。

尽管Kaiming初始化一开始主要针对ReLU激活函数优化，但是目前主流库中的Kaiming函数已经支持sigmoid等多种激活函数，可放心调用。

（三）归一化层

Kaiming的目标也是保证各个层输入和输出数据的方差不变。由于后来归一化层被广泛使用，有效地缓解了均值和方差稳定的问题。因此，在使用归一化层的情况下，使用随机数始初化参数即可。

另外，在有些情况下无法使用归一化层，比如最常用的BN（batch normalization）在Batch中数据较少时效果不好，这种情况下就需要选用参数初始化。

在预训练/调优的场景中，一般使用预训练的参数作为模型的初值。

任务分析

本次任务中，我们需要掌握以下技能：

（1）卷积神经网络的构建与运行。

（2）损失函数的调用与优化。

（3）数据集的测试与评估。

任务实施

小张已经能够熟练使用神经网络进行简单线性模型的回归分析，现在从回归问题上升到多分类问题，应当采用CNN卷积神经网络进行实施。

实施步骤：

根据上面提到的CNN卷积神经网络进行创建：

（1）打开python编译环境、并新建文件4-4服装分类.ipynb。

（2）在文件中进行包的引入。

注意：此处选用TensorFlow 2.x以上的版本，因此需要再引入1.x版本。

```
import tensorflow as tf
from tensorflow import keras
import numpy as np
import matplotlib.pyplot as plt
```

（3）进行数据准备阶段。

```
(train_images,train_labels),(test_images,test_labels)=keras.datasets.fashion_mnist.load_data()
print("train_images 的形状为：{0}".format(train_images.shape))
print(len(train_labels))
print(test_images.shape)
print(len(test_labels))
class_names=['T恤/上衣','裤子','套头衫','连衣裙','外套','凉鞋','衬衫','运动鞋','包','短靴']
plt.figure(figsize=(2,2))
plt.imshow(train_images[0],cmap=plt.cm.binary)
plt.grid(False)
plt.colorbar()
plt.show()
```

```
# 图像归一化操作
train_images=train_images/255.0
test_images=test_images/255.0
plt.figure(figsize=(3,5))
plt.rcParams['font.family']='SimHei'
for i in range(25):
    plt.subplot(5,5,i+1)
    plt.xticks([])
    plt.yticks([])
    plt.grid(False)
    plt.imshow(train_images[i],cmap=plt.cm.binary)
    plt.xlabel(class_names[train_labels[i]])
plt.show()
```

（4）进行模型的搭建与训练。

```
model=keras.Sequential([
    keras.layers.Flatten(input_shape=(28,28)),
    keras.layers.Dense(128,activation='relu'),
    keras.layers.Dense(10)
 ])

model.compile(optimizer='adam',
        loss=tf.keras.losses.SparseCategoricalCrossentropy(from_logits=True),
        metrics=['accuracy']
        )
model.summary()
model.fit(train_images,train_labels,epochs=15)
```

（5）进行模型的评估。

```
loss,acc=model.evaluate(test_images,test_labels,verbose=1)
print("训练损失为：{}，精确度为：{}".format(loss,acc))
```

（6）进行模型的预测。

```
pre_model=keras.Sequential([model,keras.layers.Softmax()])
pre=pre_model.predict(test_images)
print(pre.shape)
a=0
for i in pre[10]:
    a+=i
print(a)
index=np.argmax(pre[0])
print("第 0 个图片预测的最大可能索引为 {}".format(index))
print(class_names[index])
```

任务效果

进行了模型预测后的效果如图4-7所示。

视 频

TensorFlow卷积神经网络

```
Model: "sequential"
_________________________________________________________________
Layer (type)                 Output Shape              Param #
=================================================================
flatten (Flatten)            (None, 784)               0
_________________________________________________________________
dense (Dense)                (None, 128)               100480
_________________________________________________________________
dense_1 (Dense)              (None, 10)                1290
=================================================================
Total params: 101,770
Trainable params: 101,770
Non-trainable params: 0
_________________________________________________________________
Epoch 1/15
1875/1875 [==============================] - 2s 1ms/step - loss: 0.5031 - accuracy: 0.8231
Epoch 2/15
1875/1875 [==============================] - 2s 1ms/step - loss: 0.3746 - accuracy: 0.8656:
Epoch 3/15
1875/1875 [==============================] - 2s 1ms/step - loss: 0.3381 - accuracy: 0.8769
Epoch 4/15
1875/1875 [==============================] - 3s 1ms/step - loss: 0.3129 - accuracy: 0.8860
Epoch 5/15
1875/1875 [==============================] - 3s 2ms/step - loss: 0.2947 - accuracy: 0.8917
Epoch 6/15
1875/1875 [==============================] - 3s 1ms/step - loss: 0.2799 - accuracy: 0.8960
Epoch 7/15

(10000, 10)
0.9999999739503238
第0个图片预测的最大可能索引为9
短靴
```

图 4-7　代码结果

任务拓展

小张已经学会了如何进行图像分类识别，那么他如何进行手写数字识别呢？

任务拓展思路：

（1）进行数据准备：通过对手写数字数据集进行下载，准备必要的训练集和测试集，并进行2：8或3：7的拆分。

（2）模型准备：建立CNN卷积神经网络模型，并进行模型的验证。

（3）编码实现：通过对上述过程进行分析后，编写Python代码，并通过Jupyter展示。

任务拓展效果如图4-8所示。

视 频

手写数字识别

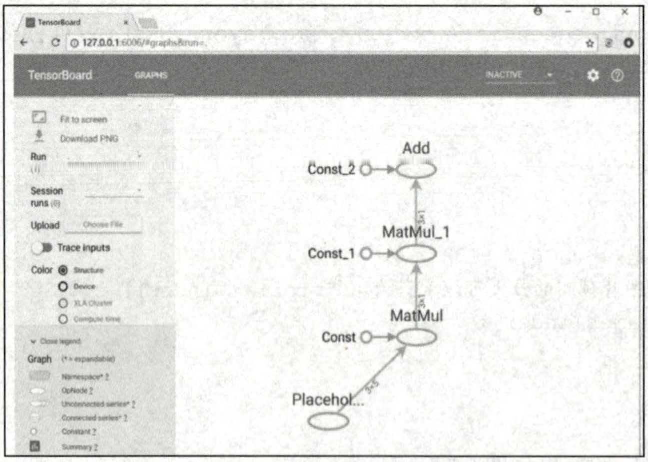

图 4-8　自定义的计算图

延伸阅读：TensorFlow助力国产大飞机智能制造

2023年，中国商飞基于TensorFlow框架开发的飞机零部件智能检测系统取得重大突破。该系统采用自主优化的深度学习算法，将检测准确率提升至99.6%，检测效率提高3倍，为C919大飞机的批量生产提供了关键技术支撑。项目团队克服国外技术封锁，成功实现TensorFlow在国产昇腾芯片上的高效运行，性能达到国际同类产品的92%。这一创新实践不仅展现了我国科技工作者的智慧，更彰显了自主创新的中国力量，相关技术已申请国家发明专利15项，并形成航空工业标准《民用飞机智能制造检测系统技术要求》。

阅读思考：作为新时代的开发者，我们该如何将个人技术追求与国家重大战略需求相结合？

习题

一、选择题

1. 计算图（computational graph）是（　　）。

A. 用于图像处理的算法　　B. 一种机器学习模型

C. 描述计算流程的图形结构　　D. 一种数据库查询语言

2. 在神经网络中，数据传递的基本单元是（　　）。

A. 图像　　B. 张量　　C. 神经元　　D. 损失函数

3. 梯度下降（gradient descent）的目标是（　　）。

A. 最小化损失函数　　B. 最大化准确率　　C. 增加过拟合　　D. 增加学习率

4. PyTorch中用于优化模型的工具是（　　）。

A. Gradient Boosting　　B. Keras

C. PyTorch Optimizer　　D. TensorFlow

5. 过拟合（Overfitting）是指（　　）。

A. 模型在训练数据上表现不佳

B. 模型在测试数据上表现不佳

C. 模型在训练数据上过于复杂，泛化能力差

D. 模型在测试数据上过于简单，无法拟合

6. 在神经网络中，参数初始化的目的是（　　）。

A. 提高模型的复杂性　　B. 避免梯度消失问题

C. 加速训练过程　　D. 随机化权重和偏差

7. 常用的损失函数中，用于解决二分类问题的是（　　）。

A. Mean Squared Error　　B. Cross Entropy

C. Huber Loss　　D. Kullback-Leibler Divergence

8. 在TensorFlow中，如何定义一个变量？（　　）

A. tf.constant()　　B. tf.placeholder()

C. tf.Variable()　　D. tf.placeholder_with_default()

9. 学习率对梯度下降的影响是（　　）。

A. 更高的学习率可以加速收敛　　B. 更低的学习率可以加速收敛

C. 学习率不影响梯度下降过程　　D. 学习率决定模型的复杂性

10. 在神经网络中，(　　)是反向传播的。

A. 随机初始化参数　　B. 从输出层到输入层计算梯度

C. 正向传播的反向过程　　D. 随机选择一些样本进行训练

二、填空题

1. TensorFlow中，图的定义和计算是在__________环境中进行的。
2. 在神经网络中，权重和偏差的调整是通过梯度下降中的__________步骤来完成的。
3. 过拟合问题可以通过使用__________技术来缓解。
4. 在神经网络中，损失函数的值越小，模型的__________越好。
5. 参数初始化的目的是避免模型陷入__________，特别是在深层网络中。
6. 学习率对梯度下降的影响是什么？更高的学习率可以__________收敛。
7. 常用的损失函数中，用于解决二分类问题的是__________。
8. 在神经网络中，__________是反向传播的。
9. PyTorch中用于优化模型的工具是__________。
10. 梯度下降的目标是__________。

三、判断题

1. 在梯度下降中，学习率越大，模型的收敛速度越慢。　　(　　)
2. PyTorch中的优化器是用于定义和构建神经网络的工具。　　(　　)
3. 损失函数的值越小，表示模型在训练数据上的性能越差。　　(　　)
4. 在神经网络中，过拟合可能导致模型在测试数据上的表现较差。　　(　　)
5. TensorFlow中的Variable是一种不可变的张量。　　(　　)

四、操作题

请根据以下每个任务的具体描述，完成操作。

1. 建立简单的神经网络。需要使用TensorFlow构建一个简单的前馈神经网络。该网络包括一个输入层、一个具有ReLU激活函数的隐藏层和一个输出层。包括以下步骤：

(1) 定义输入张量input_layer，其形状为(None,input_size)，其中None表示可以接收任意数量的样本。

(2) 使用tf.layers.dense函数定义一个具有hidden_size个单元和ReLU激活函数的隐藏层hidden_layer。

(3) 使用tf.layers.dense函数定义一个具有output_size个单元和Softmax激活函数的输出层output_layer。

请注意，这只是一个简化的网络结构，可能需要根据问题和数据集进行更改和调整。

2. 实现梯度下降优化器。在这个任务中，需要使用TensorFlow实现一个梯度下降优化器，用于最小化一个定义好的损失函数。完成以下步骤：

(1) 定义一个占位符labels用于输入目标标签。

(2) 定义一个占位符predictions用于输入模型的预测值。

(3) 使用tf.losses.mean_squared_error定义一个均方误差损失函数。

（4）使用tf.train.GradientDescentOptimizer定义一个梯度下降优化器，学习率设定为0.01。

（5）获取可训练的变量列表params。

（6）使用tf.gradients计算损失相对于参数的梯度。

（7）使用optimizer.apply_gradients更新模型的参数。

请确保损失函数和优化器与问题和模型相匹配。

3. 加载和预处理图像数据集。在这个任务中，需要使用TensorFlow加载和预处理一个图像数据集。完成以下步骤：

（1）使用tf.data.Dataset.from_tensor_slices创建一个数据集，其中包含图像和对应的标签。

（2）使用dataset.shuffle对数据集进行随机洗牌，设置缓冲区大小为10 000。

（3）使用dataset.batch将数据集划分成批次，设置批次大小为选择的合适值。

（4）使用dataset.prefetch预取数据以提高性能，设置缓冲区大小为tf.data.experimental.AUTOTUNE。

（5）创建一个迭代器iterator，使用tf.data.Iterator.from_structure。

（6）使用iterator.get_next()获取下一个数据批次。

（7）使用iterator.make_initializer创建初始化迭代器的操作training_init_op。

（8）在TensorFlow会话中运行training_init_op操作，然后在训练循环中获取并处理下一个数据批次。

确保根据实际图像数据集和需求调整这些步骤。

单元5

NumPy 科学计算库

导读

在本单元教学过程中，本着“强化学生科学处理数据思维，提高学生解决实际问题能力”的宗旨，以培养学生能够借助信息化手段解决实际问题为目标，展开对NumPy科学计算库的学习。

为借助信息化工具辅助公司进行数据统计，人工智能算法工程师小张选用了TensorFlow提供的NumPy（numerical Python）科学计算库，它提供了一个强大的多维数组对象和用于处理这些数组的函数。

本单元中不仅介绍了NumPy创建数组、数组的基本操作、数组的运算，还介绍了如何利用这一开源软件库，以尽可能接近传统数学语言的方式编写可读性好、实现效率高和运行速度快的代码。此外，小张将会为掌握NumPy数组处理方法和通用函数打下坚实的基础，也会通过实例创建矩阵及矩阵运算，对NumPy常用统计分析函数有更深入的了解。NumPy库的优势为：

（1）支持大量的维度数组与矩阵运算，针对数组运算、线性代数相关计算提供大量的数学函数。

（2）内置的向量化运算和广播机制使得使用NumPy更加简洁。

（3）计算是矢量化的，数据切片索引使得使用NumPy更高效。

（4）NumPy可用于处理多维数组的ndarray对象，是一个快速而灵活的大数据容器。

单元思维导图

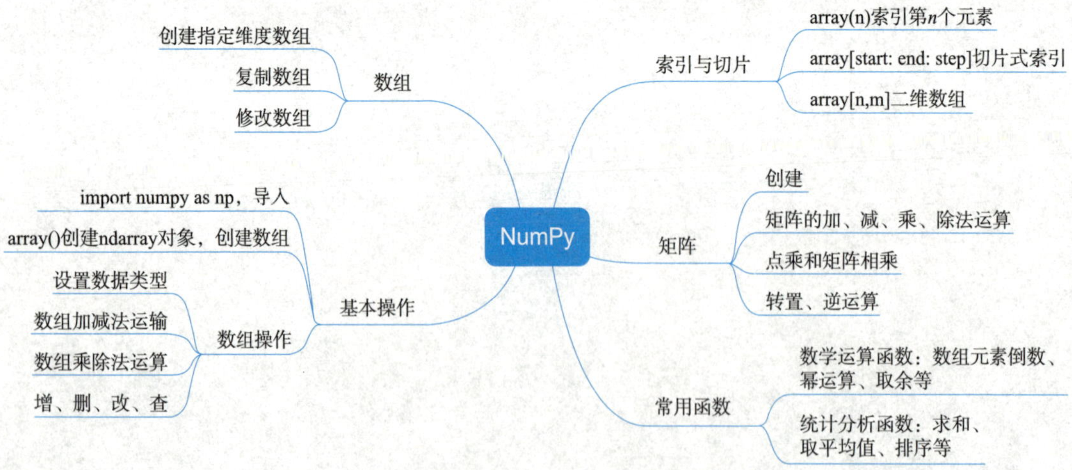

知识目标

- 理解NumPy中一维、二维和*n*维数组的区别。
- 掌握如何在不使用for循环的情况下将一些线性代数运算应用于*n*维数组。
- 了解*n*维数组的轴和形状属性。

能力目标

- 能熟练运用NumPy进行数组计算。

素质目标

- 培育精益求精的工匠精神，在数组计算中追求零误差，筑牢人工智能时代的数据质量基石。
- 强化科技安全意识，通过规范化的数据类型操作践行“数据主权即国家主权”理念。

任务5.1　数组的创建及操作

任务说明

接下来，小张将带着对数组的认识来学习数组的数据类型，并解决如何指定数据类型来创建数组，以及怎样转换数组的数据类型。在对公司数据进行处理之前，小张首先要创建数组，并对创建的数组进行类型转换、数组复制及维度修改等。

NumPy中创建数组的方式主要有以下四种：

（1）创建元素为0或1的数组。

（2）将已有的数据转换为数组，如将列表转换为数组。

（3）创建指定类型的数组并进行数组类型转换。

（4）进行数组复制和修改数组维度。

预备知识

NumPy库的核心是数组对象或ndarray对象（*n*维数组）。可使用NumPy数组执行逻辑进行统计和傅里叶变换等运算。作为使用NumPy的一部分，要做的第一件事就是创建NumPy数组。本节的主要目的是帮助数据科学爱好者了解可用于创建NumPy数组的不同方式。

创建数组的各种方式见表5-1。

表5-1　NumPy创建数组的方式

函数	说　明
array	将输入数据（列表、元组、数组或其他序列类型）转换为ndarray。要么推断出dtype，要么特别指定dtype。默认直接复制输入数据
asarray	将输入转换为ndarray，如果输入本身就是一个ndarray就不进行复制
arange	类似于内置的range，但返回的是一个ndarray而不是列表
ones,ones_like	根据指定的形状和dtype创建一个全1数组。one-like以另一个数组为参数，并根据其形状和dtype创建一个全1数组
zeros,zeros_like	类似于ones和ones_like，只不过产生的是全0数组

续表

函数	说　明
empty,empty_like	创建新数组，只分配内存空间但不填充任何值
full,full_like	用fill value中的所有值，根据指定的形状和dtype创建一个数组。full_like使用另一个数组，用相同的形状和dtype创建
eye,identity	创建一个正方的$N\times N$单位矩阵（对角线为1，其余为0）

一、NumPy 数组属性

NumPy数组的维数称为秩（rank），秩就是轴的数量，即数组的维度，一维数组的秩为1，二维数组的秩为2，以此类推。

在NumPy中，每一个线性的数组称为一个轴（axis），也就是维度（dimensions）。比如说，二维数组相当于是两个一维数组，其中第一个一维数组中每个元素又是一个一维数组。所以一维数组就是NumPy中的轴（axis），第一个轴相当于是底层数组，第二个轴是底层数组里的数组。而轴的数量——秩，就是数组的维数。

很多时候，可以声明axis。axis=0，表示沿着第0轴进行操作，即对每一列进行操作；axis=1，表示沿着第1轴进行操作，即对每一行进行操作。

NumPy的数组中比较重要ndarray对象属性见表5-2。

表 5-2　ndarray 对象属性

属　性	说　明
ndarray.ndim	秩，即轴的数量或维度的数量
ndarray.shape	数组的维度，对于矩阵，n行m列
ndarray.size	数组元素的总个数，相当于.shape中$n\times m$的值
ndarray.dtype	ndarray对象的元素类型
ndarray.itemsize	ndarray对象中每个元素的大小，以字节为单位
ndarray.flags	ndarray对象的内存信息
ndarray.real	ndarray元素的实部
ndarray.imag	ndarray元素的虚部
ndarray.data	包含实际数组元素的缓冲区，由于一般通过数组的索引获取元素，所以通常不需要使用这个属性

ndarray.ndim用于返回数组的维数，等于秩。

实例：

```
import numpy as np
a=np.arange(24)
print(a.ndim)                                   #a 现在只有一个维度，现在调整其大小
b=a.reshape(2,4,3)                              #b 现在拥有三个维度
print(b.ndim)
```

输出：

```
1
3
```

ndarray.shape表示数组的维度，返回一个元组，这个元组的长度就是维度的数目，即ndim属性(秩)。比如，一个二维数组，其维度表示“行数”和“列数”。

ndarray.shape也可以用于调整数组大小。实例：

```
import numpy as np
a=np.array([[1,2,3],[4,5,6]])
print(a.shape)
```

输出：

```
(2,3)
```

ndarray.itemsize以字节的形式返回数组中每一个元素的大小。

例如：一个元素类型为float64的数组itemsize属性值为8(float64占用64个bits，每个字节长度为8，所以64/8，占用8个字节)，又如，一个元素类型为complex32的数组item属性为4（32/8）。实例：

```
import numpy as np
arr_float64=np.array([1.0,2.0,3.0],dtype=np.float64)
print("float64 数组的 itemsize:",arr_float64.itemsize)
arr_complex32=np.array([1+2j,3+4j],dtype=np.complex64)
print("complex32 数组的 itemsize:",arr_complex32.itemsize)
```

输出：

```
8
8
```

二、Python 的基础知识

（一）标识符

（1）第一个字符必须是字母表中字母或下画线。

（2）标识符的其他部分由字母、数字和下画线组成。

（3）标识符对大小写敏感。

（二）注释

（1）单行注释：以 #开头，编程规范建议#后面跟一个空格。

（2）多行注释：用一对连续的三个引号、单引号或双引号均可("""/'''/""")。

（三）行与缩进

（1）Python与其他语言明显的区别是没有大括号，而是用缩进表示代码块。

（2）每行语句不需要以分号结束。

（四）多行语句

如果语句很长，可以使用反斜杠（\）来实现多行语句。

说明：在[]、{}或()中的多行语句不需要使用反斜杠。

（五）算术运算符

Python中的算术运算符具体见表5-3。

表 5-3　Python 算数运算符

运　算　符	描　　述	实　　例
+	两个对象相加	10+9=19
−	两个对象相减	10−9=1
*	两个对象相乘，用于字符串时可以重复多次	10*9=90
/	x除以y	10/2=5
//	取整数	10//9=1
%	取余数	10%8=2
**	返回x的y次幂	10**2=100

（六）判断语法

1. if...else 语句

if和else用于对条件进行判断并进行处理，语法如下：

```
if 要判断的条件:
    条件成立时要做的事情
    ....
else:
    条件不成立时要做的事情
```

2. 逻辑运算符

对于同时判断多个条件的情况可以用逻辑运算符，有如下三种，见表5-4。

表 5-4　Python 逻辑运算符

符　　号	说　　明	语　　法
and	与，两个都成立才返回true	条件1 and条件2
or	或，两个只要有一个满足就返回true	条件1 or条件2
not	非，对条件取反	not条件

3. elif 语句

elif语句用于有多个条件进行判断的场景，语法如下：

```
if 条件 1:
    条件 1 满足时执行的代码
elif 条件 2:
    条件 2 满足时执行的代码
elif 条件 3:
    条件 3 满足时执行的代码
elif:
    以上都不满足时执行的代码
```

（七）循环语法

循环的作用就是让指定的代码重复执行。

1. while 循环

while循环是Python中常见的循环，用于让执行的代码按照指定次数重复执行，语法如下：

```
初始条件设置，通常是计数器
while 条件（判断计数器是否达到目标次数）：
    条件满足时候执行的代码
    ...
    处理条件（计数器 +1）
```

2. for 循环

for循环可以方便地遍历列表、元组、字典等数据类型，比如遍历一个列表的代码片段如下：

```
namelist=["zhangsan","list","wangwu"]
for name in namelist:
print(name)
```

Python中，for循环经常与range：函数搭配使用，如下：

```
for i in range(1,10):
    print(i)
```

三、Python 的数据类型

（1）strings：用于表示文本数据，文本用引号引起来。例如"ABCD"。

（2）integer：用于表示整数。例如-1，-2，-3。

（3）float：用于表示实数。例如1.2，42.42。

（4）boolean：用于表示true或false。

（5）complex：用于表示复平面中的数字。例如1.0+2.0*j*，1.5+2.5*j*。

四、数据类型对象（dtype）

数据类型对象（numpy.dtype类的实例）用来描述与数组对应的内存区域是如何使用，它描述了数据的以下几个方面：

（1）数据的类型（整数，浮点数或者Python对象）。

（2）数据的大小（例如，整数使用多少个字节存储）。

（3）数据的字节顺序（小端法或大端法）。

（4）在结构化类型的情况下，字段的名称、每个字段的数据类型和每个字段所取的内存块的部分。

（5）如果数据类型是子数组，那么它的形状和数据类型是什么。

提示：字节顺序是通过对数据类型预先设定“<”或“>”来决定的。“<”意味着小端法（最小值存储在最小的地址，即低位组放在最前面）。“>”意味着大端法（最重要的字节存储在最小的地址，即高位组放在最前面）。

dtype对象是使用以下语法构造的：

```
numpy.dtype(object,align,copy)
```

（1）object：要转换为的数据类型对象。
（2）align：如果为true，填充字段使其类似C的结构体。
（3）copy：复制dtype对象，如果为false，则是对内置数据类型对象的引用。

五、NumPy 中用于表示数据类型的字符

（1）i：整数。
（2）b：布尔值。
（3）u：无符号整数。
（4）f：浮点数。
（5）c：复合浮点数。
（6）m：timedelta。
（7）M：datetime。
（8）O：对象。
（9）S：字符串。
（10）U：unicode字符串。
（11）V：固定的其他类型的内存块（void）。

六、NumPy 中复制数组的不同情况

（1）不是复制的情况（no cvopy at all）：

```
import numpy as np
a=np.arange(12)                          #a 为一个序列
b=a                                      # 没有创建新的对象
print('a 的 shape 为: ',a.shape)          # 输出 a 的尺寸
print('b 是 a 吗? ',b is a)               #ab 为同一个对象的两个名字
b.shape=3,4                              # 将 b 的 shape 改变
print('a 的 shape 变为: ',a.shape)        #a 的 shape 也跟着改变了
```

输出：

```
a 的 shape 为: (12,)
b 是 a 吗?  True
a 的 shape 变为: (3,4)
```

（2）查看或浅复制（view or shallow copy）：
不同的数组对象可以分成相同的数据，view方法创建一个与原来数组相同的新对象。

```
a=np.arange(12)
c=a.view()                               # 建立一个和 a 一样的 c
print('c 未改变时 a 的 shape 为: ',a.shape)  # 输出 a 的尺寸
print('c 是 a 吗? ',c is a)
```

```
print('c是以a为基础建立的吗',c.base is a)
c.shape=3,4
print('c改变后a的shape为: ',a.shape)
```

输出:

```
c未改变时a的shape为: (12,)
c是a吗?  False
c是以a为基础建立的吗True
c改变后a的shape为: (12,)
```

(3)深复制(deep copy):

这个时候d是a的复制，只是单纯的复制，两者没有一点关系。

```
a=np.arange(12)
d=a.copy()                               #建立一个和a一样的c
print('d是a吗? ',d is a)
print('d是以a为基础建立的吗',d.base is a)
```

输出:

```
d是a吗?  False
d是以a为基础建立的吗False
```

七、数组维数分类

(一)一维数组

一维(或单维)数组是一种线性数组，其中元素的存取是以行或列索引的单一下标表示。

(二)二维数组和多维数组

在实际问题中有很多量是二维的或多维的，因此Python允许构造多维数组。多维数组元素有多个下标，以标识它在数组中的位置，所以也称为多下标变量。多维数组(高维数组)的概念特别是在数值计算和图形应用方面非常有用。

八、Numpy改变数组维度的方法

(1)reshape。

(2)ravel。

(3)flatten。

(4)用元组设置维度。

(5)transpose。

(6)resize。

九、numpy.empty功能

这个函数可以创建一个没有任何具体值的ndarray数组，是创建数组最快的方法。根据给定的维度和数值类型返回一个新的数组，其元素不进行初始化。

十、numpy.empty 用法

numpy.empty用法如下：

```
numpy.empty(shape,dtype=float,order='C')
```

十一、numpy.empty 参数

参数说明见表5-5。

表 5-5　numpy.empty 参数

参　数	描　述
shape	数组形状
dtype	数据类型，可选
order	有"C"和"F"两个选项,分别代表，行优先和列优先，在计算机内存中的存储元素的顺序

十二、numpy.empty 返回值

返回给定形状和类型的新数组。

任务分析

本次任务中，小张需要实现以下操作：

（1）熟练掌握NumPy中创建数组的操作。

（2）了解Python中的数据类型。

（3）熟练使用NumPy中的各种数据类型以及字符。

（4）了解深复制与浅复制的区别。

（5）熟练使用深复制与浅复制完成需求。

（6）了解NumPy库的数组维度分类。

（7）熟练使用改变数组维度的方法。

任务实施

实施步骤：

（1）用np.array从Python列表创建数组。

```
array1=np.array([1,2,3,4,5])
print('numpy 数组为 :',array1)
print('python 列表为 :',[1,2,3,4,5])
```

运行结果：

```
Numpy 数组为: [1 2 3 4 5]
Python 列表为: [1,2,3,4,5]
```

注意：

- NumPy数组与Python列表的形式不同。

- NumPy数组无逗号，用空格进行分隔。
- Python列表则使用逗号进行分隔。

NumPy数组必须包含同一类型的数据，如果类型不匹配，NumPy会向上转换，即向更高级别的数据类型转换，如整型向浮点型转换：

```
array2=np.array([3.14,1,2])
print(array2)
```

输出：

```
[3.14  1.  2.]
```

（2）指定数据类型创建ndarray。

```
arr1=np.array([1,2,3],dtype=np.float64)   # 指定数据类型为 float64 位
arr2=np.array([1,2,3],dtype=np.int32)     # 指定数据类型为 int32 位
print(arr1.dtype)                         # 打印出 arr1 的数据类型
print(arr2.dtype)                         # 打印出 arr2 的数据类型
```

运行结果：

```
float64
int32
```

（3）转换ndarray数组的数据类型。

```
arr=np.array([1,2,3,4,5])                 # 创建一个默认 int32 类型的数组
print(arr.dtype)                          # 打印这个数组的类型
float_arr=arr.astype(np.float64)          # 将这个数组转化为 float64 位的数组
print(float_arr.dtype)                    # 打印这个数组的类型
```

输出：

```
int32
float64
```

（4）转换数据类型时的特别注意事项。

```
arr=np.array([3.7 ,-1.2,-2.6,0.5,12.9,10.1])      # 创建了一个 float64 位的数组
print(arr)                                        # 打印
# 打印转换这个数组之后的值，将 float64 位转换为 int32 位之后小数部分会被舍弃
print(arr.astype(np.int32))
```

输出：

```
[3.7 -1.2 -2.6  0.5 12.9 10.1]
[3 -1 -2  0 12 10]
```

（5）如果字符串数组全是数字也可使用astype将其转换为数值形式。

```
# 创建一个字符串数组内容全为数值
numeric_strings=np.array(['1.25','-9.6','42'],dtype=np.string_)
# 将这个全是数值的字符串类型的数组转换为 float 类型的数组
print(numeric_strings.astype(float))
```

输出：

```
[1.25 -9.6  42.]
```

（6）dtype还有一个属性。

```
int_array=np.arange(10)                          # 创建了一个 int 类型的数组
# 创建了一个 float 类型的数组
calibers=np.array([.22,.270,.357,.380,.44,.50],dtype=np.float64)
print(int_array.astype(calibers.dtype)) # 将 float 类型的数组类型赋给 int 类型的数组
```

输出：

```
[0. 1. 2. 3. 4. 5. 6. 7. 8. 9.]
```

（7）复制数组。

一维数组：

```
import numpy as np
#numpy 数组的复制和 python 的 list 数组的复制是不同的
# 对于 python 的数组，可以通过索引，完全复制新的数组
a=[1,2,3,4]
b=a[:]
# 这里的 a 和 b 是两个完全独立的数组，但是对于 numpy 并非如此
a_np=np.array([1,2,3,4])
b_np=a[:]
a_np[1]=100
print(a_np)
print(b_np)
print(type(a_np))
print(type(b_np))
# 这里输出的 a_np 和 b_np 都是 1,100,3,4
# 要想完全复制 any，要调用 copy()
# 实际上这里的 b_np 并不是 np 数组，而是 python 的 list
c_np=a_np.copy()
a_np[2]=100
print(a_np)
print(c_np)
print(type(a_np))
print(type(c_np))
# 这里的输出结果是不同的，
#a_np 是 1,100,100,4
#c_np 是 1,100,3,4
```

二维数组：

```
import numpy as np
#case 1
new_array=np.array([1,2,4,5],ndmin=2)    # 两个维度
print(new_array)
new_array=np.arange(24)
new_array2=new_array.reshape(3,4,2)      # 三维四行二列
```

```
new_array2[0][0][0]=100
#Warming Reshape will change the original array
print(new_array,'\ndimension '+str(new_array.ndim),new_array.shape)
#case 2
new_array=np.arange(24)
change_array=new_array[:]
new_array2=change_array.reshape(3,4,2)              # 三维四行二列
new_array2[0][0][0]=100
#Warming Reshape will change the original array
# 使用寻常的数组的切片也不行复制
print(new_array,'\ndimension '+str(new_array.ndim),new_array.shape)
#case 3
new_array=np.arange(24)
change_array=new_array.copy()
# 要使用标准的复制函数
new_array2=change_array.reshape(3,4,2)              # 三维四行二列
new_array2[0][0][0]=100
print(new_array2)
print(new_array,'\ndimension '+str(new_array.ndim),new_array.shape)
```

输出：

```
[[1 2 4 5]]
[100  1  2  3  4  5  6  7  8  9  10  11  12  13  14  15  16  17  18  19  20  21  22  23]
dimension 1(24,)
[100  1  2  3  4  5  6  7  8  9  10  11  12  13  14  15  16  17  18  19  20  21  22  23]
dimension 1(24,)
[[[100   1]
  [2   3]
  [4   5]
  [6   7]]

 [[8   9]
  [10  11]
  [12  13]
  [14  15]]

 [[16  17]
  [18  19]
  [20  21]
  [22  23]]]
 [0  1  2  3  4  5  6  7  8  9 10 11 12 13 14 15 16 17 18 19 20 21 22 23]
dimension 1(24,)
```

（8）增加numpy array的维度。在操作数组情况下，需要按照某个轴将不同数组的维度对齐，这时候需要为数组添加维度。NumPy提供了expand_dims()函数来为数组增加维度：

```
import numpy as np
arr=np.array([[1,2,3],[2,3,4]])
print(arr.shape)                        #(2,3)
print(np.expand_dims(arr,0).shape)      #(1,2,3)
```

```
print(np.expand_dims(arr,1).shape)          #(2,1,3)
print(np.expand_dims(arr,2).shape)          #(2,3,1)
arr=np.array([1,2,3])
print(np.expand_dims(arr,0))
"""
[[1 2 3]]
"""
print(np.expand_dims(arr,1))
"""
[[1]
 [2]
 [3]]
"""
```

（9）压缩维度移除轴。在数组中会存在很多轴只有1维的情况，可以使用squeeze函数来压缩冗余维度。

```
import numpy as np
arr=np.array([[[1,2,3],[2,3,4]]])

print(arr.shape)                            #(1,2,3)

try:
    # 删除第二个维度，显然在第二个维度上数组的长度是 2，不是 1
    # 所以它不能被删除
    print(np.squeeze(arr,1))
except Exception as e:
    print(e)                                #cannot select an axis to squeeze out
                                             which has size not equal to one
```

（10）创建指定维度和未初始化的数组。

```
np.empty([2,2])                             #uninitialized
array([[-9.74499359e+001,6.69583040e-309],
       [2.13182611e-314,3.06959433e-309]])
np.empty([2,2],dtype=int)                   #uninitialized
array([[-1073741821,-1067949133],
       [496041986,19249760]])
```

输出：

```
array([[-1073741821,-1067949133],
       [496041986,19249760]])
```

任务效果

小张已经学会了NumPy中数组的相关操作，了解了深复制和浅复制的区别，并可以熟练应用。同时也掌握了NumPy库的数组维相关操作，在上述任务实施中，每一个操作步骤都对应着呈现出了输出结果。那么，在任务效果中，根据以下文字描述进行了新的操作，对应呈现出的

图5-1为该描述实现的操作过程及结果。

创建两个数组arr1和arr2，arr1指定数据类型为float64，arr2指定数据类型为int32。

浅复制arr1的内容到arr3，深复制arr1的内容到arr4，改变arr1的数据，打印arr3和arr4。

将arr1增加一个行维度，变为二维数组。

将arr1增加一个列维度，变为二维数组。

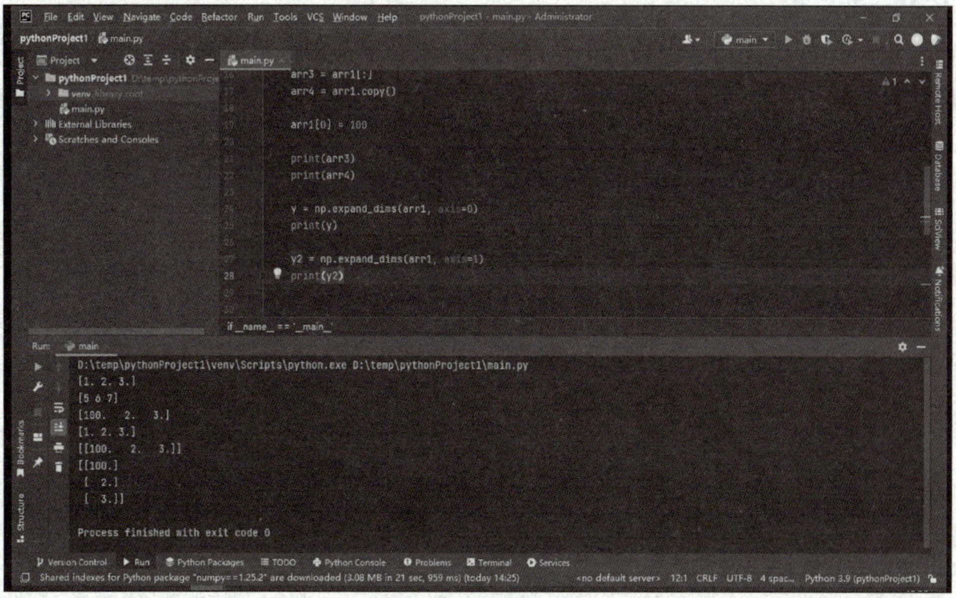

图 5-1　任务实施效果

视　频

数组的创建与操作

任务拓展

在本任务中，小张已经学习了数组创建的基本知识，接下来跟随小张一起创建指定维度以0填充的数组和以1填充的数组吧。

任务拓展思路：

（1）numpy.zeros()函数提供给定形状和类型的新数组,并用0填充。

（2）numpy.ones()函数用于创建指定长度或形状的全1数组

任务拓展效果如图5-2所示。

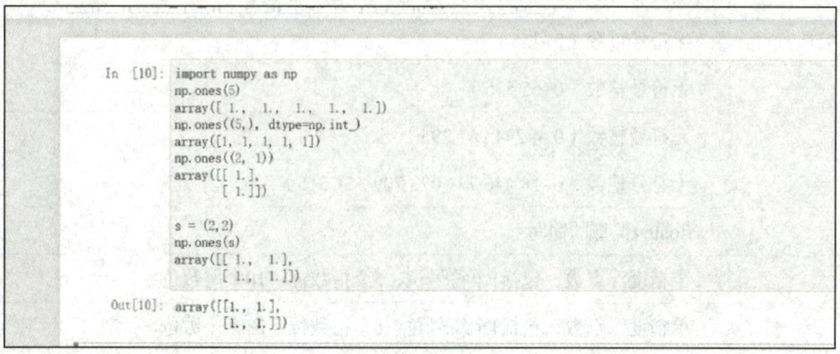

图 5-2　任务拓展效果

视　频

数组的更改

任务 5.2 数组的基本运算

任务说明

小张选用NumPy为公司处理数据。在前面已经学会了如何创建数组。那么如何对数组进行加法、减法、乘法、除法等基本运算呢？请跟小张一起来学习关于数组加减乘除等基本操作吧！本任务主要内容为：

（1）熟悉numpy.add()、numpy.divide()等基本操作函数。

（2）能够运用以上函数对数组进行运算。

NumPy的数值类型实际上是dtype对象的实例，并对应唯一的字符，包括np.bool_，np.int32，np.float32等。

通过NumPy科学计算库的学习以及对数组的运算的了解来实现数组的加、减法运算。

预备知识

一、基本数据类型

NumPy中基本数据类型见表5-6。

表 5-6 NumPy 基本数据类型

名 称	描 述
bool_	布尔型（True或者False）
int_	默认的整数类型（类似于C语言中的long、int32或int64）
Intc	与C的int类型一样，一般是int32或int64
Intp	用于索引的整数类型（类似于C的size_t，一般情况下仍然是int32或int64）
int8	字节（-128~127）
int16	整数（-32 768~32 767）
int32	整数（-2 147 483 648~2 147 483 647）
int64	整数（-9 223 372 036 854 775 808~9 223 372 036 854 775 807）
uint8	无符号整数（0~255）
uint16	无符号整数（0~65 535）
uint32	无符号整数（0~4 294 967 295）
uint64	无符号整数（0~18 446 744 073 709 551 615）
float_	float64类型的简写
float16	半精度浮点数，包括1个符号位、5个指数位、10个尾数位
float32	单精度浮点数，包括1个符号位、8个指数位、23个尾数位
float64	双精度浮点数，包括1个符号位、11个指数位、52个尾数位

续表

名　称	描　述
complex_	complex128类型的简写，即128位复数
complex64	复数，表示双32位浮点数（实数部分和虚数部分）
complex128	复数，表示双64位浮点数（实数部分和虚数部分）

二、numpy.add()相关内容

（一）用例

```
numpy.add(x1,x2,/,out=None,*,where=True,casting='same_kind',order='K',dtype=None,subok=True[,signature,extobj])=<ufunc 'add'>
```

（二）功能

两个数组对应位置的元素求和。

（三）参数

numpy.add()函数中相关参数见表5-7。

表5-7　numpy.add()相关参数

变 量 名	数据类型	功　能
x1,x2	数组型变量	用于求和的数组。如果x1.shape !=x2.shape，它们必须扩充到同样的维度（此维度也等于返回结果的维度）
out	*n*维数组，none，或者多维数组组成的元组，可选参数	指定结果存储的位置。若提供此参数，其必须与输入数组扩充后的维度保持一致。如果不提供此参数或者此参数为none，返回一个新建的数组。若此参数为元组，其长度和输出值的个数保持一致
where	数组型变量，可选参数	此参数用默认值即可

（四）返回值

numpy.add()函数的返回值见表5-8。

表5-8　numpy.add()返回值

变 量 名	数据类型	功　能
Add	*n*维数组或者是标量	将x1和x2中对应位置的元素相加。如果x1和x2为标量，那么返回值也为标量

三、numpy.divide()相关内容

（一）用例

```
numpy.divide(x1,x2,/,out=None,*,where=True,casting='same_kind',order='K',dtype=None,subok=True[,signature,extobj])=<ufunc 'true_divide'>
```

（二）功能

数组对应位置元素做除法。这里的除法结果和Python传统的地板除不同，这里得到的是真

实值。numpy.divide()的计算结果适应于输出值的数值类型，与输入值的数值类型无关。

（三）参数

numpy.divide()相关参数见表5-9。

表 5-9　numpy.divide() 参数

变　量　名	数据类型	功　　能
x1	数组型变量	充当被除数的数组
x2	数组型变量	充当除数的数组。如果x1.shape !=x2.shape，它们必须扩维到同样的维度（此维度也为输出值的维度）
out	*n*维数组，None，*n*维数组组成的元组，可选参数	计算结果的存放位置。若提供此参数，它的维度必须和输入数组扩维后的维度保持一致。若不提供此参数或该值为none，返回新开辟的数组。若此值为元组类型，其长度必须和返回值的个数保持一致
where	数组型变量，可选参数	用默认值即可

（四）返回值

numpy.divide()函数返回值见表5-10。

表 5-10　numpy.divide() 参数

变　量　名	数据类型	功　　能
out	*n*维数组或标量	如果x1和x2均为标量，那么返回值也为标量

注意：

- numpy.subtract()的用法与numpy.add()的用法类似。
- numpy.multiply()的用法与numpy.divide()的用法类似。

任务分析

本次任务中，小张需要掌握以下技能：

（1）了解NumPy库中数组的运算。

（2）熟练使用numpy.add()、numpy.divide()函数实现数组的加法、减法。

任务实施

实施步骤：打开编辑工具，并输入如下代码。

（1）使用numpy.add()函数实现加法运算：

```
a=np.array([[1,2],[3,4]])
b=np.array([[5,6],[6,5]])
# 第一种写法
a+b
# 第二种写法
np.add(a,b)
```

输出：

```
array([[6,8],[9,9]])
```

（2）使用numpy.subtract()函数实现减法运算。

```
# 数组减法
a=np.array([[1,2],[3,4]])
b=np.array([[5,6],[6,5]])
# 第一种写法
a-b
# 第二种写法
np.subtract(a,b)
```

输出：

```
array([[-4,-4],[-3,-1]])
```

任务效果

本任务中首先创建了两个数组a和b，并对其赋初值。分别运用numpy.add()函数和numpy.subtract()函数实现对这两个数组进行加法和减法的运算，并输出运算结果，效果如图5-3所示。

```
import numpy as np
a=np.array([[1,2], [3,4]])
b=np.array([[5,6], [6,5]])
#第一种写法
a+b
#第二种写法
np.add(a,b)

array([[6, 8],
       [9, 9]])
```

```
import numpy as np
a=np.array([[1,2], [3,4]])
b=np.array([[5,6], [6,5]])
#第一种写法
a-b
#第二种写法
np.subtract(a,b)

array([[-4, -4],
       [-3, -1]])
```

视频
数组的运算（加减）

图 5-3　任务实施效果

任务拓展

小张学会了如何使用加法和减法函数，那么如何实现数组的乘、除法运算呢？

任务拓展思路：

（1）使用numpy.multiply()函数实现数组乘法运算。

（2）使用numpy.divide()函数实现数组除法运算。

任务拓展效果如图5-4所示。

```
In [39]: a=np.array([[1,2],[3,4]])
         b=np.array([[5,6],[6,5]])
         #第一种写法
         a*b

Out[39]: array([[ 5, 12],
                [18, 20]])
```

```
In [40]: a=np.array([[1,2],[3,4]])
         b=np.array([[5,6],[6,5]])
         #第一种写法
         a/b

Out[40]: array([[0.2       , 0.33333333],
                [0.5       , 0.8       ]])
```

视频
数组的运算（乘除）

图 5-4　任务拓展效果

任务 5.3 数组的切片和索引

任务说明

NumPy ndarray对象的内容可以通过索引或切片来访问和修改，与Python中list的切片操作一样。ndarray数组可以基于0~n的下标进行索引，切片对象可以通过内置的slice()函数实现，并设置start、stop及step参数从原数组中切割出一个新数组。

一维数组分为$1 \times N$和$N \times 1$两种情况，这两种情况对于数据的提取方法是不同的。获取数组中的元素，通常是通过切片和索引的方式。接下来小张来解决如何获取二维数组中的元素这个问题。NumPy数组中的索引以0开头，这意味着第一个元素的索引为0，第二个元素的索引为1，依此类推。

在认识多维数组的切片操作之前，小张先来学习简单的二维数组切片是如何操作的。

预备知识

一、数组的索引和切片

（一）创建需要切片的对象

小张首先通过arange()函数创建ndarray对象。然后，分别设置起始、终止和步长的参数为2、7和2。

```
import numpy as np
a=np.arange(10)
s=slice(2,7,2)                              # 从索引 2 开始到索引 7 停止，间隔为 2
print(a[s])
```

输出：

```
[2  4  6]
```

（二）切片中冒号“：”的解释

如果只放置一个参数，如[2]，将返回与该索引相对应的单个元素。如果为[2:]，表示从该索引开始以后的所有项都将被提取。如果使用了两个参数，如[2:7]，那么则提取两个索引（不包括停止索引）之间的项。

实例：

```
import numpy as np
a=np.arange(10)
print(a[2:])
```

输出：

```
[2  3  4  5  6  7  8  9]
```

实例：

```
import numpy as np
a=np.arange(10)                          #[0 1 2 3 4 5 6 7 8 9]
print(a[2:5])
```

输出：

```
[2  3  4]
```

二、获取一维数组中的元素

（一）元素属性相同时

例如，数组中都是整数类型（int）时：

```
import numpy as np
# 创建一维数组
np1=np.array([1,2,3,4,5,6,7,8,9,0])
print(np1)
print(type(np1))
```

输出：

```
[1 2 3 4 5 6 7 8 9 0]
<class 'numpy.ndarray'>
```

（二）元素属性不同时

例如，数组中包含字符串类型（str）、整数类型（int）和布尔类型（bool）类型时：

```
np2=np.array([1,2,3,4,5,6,7,8,9,True])
print(np2)
np3=np.array([True,2,3,4,5,6,7,8,9,False])
print(np3)
np4=np.array(["1",2,3,4,5,6,7,8,9,False])
print(np4)
```

输出：

```
[1 2 3 4 5 6 7 8 9 1]
[1 2 3 4 5 6 7 8 9 0]
['1''2''3''4''5''6''7''8''9''False']
```

三、获取二维数组中的元素

（一）用普通方法生成二维数组

```
num=[[0 for i in range(1,5)]for j in range(1,5)]
print(num)                               # 打印数组
print("-"*50)                            # 分隔线
num[2][1]=3                              # 将第三行第二个元素修改为 3
print(num)                               # 打印数组
```

```
print("-"*50)                                  # 分割线
```

输出：

```
[[0,0,0,0],[0,0,0,0],[0,0,0,0],[0,0,0,0]]
--------------------------------------------------
[[0,0,0,0],[0,0,0,0],[0,3,0,0],[0,0,0,0]]
```

（二）用 NumPy 生成二维数组

```
from numpy import*
# 创建 6 行 3 列的二维数组
m1=rray([arange(1,4),arange(4,7),arange(7,10),arange(10,13),arange(13,16),arange(16,19)])
print(m1)
print("-"*50)                                  # 分隔线
```

输出：

```
[[1  2  3]
 [4  5  6]
 [7  8  9]
 [10 11 12]
 [13 14 15]
 [16 17 18]]
```

通过以上例子可发现，用普通方法创建的数组分隔符有逗号，而NumPy创建的数组分隔符默认为空格。

四、切片的基本概念

切片（slicing）是Python中用于从序列类型（如列表、字符串、元组等）中提取子部分（子序列）的一种强大工具。通过切片，可以轻松访问和操作序列的部分内容，而无须显式循环或遍历。

下面以列表来说明，其他的也是一样的。

- 格式：[开头：结束：步长]
- 开头：当步长>0时，不写默认为0；当步长<0时，不写默认为-1。
- 结束：当步长>0时，不写默认为列表长度；当步长<0时，不写默认为负的列表长度减1。
- 步长：默认1，大于0是从左往右走，小于0是从右往左走，遵循左闭右开原则。

```
# 字符串中用法
str='python'
print(str[::])                                 #python
print(str[::1])                                #python
print(str[::2])                                #pto 从左往右数，数 2 步，取一个值
print(str[::-1])                               #nohtyp 从右往左数，数 1 步，取一个值，即取全部值
print(str[::-2])                               #nhy 从右往左数，数 2 步，取一个值
```

```
#列表中用法
list=[1,2,3,4 ,5,6]
print(list[::])                     #[1,2,3,4,5,6]
print(list[::1])                    #[1,2,3,4,5,6]
print(list[::2])                    #[1,3,5]
print(list[::-1])                   #[6,5,4,3,2,1]
print(list[::-2])                   #[6,4,2]
#[n::-1] 示例
#先找下标值n，再翻转（从右到左）取值
str='python'
list=[1,2,3,4 ,5,6]
print(str[1::-1])                   #yp 先找到下标1的值：y，从右往左取值：yp
print(str[2::-1])                   #typ 先找到下标2的值：t，从右往左取值：typ
print(list[1::-1])                  #[2,1] 先找到下标1的值：2，从右往左取值：[2,1]
print(list[2::-1])                  #[3,2,1] 先找到下标2的值：3，从右往左取值：[3,2,1]
```

维索引为负数时：

```
import numpy as np
a=np.arange(12)
c=a.reshape((4,3))
print(c)
#获取最后一行
print(c[-1])
#行倒序
print(c[::-1])
#行倒序，列倒序
print(c[::-1,::-1])
```

输出：

```
[[0  1  2]
 [3  4  5]
 [6  7  8]
 [9 10 11]]
#获取最后一行
[9 10 11]
#行倒序
[[9 10 11]
 [6  7  8]
 [3  4  5]
 [0  1  2]]
#行倒序，列倒序
[[11 10  9]
 [8  7  6]
 [5  4  3]
 [2  1  0]]
```

五、二维数组的切片式操作

（1）X[n0,n1]表示取二维数组，取N维数组则有N个参数，用N-1个逗号分隔。

（2）取元素X[n0,n1]是最基本的情况，表示取第0维的第n0个元素、取第1维的第n1个元素。如X[2,2]表示第0维第2个元素[20,21,22,23]，然后取其第1维的第2个元素即22。

（3）切片X[s0:e0,s1:e1]，这是最通用的切片操作，表示取第0维的第s0到e0个元素，继续取第1维的第s1到e1个元素（左闭右开）。如X[1:3,1:3]表示第0维第（1：3）个元素[[10,11,12,13],[20,21,22,23]],然后取其第1维的第（1：3）个元素即[[11,12],[21,22]]。

（4）切片特殊情况X[:e0,s1:]，即左边从0开始可以省略X[:e0,s1:e1]，右边到结尾可以省略X[s0:,s1:e1]，取某一维全部元素X[:,s1:e1]，事实上和Python的序列切片规则是一样的。

```
import numpy as np
X=np.array([[0,1,2,3],[10,11,12,13],[20,21,22,23],[30,31,32,33]])
#X 是一个二维数组，维度为 0，1
# 第 0 层 [] 表示第 0 维；第 1 层 [] 表示第 1 维；
#X[n0,n1] 表示第 0 维取第 n0 个元素，第 1 维取第 n1 个元素
print(X[1,0])
#X[1:3,1:3] 表示第 0 维取 (1:3) 元素，第 1 维取第 (1:3) 个元素
print(X[1:3,1:3])
#X[:n0,:n1] 表示第 0 维取第 0 到第 n0 个元素，第 1 维取第 0 到第 n1 个元素
print(X[:2,:2])
#X[:,:n1] 表示第 0 维取全部元素，第 1 维取第 0 到第 n1 个元素
print(X[:,:2])
#X[:,0]) 表示第 0 维取全部元素，第 1 维取第 0 个元素
print(X[:,0])
```

输出：

```
10
[[11 12]
 [21 22]]
[[0  1]
 [10 11]]
[[0  1]
 [10 11]
 [20 21]
 [30 31]]
[0 10 20 30]
```

任务分析

本次任务中，小张需要掌握以下技能：

（1）掌握如何创建一维数组。

（2）了解$1\times N$与$N\times 1$两种情况的不同提取方法。

（3）掌握如何用两种方法创建二维数组。

（4）理解切片的基本概念。

（5）了解在字符串和数组中的使用方法。

（6）了解二维数组的简单索引操作。

任务实施

实施步骤：

根据上面提到的创建数组和索引基本操作进行任务实施。

（1）$1\times N$的数组中数据的提取需要使用二维来提取，也就是需要使用两个[]提取出的一行的数据。

```
import numpy as np
matrix=np.random.rand(1,10)
matrix[0][3]
```

输出：

```
0. 7643696485159254                         # 每次运行的结果不同
```

（2）$N\times 1$的数组数据提取用一个[]。

```
import  numpy as matrix
matrix=np.random.rand(10,1)
print(matrix)
matrix[1]
```

输出：

```
[[0.74225855]
 [0.86683821]
 [0.52063714]
 [0.37762173]
 [0.93505706]
 [0.83457517]
 [0.61705146]
 [0.32201233]
 [0.2532855 ]
 [0.949989 ]]
array([0.86683821])                         # 每次运行的结果不同
```

（3）获取二维数组中的元素。

```
# 获取二维数组中的元素
import numpy as np
arr=np.array(np.arange(12).reshape(3,4))
print(arr)
print(arr[0])                               # 获取二维数组的第一行
print(arr[1])                               # 获取二维数组的第二行
print(arr[:3])                              # 获取二维数组的前三行
print(arr[[0,2]])                           # 获取二维数组的第 1 行和第三行
```

```
print(arr[:,1])                      # 获取二维数组的第二列
print(arr[:,-2:])                    # 获取二维数组的后两列
print(arr[:,[0,2]])                  # 获取二维数组的第一列和第三列
print(arr[1,3])                      # 获取二维数组的第二行第四列的元素
```

输出：

```
[[0  1  2  3]
 [4  5  6  7]
 [8  9 10 11]]
[0 1 2 3]
[4 5 6 7]
[[0  1  2  3]
 [4  5  6  7]
 [8  9 10 11]]
[[0  1  2  3]
 [8  9 10 11]]
[1 5 9]
[[2  3]
 [6  7]
 [10 11]]
[[0  2]
 [4  6]
 [8 10]]
```

（4）一维数组的切片。

```
import numpy as np
x=np.arange(5,13)
x
Out[4]:array([5,6,7,8,9,10,11,12])
x[:3]                                # 前 3 个元素，即索引 0~2 所代表的元素
Out[6]:array([5,6,7])
x[3:]                                # 索引 3 及往后的所有元素
Out[7]:array([8,9,10,11,12])
x[::2]                               # 每隔一个元素
Out[8]:array([5,7,9,11])
x[::-1]                              # 数组元素逆序
Out[9]:array([12,11,10,9,8,7,6,5])
```

（5）二维数组的索引。

```
arr2d=np.array([[1,2,3],[4,5,6],[7,8,9]])
arr2d[2]
```

输出：

```
array([7,8,9])
```

注意：

- 二维数组索引中有且仅有一个[]号时，只表示行索引。

- 索引位置包括开头但不包括结尾。
- 当“：”单独出现时，表示“选择某个维度上的全部元素”。

（6）二维数组的切片。

```
import numpy as np
x=np.random.randint(0,11,(3,4))
x
Out[12]:array([[2,7,3,0],
          [1,1,0,1],
          [4,3,0,6]])

x[:2,:3]                                        # 前两行，前三列
Out[13]:array([[2,7,3],
          [1,1,0]])

x[::-1,::-1]                                    # 数组所有元素逆序
Out[15]:array([[6,0,3,4],
          [1,0,1,1],
          [0,3,7,2]])

# 获取二维数组的单行和单列：索引 + 切片
x[:,1]                                          # 第 2 列
Out[16]:array([7,1,3])
```

任务效果

视频
一维数组的切片与索引

在任务实施中，依次进行了创建数组、获取1 × N和N × 1数组中的元素、获取二维数组中的元素、一维数组的切片和索引操作、二维数组的切片和索引操作，具体输出结果如图5-5所示。

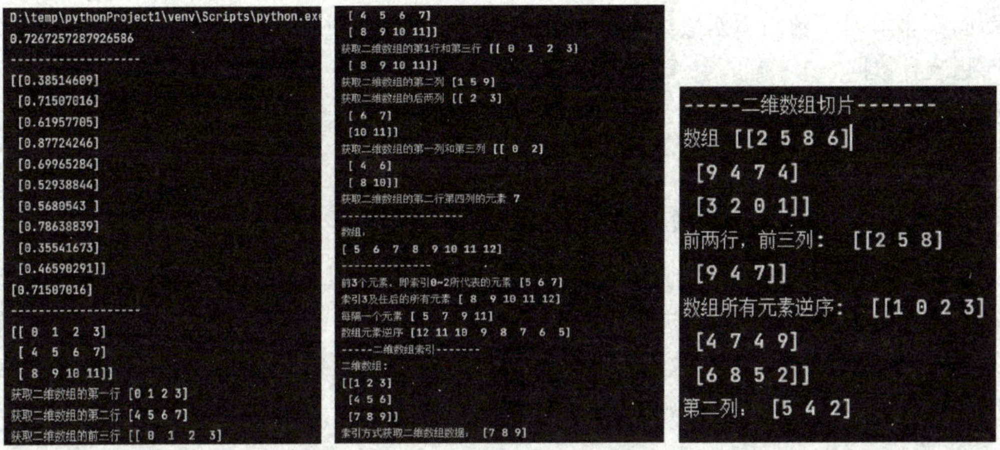

（a）　　（b）　　（c）

图 5-5　任务实施效果

任务拓展

小张学会了一维数组和二维数组的切片和索引，那么挑战一下，多维数组的切片和索引该怎么表示？

任务拓展思路：

（1）使用reshape()函数实现多维数组。

（2）使用[:]的方式实现数组切片。

任务拓展效果如图5-6所示。

视 频

多维数组的切片与索引

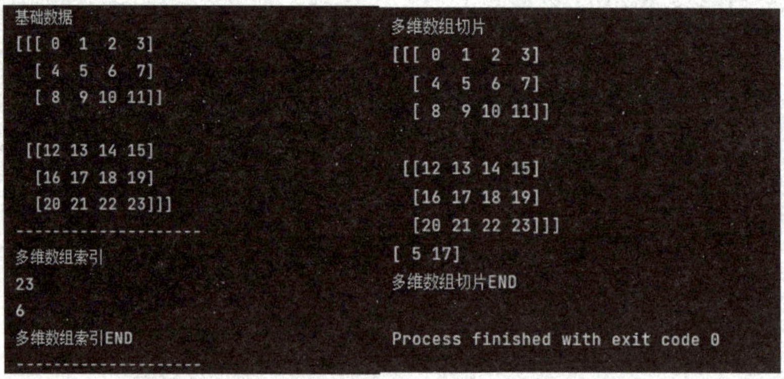

图 5-6　多维数组索引和切片

任务 5.4　数组的增删改查

任务说明

前面小张学习了数组，对数组有了充分的认识，下面将进行一些扩展，来研究一下如何为数组增删改查数据。

预备知识

一、numpy.insert() 函数

此函数会在输入数组的指定索引位置之前，沿着给定的轴插入新值。如果插入值的数据类型与输入数组的类型不同，它将进行类型转换。需要注意的是，该操作不会对原数组进行修改，而是返回一个包含插入值的新数组。此外，如果未指定轴参数，输入数组将被视为一维数组（展开），然后执行插入操作。该函数接收以下参数：

```
numpy.insert(arr,obj,values,axis)
```

其中：

（1）arr：输入数组。

（2）obj：在其之前插入值的索引。

（3）values：要插入的值。

（4）axis：沿着它插入的轴，如果未提供，则输入数组会被展开。

二、numpy.delete()函数

此函数返回从输入数组中删除指定子数组的新数组。与insert()函数的情况一样，如果未提供轴参数，则输入数组将展开。该函数接收以下参数：

```
numpy.delete(arr,obj,axis)
```

其中：

（1）arr：输入数组。

（2）obj：可以被切片，整数或者整数数组，表明要从输入数组删除的子数组。

（3）axis：沿着它删除给定子数组的轴，如果未提供，则输入数组会被展开。

三、numpy.reshape()函数

（一）reshape()方法：修改数组形状与维度

直接修改数组ndarray的shape值，要求修改后乘积不变。

直接使用reshape函数创建一个改变尺寸的新数组，原数组的shape保持不变，但是新数组和原数组共享一个内存空间，也就是修改任何一个数组中的值都会对另外一个产生影响，另外，要求新数组的元素个数和原数组一致。

当指定某一个轴为-1的时候，表示将根据数组元素的数量自动计算该轴的长度值。

```
import numpy as np
a=np.arange(30)
print("原数组（一维）：",a)
b=a.reshape(2,3,5)
print("新数组（三维）：",b)
b[1][2][2]=666
print("修改b中的数值会影响到a：",a)
print("对b使用降维打击：",b.reshape(10,-1))
```

输出：

```
原数组（一维）：[0  1  2  3  4  5  6  7  8  9 10 11 12 13 14 15 16 17 18 19 20 21 22 23
24 25 26 27 28 29]
新数组（三维）：[[[0  1  2  3  4]
[5  6  7  8  9]
[10 11 12 13 14]]

[[15 16 17 18 19]
 [20 21 22 23 24]
 [25 26 27 28 29]]]
修改b中的数值会影响到a：[0  1  2  3  4  5  6  7  8  9  10  11  12  13  14  15  16  17
18  19  20  21  22  23  24  25  26 666  28  29]
对b使用降维打击：[[0  1  2]
```

```
[3  4  5]
[6  7  8]
[9  10  11]
[12  13  14]
[15  16  17]
[18  19  20]
[21  22  23]
[24  25  26]
[666  28  29]]
```

（二）T方法：行列转置

使用T方法以后，可以对数组进行行列转置。

```
import numpy as np
a=np.random.randint(1,10,size=(2,3,4))
b=a.T
print(b.shape)
```

输出：

```
(4,3,2)
```

（三）astype()方法：修改元素类型

如果需要更改一个已经存在的数组的数据类型，可以通过astype()方法进行修改，从而得到一个新数组。

```
import numpy as np
a=np.arange(1,5)
print(" 原数组：{0}，其数据类型为：{1}".format(a,a.dtype))
b=a.astype(float)
print(" 新数组：{0}，其数据类型为：{1}".format(b,b.dtype))
```

输出：

```
原数组：[1 2 3 4]，其数据类型为：int32
新数组：[1. 2. 3. 4.]，其数据类型为：float64
```

四、where条件

（一）where的基础用法

where语句返回tuple，第一个值是索引，第二个是空值。

（1）输入必须是数组，不能是list。

（2）输入一般是一维，行向量或者列向量都可以。

（3）输入多维，将返回两个索引，行向量或者列向量返回不同argwhere，直接返回索引，返回为二维数组，列向量。

```
import numpy as np
# 一维数组
```

```
data1=np.array(range(0,20,2))
print(np.where(data1>6))                     #(array([7,8,9]),)
print(np.where(data1.T>6))                   #(array([7,8,9]),)

# 二维数组
data2=np.array([range(0,20,2)])
print(np.where(data2>6))                     #(array([0,0,0]),array([7,8,9]))

# 多行多列
data3=np.array([range(10),range(10)])
print(data3)
print(np.where(data3>6))                     #(array([0,0,0,1,1,1]),array([7,8,9,7,
                                              8,9])) 0行7列，0行8列，0行9列，1行7列，
                                              1行8列，1行9列
print(np.where(data3.T>6))                   #(array([7,7,8,8,9,9]),array([0,1,0,1,0,1]))

##argwhere 直接返回索引
print(np.argwhere(data1>6))
#[[4]
#[5]
#[6]
#[7]
#[8]
#[9]]
print(np.argwhere(data1.T>6))
#[[4]
#[5]
#[6]
#[7]
#[8]
#[9]]
```

（二）where输入多个条件

```
# 求公共部分
print(np.intersect1d([1,4,3],[3,4,5]))   #[3 4]
# 多个条件
data2=np.array([1,5,11,16,20])
print(np.where(data2>10))                 #(array([2,3,4]),)

print(np.where((data2>10)&(data2<18)))   #(array([2,3]),)
print(np.where(np.logical_and(data2>10,data2<18)))      #(array([2,3]),)
print(np.intersect1d(np.where(data2>10)[0],np.where(data2<18)[0]))    #[2 3]
```

输出：

```
[3 4]
(array([2,3,4],dtype=int64),)
(array([2,3],dtype=int64),)
(array([2,3],dtype=int64),)
[2 3]
```

任务实施

实施步骤：

（1）使用np.append()函数为数组增加元素。

```
# 数组的增加
import numpy as np
a=np.array([[1,2,3],[4,5,6]])
print(' 第一个数组：')
print( a )
print('\n')
print(' 向数组添加元素：')
print(np.append(a,[7,8,9]))
print('\n')
print(' 沿轴 0 添加元素：')
print(np.append(a,[[7,8,9]],axis=0))
print('\n')

print(' 沿轴 1 添加元素：')
print(np.append(a,[[5,5,5],[7,8,9]],axis=1))
```

输出：

```
第一个数组：
[[1 2 3]
 [4 5 6]]
向数组添加元素：
[1 2 3 4 5 6 7 8 9]
沿轴 0 添加元素：
[[1 2 3]
 [4 5 6]
 [7 8 9]]
沿轴 1 添加元素：
[[1 2 3 5 5 5]
 [4 5 6 7 8 9]]
```

（2）使用np.delete()函数删除数组元素。

```
# 数组的删除
import numpy as np
a=np.arange(12).reshape(3,4)
print(' 第一个数组：')
print( a )
print('\n')
print(' 未传递 Axis 参数。在插入之前输入数组会被展开。')
print(np.delete(a,5))
print('\n')
print(' 删除第二列：')
print(np.delete(a,1,axis=1))
print('\n')
print(' 包含从数组中删除的替代值的切片：')
```

```
a=np.array([1,2,3,4,5,6,7,8,9,10])
print(np.delete(a,np.s_[::2]))
```

输出：

```
第一个数组：
[[0  1  2  3]
[4  5  6  7]
[8  9 10 11]]

未传递 Axis 参数。在插入之前输入数组会被展开。
[0  1  2  3  4  6  7  8  9 10 11]

删除第二列：
[[0  2  3]
 [4  6  7]
 [8 10 11]]

包含从数组中删除的替代值的切片：
[2  4  6  8 10]
```

（3）使用reshape()函数对数组进行修改。

```
# 数组的修改
import numpy as np
a=np.arange(0,60,5)
a=a.reshape(3,4)
print('原始数组是：')
print(a)
print('\n')
for x in np.nditer(a,op_flags=['readwrite']):
    x[...]=2*x
print('修改后的数组是：')
print(a)
```

输出：

```
原始数组是：
[[0  5 10 15]
 [20 25 30 35]
 [40 45 50 55]]
修改后的数组是：
[[0  10  20  30]
 [40  50  60  70]
 [80  90 100 110]]
```

（4）数组的查找。

方法一：直接查找。

```
# 数组的查找
import numpy as np
a=np.arange(10)
```

```
np.where(a < 5)
a=a.reshape((2,-1))
np.where(a < 5)
# 满足条件的元素不变，其他元素乘 10
np.where(a < 5,a,10*a)
# 大值和最小值查找
a=np.random.random((2,3))
a
np.argmax(a)
np.argmin(a)
```

输出：

```
1
```

方法二：用逻辑表达式查找。

```
a=np.arange(10).reshape((2,5))
(a>3)&(a<8)
```

输出：

```
array([[False,False,False,False,True],
       [True,True,True,False,False]])
```

方法三：零元素查找。

```
a=np.random.randint(0,2,(2,3))
a
#print(a.shape)
#print(a)
```

输出：

```
array([[0,1,0],
       [1,1,0]])
```

任务分析

本次任务中，小张需要掌握以下技能：

（1）NumPy中关于数组的函数，比如insert()、delete()、reshape()，以及where条件。

（2）不同条件下的查找。

（3）代码的调试。

任务效果

在本任务中，小张运用数组增删改查的几种函数，依次对数组进行添加元素、沿不同轴添加元素、删除元素，以及进行数组修改等操作。具体输出效果如图5-7所示。

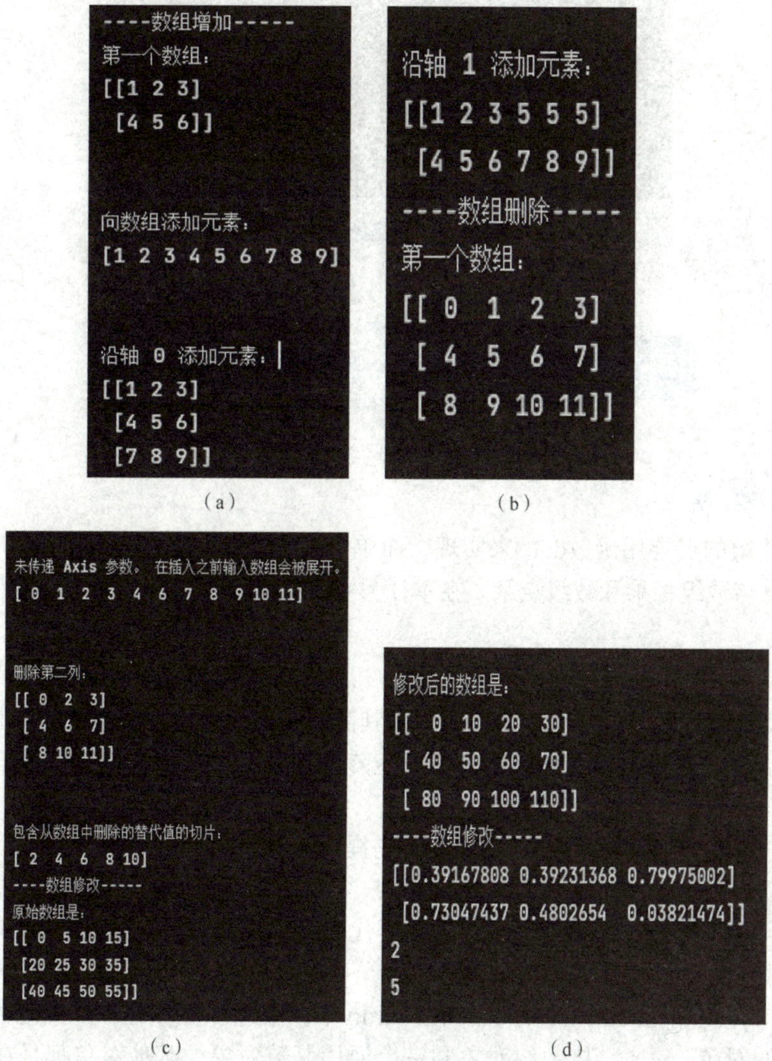

图 5-7　任务实施效果

视 频

数组的增删改查

任务拓展

小张学会了数组的增删改查操作，那么挑战一下，如何在任务实施部分数据结果上再增加一列随机数据？

任务拓展思路：

（1）使用random.randint()函数实现随机数。

（2）使用np.append()函数实现数组增加列。

任务拓展效果如图5-8所示。

视 频

数组添加随机数

```
沿轴 1 添加元素：
[[1 2 3 7]
 [4 5 6 4]]

Process finished with exit code 0
```

图 5-8 任务拓展效果

任务 5.5 NumPy 矩阵的基本操作

任务说明

NumPy中数组的点乘用函数dot()来实现，而单个*则表示的是数组对应元素的乘法。下面小张就来学习数组与数组相乘和数组点乘。在本任务中小张来实现矩阵元素之间的相乘运算。

预备知识

Python是大数据时代的最好编程语言之一，其简单实用而著称，Python是人工智能和机器学习使用较多的语言，而机器学习的模型离不开矩阵的运算，那么如何构建一个矩阵呢？下面来进行研究。

NumPy是一个用于科学计算的Python库，它提供了高效的数据结构和函数，能够用于各种数学计算，包括矩阵运算。对于熟悉Matlab的用户来说，NumPy提供了类似的功能，使得Python能够高效地进行矩阵操作，无须编写显式的循环代码。NumPy 提供了两种主要的数据类型——数组和矩阵，用于处理和操作各种数学计算。

在NumPy中，矩阵是ndarray的子类。在NumPy中，数组和矩阵有着重要的区别。NumPy提供了两个基本的对象：一个*N*维数组对象和一个通用函数对象。其他对象都是在它们之上构建的。矩阵是继承自NumPy数组对象的二维数组对象。与数学概念中的矩阵一样，NumPy中的矩阵也是二维的。使用mat()、matrix()及bmat()函数来创建矩阵。

使用mat()函数创建矩阵时，若输入matrix或ndarray对象，则不会为它们创建副本。因此，调用mat()函数和调用matrix(data,copy=False)等价。

很多时候会根据小的矩阵创建大的矩阵，即将小矩阵组合成大矩阵。在NumPy中，可以使用bmat()分块矩阵(block matrix)函数实现。

在NumPy中，矩阵计算是针对整个矩阵中的每个元素进行的。与使用for循环相比，其在运算速度上更快。

一、数组与矩阵的区别

（1）数组的维度可高于矩阵，NumPy矩阵严格是二维的。

（2）矩阵继承于数组，矩阵是数组的分支，矩阵和数组在很多时候都是通用的，矩阵可用数组中所不能用的函数。

（3）矩阵中的“*”与数组中的不同，矩阵中的是数学意义上的矩阵相乘。

二、矩阵的运算

在NumPy中，矩阵运算是针对整个矩阵中的每个元素进行的。与使用for循环相比，其在运算速度上更快。

（1）矩阵与数相乘：

```
matr1*3
```

（2）矩阵相加减：

```
matr1±matr2
```

（3）矩阵相乘（数学意义上的相乘）：

```
matr1*matr2
```

（4）矩阵对应元素相乘：

```
np.multiply(matr1,matr2)
```

三、创建与组合矩阵

使用mat()函数创建矩阵：

```
matr1=np.mat("1 2 3; 4 5 6; 7 8 9")
```

使用matrix()函数创建矩阵：

```
matr2=np.matrix([[1,2,3],[4,5,6],[7,8,9]])
```

使用bmat()函数合成矩阵：

```
np.bmat("arr1 arr2; arr1 arr2")
```

四、矩阵运算

在NumPy中，矩阵与向量相加时，矩阵的每一行与向量相加，即要求矩阵的列数与向量的维数相等。

```
import numpy as np
x=np.array([[1,2,3],[4,5,6]])
#array([[1,2,3],
#       [4,5,6]])
y=np.array([1,2])
#array([1,2])
z=np.array([1,2,3])
#array([1,2,3])
#x+y 会报错
x+z
```

```
#array([[2,4,6],
#         [5,7,9]])
```

五、点乘

在数学上，向量点乘（np.dot）就是两个向量的对应位相乘后求和，具体方法如图5-9所示，因此向量点乘得到的是标量。

$$\boldsymbol{a}=(a_1,\ a_2,\ \cdots,\ a_n)$$

$$\boldsymbol{b}=(b_1,\ b_2,\ \cdots,\ b_n)$$

$$\boldsymbol{a}\cdot\boldsymbol{b}=a_1b_1+a_2b_2+\cdots+a_nb_n=|\boldsymbol{a}|\,|\boldsymbol{b}|\cos\theta$$

图 5-9　点乘计算

向量点乘的几何意义是两个向量的模之积再乘以二者夹角的余弦值。这意味着，如果两个向量互相垂直，则其点积为零。反过来说，两个不为零的向量的点积等于零，则两个向量垂直。

numpy.dot()函数提供了点乘运算。对于一维数组，NumPy的点乘就是向量点乘，其结果是一个标量。对于多维数组，则需要满足一定条件才能实现点乘，且其结果不再是标量，而是一个多维数组。比如，NumPy的矩阵相乘，就是二维数组的点乘，参与点乘的第一个数组的列数必须等于第二个数组的行数。

（一）一维情况

一维数组点乘相当于向量乘法，计算结果为一个数（标量），注意：等长的一维数组才能进行点乘。

（二）二维情况

二维数组点乘相当于矩阵的点乘乘法（内积），前一个矩阵$\boldsymbol{a}$的列数（即二维数组中的第1维，数组维数从0开始）要和第二个矩阵$\boldsymbol{b}$的行数（二维数组中的第0维）相等。

六、实现矩阵元素之间的相乘运算

（1）element-wise product（元素逐个相乘）是指两个矩阵或数组中对应位置的元素相乘的操作，而不是矩阵的传统乘法。它要求两个矩阵或数组的形状相同，然后对每个位置上的元素进行乘法运算。

在NumPy中，进行element-wise product的方式通常是使用*运算符。

（2）np.multiply(matrix_c,matrix_d)是NumPy中用于计算元素逐个相乘（element-wise product）的函数，它的作用和使用*运算符相同，即将两个矩阵或数组中对应位置的元素逐一相乘。

对于ndarray类型的数组，arrA*arrB确实只会执行element-wise product（元素逐个相乘），即对应位置的元素进行乘法运算。这样做时，要求两个数组arrA和arrB具有相同的形状，否则会引发错误。

任务分析

本次任务中，小张需要掌握以下技能：

（1）矩阵的简单运算。

（2）创建与组合矩阵。
（3）理解一维数组和二维数组的点乘。
（4）实现矩阵元素之间的相乘运算。

任务实施

实施步骤：
打开编辑工具，并输入如下代码：
（1）使用np.mat方法创建简单的矩阵。

```
from numpy import*
a1=array([1,2,3])
# 输出结果如下:
[1,2,3]
a1=mat(a1)
# 输出结果如下
[[1,2,3]]
shape(a1)
# 输出结果如下
(1,3)
```

（2）创建与组合矩阵，这里使用到的是numpy的random模块。

```
import numpy as np
# 创建一个 3×3 的零矩阵，矩阵这里 zeros() 函数的参数是一个 tuple 类型 (3,3)
data1=np.mat(np.zeros((3,3)))
print(data1)
'''
[[0. 0. 0.]
 [0. 0. 0.]
 [0. 0. 0.]]
'''
# 创建一个 2×4 的 1 矩阵，默认是浮点型的数据，如果需要 int，可以使用 dtype=int
data2=np.mat(np.ones((2,4)))
print(data2)
'''
[[1. 1. 1. 1.]
 [1. 1. 1. 1.]]
'''
# 这里使用 numpy 的 random 模块
#random.rand(2,2) 创建的是一个二维数组，但是需要将其转化为 matrix
data3=np.mat(np.random.rand(2,2))
print(data3)
'''
[[0.62002668 0.55292404]
 [0.53018371 0.1548954 ]]
'''
# 生成一个 3×3 的 0~10 之间的随机整数矩阵，如果需要指定下界可以多加一个参数
data4=np.mat(np.random.randint(10,size=(3,3)))
print(data4)
'''
```

```
[[0 4 1]
 [7 9 9]
 [9 0 4]]
'''
# 产生一个 2~8 之间的随机整数矩阵
data5=np.mat(np.random.randint(2,8,size=(2,5)))
print(data5)
'''
[[4 6 3 3 4]
 [4 3 3 3 6]]
'''
# 产生一个 2×2 的对角矩阵
data6=np.mat(np.eye(2,2,dtype=int))
print(data6)
'''
[[1 0]
 [0 1]]
'''
# 生成一个对角线为 1,2,3 的对角矩阵
a1=[1,2,3]
a2=np.mat(np.diag(a1))
print(a2)
```

输出：

```
[[1 0 0]
 [0 2 0]
 [0 0 3]]
```

（3）矩阵的加法运算：

```
import numpy as np
matr1=np.mat("1 2 3;4 5 6;7 8 9")
matr2=matr1*3
matr3=matr2+matr1
print(matr3)
```

输出：

```
[[4  8 12]
 [16 20 24]
 [28 32 36]]
```

（4）矩阵的减法运算：

```
import numpy as np

matr1=np.mat("1 2 3;4 5 6;7 8 9")
matr2=matr1*3

matr4=matr2-matr1
print(matr4)
```

输出：

```
[[2  4  6]
 [8 10 12]
 [14 16 18]]
```

（5）矩阵的乘法运算：

```
import numpy as np

a1=np.array([[1,2,3],[4,5,6]])          #a1 为 2×3 矩阵
a2=np.array([[1,2],[3,4],[5,6]])        #a2 为 3×2 矩阵

print(a1.shape[1]==a2.shape[0])         #True，满足矩阵乘法条件
print(a1.dot(a2))
#a1.dot(a2) 相当于 matlab 中的 a1*a2
# 而 python 中的 a1*a2 相当于 matlab 中的 a1.*a2
```

输出：

```
True
[[22 28]
 [49 64]]
```

（6）矩阵除法运算：

```
import numpy as np
a=np.array([4,2,3])
b=np.array([2,5,7])
c=a/b
print(" 除 %s"%c)
```

输出：

```
除 [2.  0.4   0.42857143]
```

（7）比较数组相乘与数组点乘。首先对数组进行相乘运算：

```
# 数组与数组相乘（*）
import numpy as np
a=np.array([1,2,3])
b=np.array([4,5,6])
print(a*b)
#array([4,10,18])
```

对于多维数组，数组与数组相乘的规则也是一样：

```
a=np.arange(6).reshape((2,3))
b=np.arange(6,12).reshape((2,3))
print(a)
#array([[0,1,2],[3,4,5]])
print(b)
#array([[6,7,8],[9,10,11]])
```

```
print(a*b)
#array([[0,7,16],[27,40,55]])
```

即使两个数组的shape不一样，只要满足特定条件，同样可以用星号相乘，且满足交换律：

```
a=np.arange(6).reshape((2,3))
b=np.array([1,2,3])
print(a)
#array([[0,1,2],[3,4,5]])
print(b)
#array([1,2,3])
print(a*b)
#array([[0,2,6],[3,8,15]])
print(b*a)
#array([[0,2,6],[3,8,15]])
```

再对数组进行点乘运算：

```
# 一维情况：
a=np.array([1,2,3])
b=np.array([1,2,3])
print(a.dot(b))
```

输出：

```
14
```

任务效果

根据任务实施的步骤，综合进行了创建矩阵、组合矩阵，并对矩阵进行加法、减法、乘法、除法的基本运算，最后比较了数组相乘与点乘的区别，具体实施输出结果如图5-9所示。

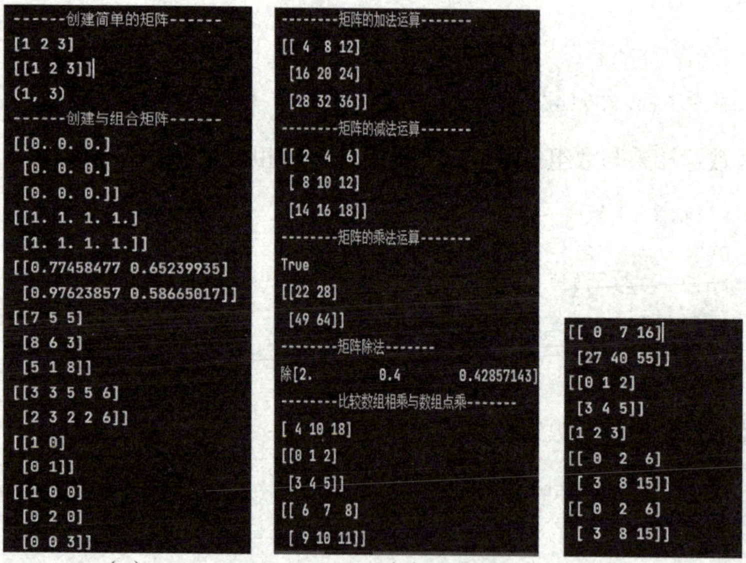

（a） （b） （c）

图 5-9　任务实施效果

视 频

NumPy矩阵

任务拓展

小张已经学会了矩阵的基本操作，接下来小张要实现[[1,2,3],[4,5,6],[7,8,9]]矩阵和[[2,3,4],[5,6,7],[8,9,10]]矩阵的加减乘除。

任务拓展思路：

（1）注意矩阵的乘法和除法对行和列数的要求。

（2）复习矩阵的基本操作。

任务拓展效果如图5-10所示。

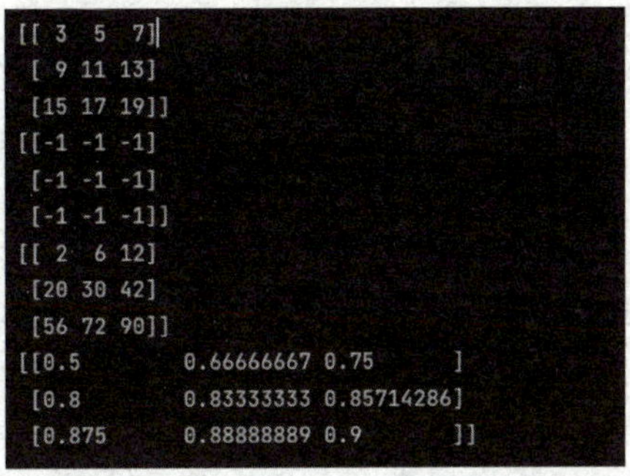

```
[[ 3  5  7]
 [ 9 11 13]
 [15 17 19]]
[[-1 -1 -1]
 [-1 -1 -1]
 [-1 -1 -1]]
[[ 2  6 12]
 [20 30 42]
 [56 72 90]]
[[0.5        0.66666667 0.75      ]
 [0.8        0.83333333 0.85714286]
 [0.875      0.88888889 0.9       ]]
```

图 5-10　运行结果

视频　矩阵的运算

任务 5.6　修改矩阵并进行乘法运算

任务说明

在NumPy中，矩阵乘法主要分为两种情形，分别使用NumPy的array对象和NumPy的matrix对象。NumPy通过重载*操作符，实现了对array和matrix对象的乘法运算支持，但在不同对象上，该操作符所代表的乘法意义有所不同。在本任务中，小张将学习如何对矩阵进行修改，并进一步进行乘法运算。

预备知识

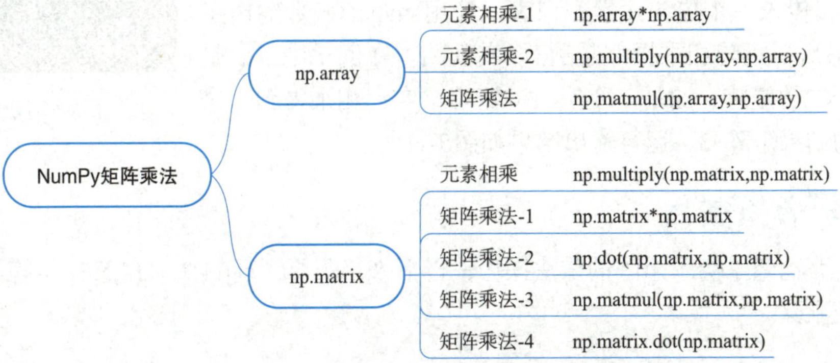

任务分析

本次任务中，需要掌握以下技能：

（1）array对象的乘法。

（2）matrix对象的乘法。

任务实施

实施步骤：打开编辑工具，并输入如下代码：

```
from numpy import*
# 创建一个包含元素 1,2,3 的数组 a1
a1=array([1,2,3])
print(a1)                                   # 输出：[1 2 3]
# 将数组 a1 转换为矩阵
a1=mat(a1)
# 创建一个包含元素 1,2,3 的矩阵 a1
a1=matrix([[1,2,3]])
# 输出矩阵 a1 的形状
print(shape(a1))                            # 输出：(1,3)
# 创建一个包含元素 1,2,3 的矩阵 b
b=matrix([1,2,3])
# 输出矩阵 b 的形状
print(shape(b))                             # 输出：(1,3)
# 创建两个矩阵 a1 和 a2
a1=mat([1,2])
a2=mat([[1],[2]])
# 将矩阵 a1 与矩阵 a2 相乘
a3=a1*a2
# 输出结果
print(a3)                                   # 输出：[[5]]
```

任务效果

在任务实施中，首先使用NumPy库创建数组和矩阵，并将数组转换为矩阵的方式，这里使用的是mat()函数。创建矩阵时，使用matrix()函数，传入一个包含元素的列表，使用shape()函数输出矩阵的形状。最后，矩阵相乘操作是通过*实现的。在例子中，a1是一个1×2的矩阵，a2是一个2×1的矩阵，它们相乘得到一个1×1的结果矩阵a3。运行输出结果如图5-11所示。

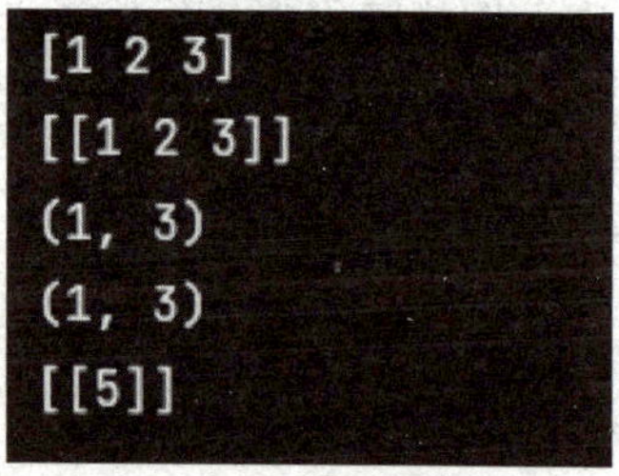

图 5-11　任务实施效果

视频

矩阵的修改与乘法运算

任务拓展

小张已经学会了矩阵的乘法操作，接下来小张要实现[[1,2,3],[4,5,6]]矩阵和[2,3,4]矩阵的加减乘除。

任务拓展思路：

（1）注意矩阵的乘法和除法对行和列数的要求。

（2）复习矩阵的基本操作。

任务拓展效果如图5-12所示。

```
[[ 2  6 12]
 [ 8 15 24]]

Process finished with exit code 0
```

图 5-12　运行结果

视　频

矩阵的加减乘除

任务 5.7　矩阵转置及求逆

任务说明

在矩阵操作中，经常需要对矩阵进行转置，或者需要交换矩阵的轴，在本任务中，跟随小张一起使用NumPy完成矩阵轴数据交换，以T属性实现矩阵转置为例，并完成对矩阵的求逆操作。

预备知识

一、T 转置适用范围

T转置，适用于一维、二维矩阵。T转置会交换矩阵的行和列，即将矩阵的形状从(m,n)变为(n,m)。

二、NumPy 中求矩阵的逆与伪逆的使用命令

矩阵的逆运算是指对于一个矩阵$\boldsymbol{A}$，存在一个矩阵$\boldsymbol{B}$，使得矩阵$\boldsymbol{A}$与矩阵$\boldsymbol{B}$的乘积等于单位矩阵$\boldsymbol{I}$，即$\boldsymbol{AB}=\boldsymbol{BA}=\boldsymbol{I}$。只有非奇异矩阵才有逆矩阵。

NumPy中求矩阵的逆：numpy.linalg.inv()。

NumPy中求矩阵的伪逆：numpy.linalg.pinv()。

任务分析

本次任务中，小张需要掌握以下技能：

（1）理解Numpy的matrix和ndarray。

（2）能熟练对矩阵进行转置。

（3）理解T属性。

（4）使用I属性对矩阵求逆。

任务实施

实施步骤：

（1）使用arr.T方法对矩阵进行转置。

```
import numpy as np
arr=np.arange(20).reshape(4,5)                # 生成一个 4 行 5 列的数组
arr=arr.T
print(arr)
```

输出：

```
[[ 0 1 2 3 4]
 [ 5 6 7 8 9]
 [10 11 12 13 14]
 [15 16 17 18 19]]
```

（2）初始化一个非奇异矩阵，再使用矩阵对象的I属性对矩阵求逆。

```
import numpy as np
# 初始化一个非奇异矩阵（数组）
a=np.array([[1,2],[3,4]])
# 使用 np.linalg.inv() 函数求矩阵的逆
inverse_a=np.linalg.inv(a)
print(inverse_a)
# 使用矩阵对象的 I 属性更方便地求逆
A=np.matrix(a)
inverse_A=A.I
print(inverse_A)
```

输出：

```
[[-2.  1.]
 [1.5 -0.5]]
[[-2.  1.]
 [1.5 -0.5]]
```

（3）矩阵求伪逆。

```
import numpy as np
# 定义一个奇异阵 A
A=np.zeros((4,4))
A[0,-1]=1
A[-1,0]=-1
A=np.matrix(A)
print(A)
#print(A.I) 将报错，矩阵 A 为奇异矩阵，不可逆
print(np.linalg.pinv(A))               # 求矩阵 A 的伪逆（广义逆矩阵），对应于 MATLAB
                                         中 pinv() 函数
```

输出：

```
[[ 0.  0.  0.  1.]
 [ 0.  0.  0.  0.]
 [ 0.  0.  0.  0.]
 [-1.  0.  0.  0.]]
[[ 0.  0.  0.  -1.]
 [ 0.  0.  0.  0.]
 [ 0.  0.  0.  0.]
 [ 1.  0.  0.  0.]]
```

任务效果

通过上述任务，小张成功计算了逆矩阵和伪逆矩阵。首先，使用np.linalg.inv函数用于计算矩阵的逆。在这个例子中，矩阵a的逆被存储在inverse_a中。

如果将数组转换为矩阵对象（np.matrix），也可以使用矩阵对象的.I属性来求逆，这使得语法更加简洁。

接下来，通过np.zeros((4,4))创建一个4×4的零矩阵。修改矩阵A的某些元素，使其成为一个奇异矩阵。使用np.linalg.pinv(A)计算矩阵A的伪逆。具体输出结果如图5-13所示。

任务拓展

小张已经实现了2×2的矩阵求逆，请跟着小张来实现[[1,1,1],[1,2,3],[1,3,6]]的矩阵求逆吧。

任务拓展思路：

复习如何用np.array()的方式生成二维数组。

任务拓展效果如图5-14所示。

```
[[-2.   1. ]
 [ 1.5 -0.5]]
[[-2.   1. ]
 [ 1.5 -0.5]]
[[ 0.  0.  0.  1.]
 [ 0.  0.  0.  0.]
 [ 0.  0.  0.  0.]
 [-1.  0.  0.  0.]]
[[ 0.  0.  0. -1.]
 [ 0.  0.  0.  0.]
 [ 0.  0.  0.  0.]
 [ 1.  0.  0.  0.]]
```

图 5-13　任务实施效果

```
[[[1 1 1]
  [1 2 3]
  [1 3 6]]]
[[ 3. -3.  1.]
 [-3.  5. -2.]
 [ 1. -2.  1.]]
```

图 5-14　运行结果

视频

矩阵的求逆

任务 5.8　NumPy 常用数学函数

任务说明

在本任务中，小张将学习并使用NumPy中常用数学函数。

预备知识

NumPy常用的统计函数有求最大值和最小值、求和与平均值，计算百分位数、中位数、标准差和方差等。

数组的“+”“-”“*”“/”运算，当且仅当数组的行数和列数相同时（即数组的shape完全一样时）才可以进行，进行“+”“-”“*”“/”操作即将对应位置的数字进行“+”“-”“*”“/”运算，不存在任何的矩阵操作行为。若数组中的元素类型不同，即在进行浮点数和整数的加减乘除时，结果将自动转化为浮点数类型。NumPy库为Python中的数组运算提供了很多便捷。

在数据处理的时候常常会用到四舍五入，有时候需要精确到十分位，有时候需要精确到十位，这时候可以用round(number,decimal='?')来实现，decimal就是控制小数点移动的位数，左“-”右“+”。

一、numpy.reciprocal() 函数

numpy.reciprocal()函数返回参数逐元素的倒数。由于Python处理整数除法的方式，对于绝对值大于1的整数元素，结果始终为0，对于整数0，则发出溢出警告。

二、np.power() 函数

```
power(x1,x2,/,out=None,*,where=True,casting='same_kind',order='K',dtype=None,
subok=True[,signature,extobj])
```

幂运算（指数运算），对x1中的元素进行x2中元素次幂的计算。

- x1:array_like：底数。
- x2:array_like：指数。

三、地板取余

地板取余即做地板除之后得到的余数：

```
numpy.remainder()
numpy.mod()
```

也可以使用取余运算符号“%”。

四、截断余数

截断余数即做截断除之后得到的余数：

```
numpy.fmod()
```

五、numpy.around() 函数

numpy.around()函数返回四舍五入后的值，可指定精度。

函数原型：

```
around(a,decimals=0,out=None)
```

参数说明：

- a为输入数组。
- decimals为要舍入的小数位数，默认值为0。如果为负，整数将四舍五入到小数点左侧的位置。

六、numpy.ceil() 函数

np.ceil()函数返回输入值的上限，即对于输入x，返回最小的整数i，使得i≥x。

七、numpy.floor() 函数

numpy.floor()函数返回不大于输入参数的最大整数。

注意：在Python中，向下取整总是从0舍入。

任务分析

本次任务中，小张需要掌握以下技能：

（1）数组的基本运算。

（2）对数组取整。

（3）调试代码。

任务实施

实施步骤：

（1）使用np.reciprocal()函数计算数组元素的倒数。

```
import numpy as np
a=np.array([0.25,1.33,1,100])
print('小张的数组是：')
print(a)
print('\n')
print('调用 reciprocal 函数：')
print(np.reciprocal(a))
```

输出：

```
小张的数组是：
[0.25   1.33   1.  100.]
调用 reciprocal 函数：
[4.   0.7518797 1.    0.01]
```

（2）使用np.power()函数实现数组元素的幂运算。

```
import numpy as np
result=np.power([-2,-1,0,1,2],3)
print(result)                                  #[-8 -1   0  1  8]
result=np.power([-2,-1,0,1,2],[3,3,3,3,3])
print(result)                                  #[-8 -1   0  1  8]
result=np.power([-2,-1,0,1,2],[0,1,2,3,4])
print(result)                                  #[1 -1   0  1 16]
```

```
result=np.power([-2,-1,0,1,2],np.array([[0,1,2,3,4],[0,0,0,0,0]]))
print(result)
```

输出：

```
"""
[[1 -1  0  1 16]
 [1  1  1  1  1]]
"""
```

（3）对数组元素取余。

```
import numpy as np
a=np.array([5,5,-5,-5])
b=np.array([2,-2,2,-2])
print(a,b)
# 地板取余
c1=np.remainder(a,b)
c2=np.mod(a,b)
c3=a % b
print("------------------- 地板取余 --------------------")
print(c1,c2,c3)
# 截断取余
d=np.fmod(a,b)
print("------------------- 截断取余 --------------------")
print(d)
```

输出：

```
[5  5 -5 -5][2 -2  2 -2]
------------------- 地板取余 --------------------
[1 -1  1 -1][1 -1  1 -1][1 -1  1 -1]
------------------- 截断取余 --------------------
[1  1 -1 -1]
```

（4）将数组中的一组数字进行四舍五入。

```
import numpy as np
n=np.array([-0.746,4.6,9.4,7.447,10.455,11.555])
around1=np.around(n)
print(around1)                          #[-1. 5. 9. 7. 10. 12.]
around2=np.around(n,decimals=1)
print(around2)                          #[-0.7  4.6  9.4  7.4  10.5  11.6]
around3=np.around(n,decimals=-1)
print(around3)                          #[-0. 0. 10. 10. 10. 10.]
```

输出部分如下：

```
[-1. 5. 9. 7. 10. 12.]
[-0.7 4.6 9.4 7.4 10.5 11.6]
[-0. 0. 10. 10. 10. 10.]
```

（5）对数组元素进行向上取整。

```
import numpy as np
```

```
n=np.array([-1.7,-2.5,-0.2,0.6,1.2,2.7,11])
ceil=np.ceil(n)
print(ceil)                                    #[-1.-2.-0. 1. 2. 3. 11.]
```

输出：

```
[-1. 5. 9. 7. 10. 12.]
[-0.7  4.6  9.4  7.4 10.5 11.6]
[-0. 0. 10. 10. 10. 10.]
```

（6）对数组元素进行向下取整。

```
import numpy as np
n=np.array([-1.7,-2.5,-0.2,0.6,1.2,2.7,11])
floor=np.floor(n)
print(floor)
```

输出：

```
[-2.-3.-1. 0. 1. 2. 11.]
```

任务效果

总结实施步骤中的代码，主要实现的是NumPy库中的数学操作：使用np.reciprocal函数计算了数组中每个元素的倒数。利用np.power函数对数组进行了不同形式的指数运算。使用np.remainder、np.mod、%进行地板取余操作。使用np.fmod进行截断取余操作。使用np.around()函数，对数组中的元素进行四舍五入。使用np.ceil和np.floor函数将数组中的元素分别向上和向下取整。具体输出效果如图5-15所示。

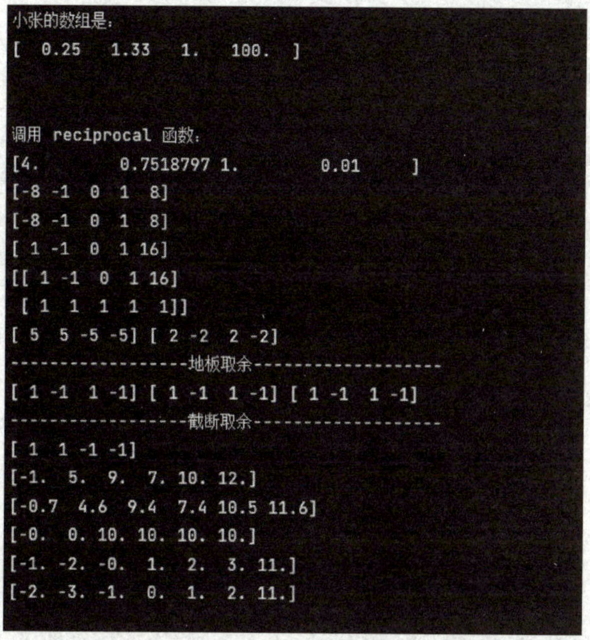

图 5-15 运行效果

视频

矩阵的修改与求逆

任务拓展

小张已经学会了NumPy中常用的数学函数，请同学们用NumPy的gradient函数来计算梯度吧。

任务拓展思路：

（1）学习梯度函数。

（2）学习NumPy的gradient()函数相关用法。

任务拓展效果如图5-16所示。

```
[[2 7 0]
 [1 5 5]]
[array([[-1., -2.,  5.],
       [-1., -2.,  5.]]), array([[ 5., -1., -7.],
       [ 4.,  2.,  0.]])]
[array([[-0.5, -1. ,  2.5],
       [-0.5, -1. ,  2.5]]), array([[ 2.5, -0.5, -3.5],
       [ 2. ,  1. ,  0. ]])]
[array([[-0.5, -1. ,  2.5],
       [-0.5, -1. ,  2.5]]), array([[ 2.5, -0.5, -3.5],
       [ 2. ,  1. ,  0. ]])]
[5.  1.  0.  2.5 5.5]
[3.  1.  0.  2.5 4. ]
```

图5-16　运行效果

视频

逆矩阵

延伸阅读：科学计算工具的创新与发展

在科学计算领域，NumPy作为基础工具支撑着众多前沿研究的突破。2022年，清华大学计算机系团队基于NumPy开发了“计图”（Jittor）深度学习框架，创新性地实现了动态编译优化技术。通过改进数组内存管理机制，该框架在分子动力学模拟中将计算效率提升了35%，为新材料研发提供了有力工具。这项成果入选国家“十四五”重点研发计划，展现了我国科研人员“十年磨一剑”的工匠精神。

中国科学院计算技术研究所在气候模拟领域取得了重要进展。科研人员利用NumPy的矢量化运算特性，结合国产神威超算系统，构建了高分辨率气候模型。该模型将全球气候网格精度提升至10 km级别，为极端天气预测提供了更可靠的数据支持。项目负责人指出：“科学计算工具的每一次优化，都可能带来研究范式的革新。”

阅读思考：在优化科学计算效率时，如何平衡“精益求精”的工匠精神与“服务国家”的战略需求？

习题

一、选择题

1. NumPy数组的属性包括（　　）。

A. 形状　B. 大小　C. 数据类型　D. 所有选项都正确

2. 如何在NumPy中创建一个全零的数组？(　　)

A. np.zeros()　B. np.ones()　C. np.empty()　D. np.full()

3. 数组切片的结果是（　　）。

A. 新的数组　B. 原始数组　C. 切片对象　D. 所有选项都可能

4. 矩阵的转置操作是通过（　　）函数。

A. np.transpose()　B. np.flip()　C. np.swapaxes()　D. 所有选项都正确

5. 在NumPy中，数据类型的转换使用（　　）函数。

A. np.typecast()　B. np.converttype()　C. np.astype()　D. np.transform()

6. 如何在NumPy中创建一个单位矩阵？(　　)

A. np.eye()　B. np.ones()　C. np.zeros()　D. np.identity()

7. 如何在NumPy中进行垂直堆叠两个数组？(　　)

A. np.concatenate(axis=0)　B. np.vstack()

C. np.hstack()　D. np.stack(axis=1)

8. 矩阵的逆可以通过（　　）函数获得。

A. np.inverse()　B. np.inv()

C. np.linalg.inverse()　D. np.linalg.inv()

9. 如何获取数组中的最大值和最小值？(　　)

A. np.max(),np.min()　B. np.maximum(),np.minimum()

C. np.large(),np.small()　D. np.maxval(),np.minval()

10. （　　）函数用于计算数组元素的平方根。

A. np.sqrt()　B. np.square_root()　C. np.power(0.5)　D. np.square(2)

11. 在NumPy中，如何查找数组中非零元素的索引？(　　)

A. np.find_nonzero()　B. np.nonzero()

C. np.where_nonzero()　D. np.index_nonzero()

12. 如何使用NumPy创建一个等差数列，从10开始，步长为2，共5个元素？(　　)

A. np.arange(10,20,2)　B. np.linspace(10,20,5)

C. np.linspace(10,20,2)　D. np.arange(10,20,5)

13. 如何对数组进行四舍五入，保留一位小数？(　　)

A. np.round(array,1)　B. np.around(array,1)

C. np.format(array,'.1f')　D. np.decimal(array,1)

14. 如何在数组中查找满足条件的元素的索引？(　　)

A. np.where()　B. np.locate()　C. np.find()　D. np.index()

15. 如果arr是一个一维数组，如何将其转换为二维数组？其列数为3。(　　)

A. arr.reshape(3,-1)　B. arr.reshape(-1,3)　C. arr.reshape(3)　D. arr.reshape(1,3)

16. 如何计算数组元素的累积和？(　　)

A. np.cumsum()　B. np.sumcum()　C. np.running_sum()　D. np.accumulate()

17. 如何在NumPy中对数组进行水平堆叠？(　　)

A. np.concatenate(axis=0)　　B. np.vstack()

C. np.hstack()　　D. np.stack(axis=1)

18. 如何对数组进行反转（逆序排列）?（　　）

A. np.invert()　　B. np.reverse()　　C. np.flip()　　D. np.transpose()

19. 如何获取数组中满足条件的元素的数量?（　　）

A. np.count()　　B. np.sum()　　C. np.size()　　D. np.count_nonzero()

20. 在NumPy中，如何对数组中的每个元素应用函数func(x)=x*2？（　　）

A. np.apply(func,array)　　B. np.map(func,array)

C. np.vectorize(func)(array)　　D. func(array)

二、填空题

1. 创建一个包含整数的NumPy数组的基础函数是__________。
2. NumPy数组的形状可以通过__________属性查看。
3. 数组切片使用__________进行操作。
4. 在NumPy中，矩阵的乘法可以使用__________函数实现。
5. NumPy中表示复数的数据类型是__________。
6. 如何将数组[1,2,3,4]在位置2插入值99？__________。
7. 如何计算数组中大于5的元素的数量?__________。
8. 如何在数组[1,2,3,4]的末尾添加值5？__________。
9. 如何将数组中的所有元素的数据类型转换为整数类型?__________。
10. 如何将数组中所有小于10的值替换为零，大于等于10的值替换为1？__________。

三、操作题

1. 数组创建与运算。使用NumPy创建两个一维数组a和b，分别包含元素[1,2,3]和[4,5,6]。对这两个数组进行加法和乘法运算，分别输出结果。

2. 数组拼接与切片。创建两个二维数组arr1和arr2，分别为:

```
arr1=[[1,2],
      [3,4]]
arr2=[[5,6]]。
```

使用NumPy中的函数将这两个数组在垂直方向拼接成一个新的数组arr3。然后，从arr3中切片出第二列的元素，并输出结果。

3. 矩阵乘法与逆矩阵。创建两个二维数组***A***和***B***，分别为:

```
A=[[1,2],
   [3,4]]
B=[[5,6],
   [7,8]]
```

使用NumPy中的函数计算矩阵乘法，得到矩阵***C***。然后，计算矩阵***A***的逆矩阵，并输出结果。

单元 6 Pandas 数据分析库

导读

大数据时代，通过数据分析可将重点部分提炼出来，从而给企业提供决策信息。在数据分析过程中，缺失数据是大部分数据分析应用中常见的问题。在处理缺失数据的过程中，需要检查缺失值，清理或者填充缺失值以及处理缺失的值。

人工智能算法工程师小张选择Pandas库对数据进行分析。Pandas库是一个免费、开源的第三方Python库，是Python数据分析必不可少的工具之一，它为Python数据分析提供了高性能、易于使用的数据结构。Pandas自诞生后就被应用于众多的领域，比如金融、统计学、社会科学、建筑工程等。

Pandas库基于Python NumPy库开发而来，因此，它可以与Python的科学计算库配合使用。Pandas提供了两种数据结构，分别是Series（一维数组结构）与DataFrame（二维数组结构），这两种数据结构极大地增强了Pandas的数据分析能力。在本单元中，小张将带领我们一起学习Pandas的基础知识及Pandas的相关方法、特性以及如何在实践中运用它们。

单元思维导图

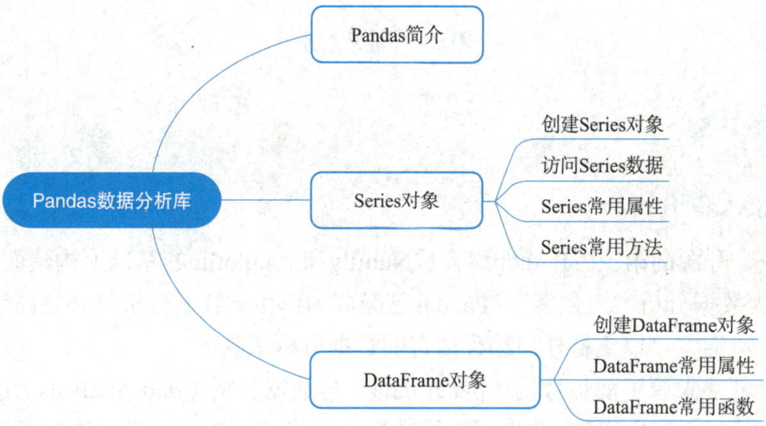

知识目标

- 掌握Pandas中一维数组结构Series。
- 掌握Pandas中二维数组结构DataFrame。

能力目标

- 使用Pandas函数和方法来操作Series和DataFrame对象。
- 熟练使用Pandas的索引、切片、聚合和变形等功能。
- 熟练掌握数据分析和统计学方法，如数据的聚合、排序、分组、拆分等。

素质目标

- 培养严谨求实的数据处理态度，在数据清洗和分析过程中秉持科学精神，确保数据真实可靠，为决策提供客观依据。
- 树立数据安全意识，在数据处理过程中严格遵守《中华人民共和国数据安全法》和《中华人民共和国个人信息保护法》，保护数据隐私和安全。

任务 6.1 为成绩表添加一列“物理”成绩

任务说明

在图6-1的成绩中包含了Series对象和DataFrame对象，其中语文、数学和英语每一列都是一个Series对象，而语文、数学和英语三列组成了一个DataFrame对象。在本任务中小张要在本成绩表中添加一列物理成绩，效果如图6-1所示。

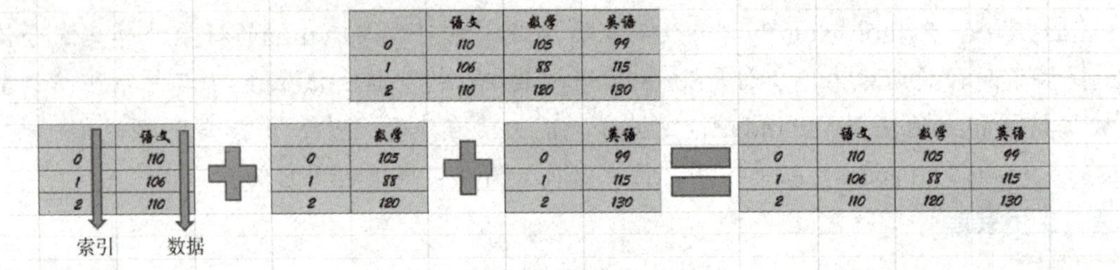

图 6-1　成绩对象

预备知识

一、Pandas 简介

Pandas是一个开源的第三方Python库，从NumPy和Matplotlib的基础上构建而来，与NumPy、Matplotlib合称为数据分析“三剑客”。Pandas已经成为Python数据分析的必备高级工具，它的目标是成为强大、灵活、可以支持任何编程语言的数据分析工具。

Pandas这个名字来源于面板数据（panel data）与数据分析（data analysis）这两个名词的组合。在经济学中，panel data是一个关于多维数据集的术语。Pandas最初被应用于金融量化交易领域，现在它的应用领域更加广泛，涵盖了农业、工业、交通等许多行业。

Pandas最初由Wes McKinney（韦斯·麦金尼）于2008年开发，并于2009年实现开源。目前，Pandas由PyData团队进行日常的开发和维护工作。截至2024年12月23日，Pandas的最新版本是2.2.0。

在Pandas没有出现之前，Python在数据分析任务中主要承担着数据采集和数据预处理的工作，但是这对数据分析的支持十分有限，并不能突出Python简单、易上手的特点。Pandas的出现使得Python数据分析的能力得到了大幅度提升，它主要实现了数据分析的五个重要环节：

- 加载数据。
- 整理数据。
- 操作数据。
- 构建数据模型。
- 分析数据。

二、Pandas 的主要特点

Pandas主要包括以下几个特点：

（1）它提供了一个简单、高效、带有默认标签（也可以自定义标签）的DataFrame对象。

（2）能够快速从不同格式的文件中加载数据（比如Excel、CSV 、SQL文件），然后将其转换为可处理的对象。

（3）能够按数据的行、列标签进行分组，并对分组后的对象执行聚合和转换操作。

（4）能够很方便地实现数据归一化操作和缺失值处理。

（5）能够很方便地对DataFrame的数据列进行增加、修改或者删除操作。

（6）能够处理不同格式的数据集，比如矩阵数据、异构数据表、时间序列等。

（7）提供了多种处理数据集的方式，比如构建子集、切片、过滤、分组以及重新排序等。

三、Pandas 主要优势

与其他语言的数据分析包相比，Pandas具有以下优势：

（1）Pandas的DataFrame和Series构建了适用于数据分析的存储结构。

（2）Pandas简洁的API能够让用户专注于代码的核心层面。

（3）Pandas实现了与其他库的集成，比如Scipy、scikit-learn和Matplotlib。

（4）Pandas官方网站提供了完善资料支持，及其良好的社区环境。

四、Pandas 内置数据结构

构建和处理二维、多维数组是一项复杂的任务。Pandas为解决这一问题，在ndarray数组（NumPy中的数组）的基础上构建出了两种不同的数据结构，分别是Series（一维数据结构）和DataFrame（二维数据结构）：

（1）Series是带标签的一维数组，这里的标签可以理解为索引，但这个索引并不局限于整数，也可以是字符类型，比如a、b、c等。

（2）DataFrame是一种表格型数据结构，既有行标签，又有列标签。

（一）Series 对象

Series结构，也称Series序列，是Pandas常用的数据结构之一，它是一种类似于一维数组的结构，由一组数据值（value）和一组标签组成，其中标签与数据值之间是一一对应的关系。

Series可以保存任何数据类型，如整数、字符串、浮点数、Python对象等，它的标签默认为整数，从0开始依次递增。Series对象的结构图如图6-2所示。

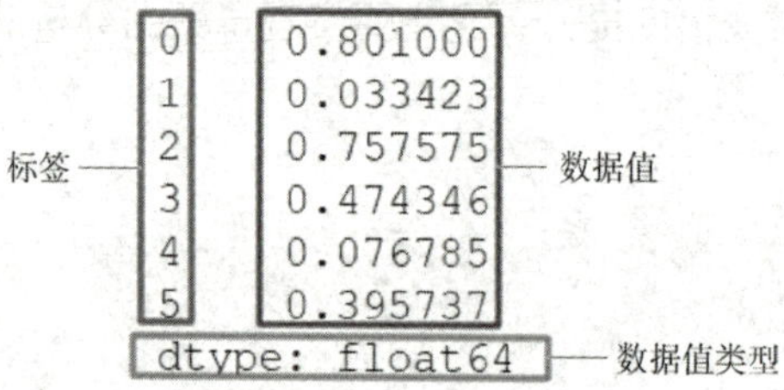

图 6-2　Series 对象的结构

通过标签可以更加直观地查看数据所在的索引位置。

（二）创建 Series 对象

Pandas使用Series函数来创建Series对象，通过这个对象可以调用相应的方法和属性，从而达到处理数据的目的：

```
import pandas as pd
s=pd.Series( data,index,dtype,copy)
```

Series()函数的参数说明见表6-1。

表 6-1　Series 参数

参数名称	描　述
data	输入的数据，可以是列表、常量、ndarray数组等
index	索引值必须是唯一的，如果没有传递索引，则默认为np.arrange(n)
dtype	dtype表示数据类型，如果没有提供，则会自动判断得出
copy	表示对data进行复制，默认为False

也可以使用数组、字典、标量值或者Python对象来创建Series对象。下面展示了创建Series对象的不同方法。

1. 创建一个空 Series 对象

使用以下方法可以创建一个空的Series对象，代码如下：

```
import pandas as pd
# 输出数据为空
s=pd.Series()
print(s)
```

输出结果如下：

```
Series([],dtype:float64)
```

2. ndarray 创建 Series 对象

ndarray是NumPy中的数组类型，当data是ndarray时，传递的索引必须具有与数组相同的长度。假如没有给index参数传参，在默认情况下，索引值将使用range(n)生成，其中n代表数组长度，代码如下：

```
[0,1,2,3…. range(len(array))-1]
```

使用默认索引，创建Series序列对象：

```
import pandas as pd
import numpy as np
data=np.array(['a','b','c','d'])
s=pd.Series(data)
print(s)
```

输出结果如下：

```
0   a
1   b
2   c
3   d
dtype:object
```

上述示例中没有传递任何索引，所以索引默认从0开始分配，其索引范围为0到len(data)-1，即0到3。这种设置方式被称为“隐式索引”。

除了上述方法外，也可以使用“显式索引”的方法定义索引标签，示例如下：

```
import pandas as pd
import numpy as np
data=np.array(['a','b','c','d'])
# 自定义索引标签（即显示索引）
s=pd.Series(data,index=[100,101,102,103])
print(s)
```

输出结果：

```
100   a
101   b
102   c
103   d
dtype:object
```

3. dict 创建 Series 对象

可以把dict作为输入数据。如果没有传入索引时会按照字典的键来构造索引；反之，当传递了索引时需要将索引标签与字典中的值一一对应。

下面两组示例分别对上述两种情况做了演示。

示例1，没有传递索引时：

```
import pandas as pd
import numpy as np
data={'a':0.,'b':1.,'c':2.}
s=pd.Series(data)
print(s)
```

输出结果：

```
a 0.0
b 1.0
c 2.0
dtype:float64
```

示例2，为index参数传递索引时：

```
import pandas as pd
import numpy as np
data={'a':0.,'b':1.,'c':2.}
s=pd.Series(data,index=['b','c','d','a'])
print(s)
```

输出结果：

```
b 1.0
c 2.0
d NaN
a 0.0
dtype:float64
```

当传递的索引值无法找到与其对应的值时，使用NaN（非数字）填充。

4. 标量创建 Series 对象

如果data是标量值，则必须提供索引，代码如下：

```
import pandas as pd
import numpy as np
s=pd.Series(5,index=[0,1,2,3])
print(s)
```

输出如下：

```
0  5
1  5
2  5
3  5
dtype:int64
```

标量值按照index的数量进行重复，并与其一一对应。

（三）访问 Series 数据

前面介绍了创建Series对象的多种方式，那么应该如何访问Series序列中元素呢？分为两种方式：一种是位置索引访问；另一种是索引标签访问。

1. 位置索引访问

这种访问方式与ndarray和list相同，使用元素下标进行访问。我们知道数组的索引计数从0开始，这表示第一个元素存储在第0个索引位置上，以此类推，就可以获得Series序列中的每个元素。下面看一组简单的示例：

```
import pandas as pd
s=pd.Series([1,2,3,4,5],index=['a','b','c','d','e'])
print(s[0])                                    # 位置下标
print(s['a'])                                  # 标签下标
```

输出结果：

```
1
1
```

通过切片的方式访问Series序列中的数据，示例如下：

```
import pandas as pd
s=pd.Series([1,2,3,4,5],index=['a','b','c','d','e'])
print(s[:3])
```

输出结果：

```
a   1
b   2
c   3
dtype:int64
```

如果想要获取最后三个元素，也可以使用下面的方式：

```
import pandas as pd
s=pd.Series([1,2,3,4,5],index=['a','b','c','d','e'])
print(s[-3:])
```

输出结果：

```
c   3
d   4
e   5
dtype:int64
```

2. 索引标签访问

Series类似于固定大小的dict，把index中的索引标签当作key，而把Series序列中的元素值当作value，然后通过index索引标签来访问或者修改元素值。

示例1，使用索引标签访问单个元素值：

```
import pandas as pd
s=pd.Series([6,7,8,9,10],index=['a','b','c','d','e'])
print(s['a'])
```

输出结果：

```
6
```

示例2，使用索引标签访问多个元素值：

```
import pandas as pd
s=pd.Series([6,7,8,9,10],index=['a','b','c','d','e'])
```

```
print(s[['a','c','d']])
```

输出结果：

```
a   6
c   8
d   9
dtype:int64
```

示例3，如果使用了index中不包含的标签，则会触发异常：

```
import pandas as pd
s=pd.Series([6,7,8,9,10],index=['a','b','c','d','e'])
#不包含f值
print(s['f'])
```

输出结果：

```
......
KeyError:'f'
```

（四）Series 常用属性

下面介绍Series的常用属性和方法，见表6-2。

表 6-2　Series 常用属性和方法

名　称	属　性
axes	以列表的形式返回所有行索引标签
dtype	返回对象的数据类型
empty	返回一个空的Series对象
ndim	返回输入数据的维数
size	返回输入数据的元素数量
values	以ndarray的形式返回Series对象
index	返回一个RangeIndex对象，用来描述索引的取值范围

现在创建一个Series对象，并演示如何使用上述表格中的属性，如下所示：

```
import pandas as pd
import numpy as np
s=pd.Series(np.random.randn(5))
print(s)
```

输出结果：

```
0   0.898097
1   0.730210
2   2.307401
3  -1.723065
4   0.346728
dtype:float64
```

上述示例的行索引标签是[0,1,2,3,4]。

1. axes 属性

```
import pandas as pd
import numpy as np
s=pd.Series(np.random.randn(5))
print("The axes are:")
print(s.axes)
```

输出结果：

```
The axes are:
[RangeIndex(start=0,stop=5,step=1)]
```

2. dtype 属性

```
import pandas as pd
import numpy as np
s=pd.Series(np.random.randn(5))
print("The dtype is:")
print(s.dtype)
```

输出结果：

```
The dtype is:
float64
```

3. empty 属性

返回一个布尔值，用于判断数据对象是否为空，示例如下：

```
import pandas as pd
import numpy as np
s=pd.Series(np.random.randn(5))
print("是否为空对象？")
print(s.empty)
```

输出结果：

```
是否为空对象？
False
```

4. ndim 属性

查看序列的维数，根据定义，Series是一维数据结构，因此它始终返回1。

```
import pandas as pd
import numpy as np
s=pd.Series(np.random.randn(5))
print(s)
print(s.ndim)
```

输出结果：

```
0  0.311485
1  1.748860
2 -0.022721
3 -0.129223
4 -0.489824
dtype:float64
1
```

5. size 属性

返回Series对象的大小（长度）。

```
import pandas as pd
import numpy as np
s=pd.Series(np.random.randn(3))
print(s)
#series 的长度大小
print(s.size)
```

输出结果：

```
0 -1.866261
1 -0.636726
2  0.586037
dtype:float64
3
```

6. values 属性

以数组的形式返回Series对象中的数据。

```
import pandas as pd
import numpy as np
s=pd.Series(np.random.randn(6))
print(s)
print(" 输出 series 中数据 ")
print(s.values)
```

输出结果：

```
0 -0.502100
1  0.696194
2 -0.982063
3  0.416430
4 -1.384514
5  0.444303
dtype:float64
输出 series 中数据
[-0.50210028  0.69619407 -0.98206327  0.41642976 -1.38451433  0.44430257]
```

7. index 属性

该属性用来查看Series中索引的取值范围，示例如下：

```
# 显式索引
import pandas as pd
s=pd.Series([1,2,5,8],index=['a','b','c','d'])
print(s.index)
# 隐式索引
s1=pd.Series([1,2,5,8])
print(s1.index)
```

输出结果：

```
隐式索引：
Index(['a','b','c','d'],dtype='object')
显式索引：
RangeIndex(start=0,stop=4,step=1)
```

（五）Series 常用方法

1. head() 和 tail() 方法查看数据

如果想要查看Series的某一部分数据，可以使用head或者tail方法。其中head返回前*n*行数据，默认显示前5行数据，示例如下：

```
import pandas as pd
import numpy as np
s=pd.Series(np.random.randn(5))
print("The original series is:")
print(s)
# 返回前三行数据
print(s.head(3))
```

输出结果：

原系列输出结果:

```
0  1.249679
1  0.636487
2 -0.987621
3  0.999613
4  1.607751
```

head(3)输出：

```
dtype:float64
0  1.249679
1  0.636487
2 -0.987621
dtype:float64
```

tail()方法返回的是后*n*行数据，默认为后5行，示例如下：

```
import pandas as pd
import numpy as np
s=pd.Series(np.random.randn(4))
# 原 series
```

```
print(s)
# 输出后两行数据
print(s.tail(2))
```

输出结果：

```
原 Series 输出：
0   0.053340
1   2.165836
2  -0.719175
3  -0.035178
输出后两行数据：
dtype:float64
2  -0.719175
3  -0.035178
dtype:float64
```

2. isnull() 和 nonull() 方法检测缺失值

在实际的数据分析任务中，数据的收集往往要经历一个烦琐的过程。在这个过程中难免会因为一些不可抗力或者人为因素导致数据丢失。这时，可以使用相应的方法对缺失值进行处理，比如均值插值、数据补齐等方法。

isnull()和nonull()方法用于检测Series中的缺失值。

- isnull()：如果值不存在或者缺失，则返回True。
- notnull()：如果值存在，则返回False。

示例如下：

```
import pandas as pd
#None 代表缺失数据
s=pd.Series([1,2,5,None])
print(pd.isnull(s))                         # 是空值返回 True
print(pd.notnull(s))                        # 空值返回 False
```

输出结果：

```
0  False
1  False
2  False
3  True
dtype:bool

notnull():
0  True
1  True
2  True
3  False
dtype:bool
```

任务分析

需要通过以下步骤实现本任务：

（1）引入Pandas库。

（2）创建Series对象。

任务实施

首先创建一个Series对象，为成绩表添加一列物理成绩。

实施步骤：新建文件chapter6-1.py，输入下面代码。

```
import pandas as pd
sl=pd.Series([88,60,75])
print(sl)
```

输出结果：

```
0   88
1   60
2   75
Dtype :int64
```

任务效果

在任务实施中，使用了Pandas库创建了一个叫作sl的Series对象，其中包含值[88,60,75]，并打印了这个Series，运行效果如图6-3所示。

任务拓展

从上面的学习，小张学会了如何为成绩表添加一列成绩，现在小张需要获取其中某一位同学的成绩，该怎样实现呢？

任务拓展思路：

（1）添加成绩：把每位同学的成绩添加进来。

（2）为每位同学的成绩命名：使用“index”为每位同学的成绩命名。

（3）获取索引值：通过“print”标签索引获取索引值。

（4）编码实现：通过上述的分析，进行Python代码编写并运行。

任务拓展效果如图6-4所示。

视频 成绩表成绩的添加

视频 成绩表单独获取成绩

```
1     88
2     60
3     75
dtype: int64
向同学     88
刘同学     60
赵同学     75
dtype: int64
```

图 6-3　任务实施效果

```
0     88
1     60
2     75
dtype: int64
```

图 6-4　任务拓展效果

任务6.2 通过位置索引和标签索引获取学生的物理成绩

任务说明

在本任务中小张将手动添加并设置索引，将上面添加的物理成绩的索引设置为1、2、3，也可以是张同学、刘同学、赵同学。

本任务中，主要完成以下内容：

（1）通过位置索引和标签索引获取学生的物理成绩。

（2）获取Series的索引和值。

预备知识

创建Series对象时会自动生成整数索引，默认值从0开始至数据长度减1。除了使用默认索引，还可以通过index参数手动设置索引。

一、Series 位置索引

位置索引是从0开始，[0]是Series的第一个数；[1]是series的第二个数，依此类推。

二、Series 标签索引

Series标签索引与位置索引方法类似，用“[]”表示，里面是索引名称，注意index的数据类型是字符串，如果需要获取多个标签索引值，则用“[[]]”表示（相当于在“[]”中包含一个列表）。

获取Series的索引和值主要使用Series对象的index方法和values方法。

任务分析

需要通过以下步骤实现本任务：

（1）创建两个Series对象，分别手动为成绩表添加一列物理成绩，并添加索引，通过位置索引获取第一个同学物理成绩时，注意位置索引是从0开始，位置索引不能使用[-1]，否则报错。

（2）分别通过index属性和values属性获取物理成绩的索引和值。

（3）通过标签索引可以获取多个同学的物理成绩，实例中通过标签索引向同学和刘同学获取物理成绩。

任务实施

实施步骤：

（1）新建chapter6-2-1.py，输入下面代码：

```
import pandas as pd                                    # 导入 pandas 模块
# 创建带有自定义索引的 Series
s1=pd.Series([88,60,75],index=[1,2,3])
s2=pd.Series([88,60,75],index=[" 向同学 "," 刘同学 "," 赵同学 "])
# 打印 Series
print(s1)
print(s2)
```

输出：

```
1  88
2  60
3  75
dtype:i int64
向同学  88
刘同学  60
赵同学  75
dtype:int64
```

上述结果中输出的dtype，是DataFrame数据的数据类型，int为整型，后面的数字表示位数。

（2）新建chapter6-2-2.py，代码如下：

```
import pandas as pd                                    # 导入 pandas 模块
s1=pd.Series([88,60,75])
print(s1[0])                                           # 打印索引为 0 的元素
# 注意 :Series 对象不能使用 [-1] 定位索引
# 如果需要访问最后一个元素，可以使用 iloc 或 tail
print(s1.iloc[-1])
```

输出：

```
88
75
```

（3）新建chapter6-2-3.py，代码如下：

```
import pandas as pd                                    # 导入 pandas 模块
s1=pd.Series([88,60,75],index=[" 向同学 "," 刘同学 "," 赵同学 "])
print(s1[" 赵同学 "])                                   # 通过一个标签索引获取索引值
print(s1[[" 向同学 "," 刘同学 "]])                       # 通过多个标签索引获取索引值
```

输出：

```
75
向同学 88
刘同学 60
dtype:int64
```

（4）新建chapter6-2-4.py，输入下列代码：

```
import pandas as pd                                    # 导入 pandas 模块
s1=pd.Series([88,60,75])
print(s1.index)
```

```
print(s1.values)
```

输出：

```
RangeIndex(start=0,stop=3,step=1)
[88 60 75]
```

任务效果

在以上任务实施步骤中使用了Pandas库，首先创建了两个Series对象：一个使用整数索引，另一个使用字符串索引。然后演示了如何通过索引访问Series元素，包括单个标签索引和多个标签索引。最后，展示了如何获取Series对象的索引和值，分别通过print(s1.index)和print(s1.values)来输出。这一系列操作显示了Pandas库在处理数据时提供的方便和灵活性。具体效果如图6-5和图6-6所示。

视频

索引获取成绩表成绩

```
1      88
2      60
3      75
dtype: int64
向同学     88
刘同学     60
赵同学     75
dtype: int64
```

图 6-5　任务实施效果

```
75
向同学     88
刘同学     60
dtype: int64
```

图 6-6　任务实施效果

视频

购物流水账

任务拓展

小张每月的日常开销很大，他想用上面的方法为自己做一个购物流水账，他要怎么完成呢？

任务拓展思路：

（1）进行数据准备：通过Pandas中的各种参数和字符，确定所需的参数和字符，并输入所需要的数据

（2）编码实现：通过对上述过程进行分析后，进行Python代码编写，并通过Jupyter进行展示。

任务拓展效果如图6-7所示。

```
饭费        300
生活用品     200
水电费       300
衣物        300
dtype: int64
```

图 6-7　任务拓展效果

任务 6.3　通过二维数组和字典两种方式创建成绩表

任务说明

Pandas提供了多种创建DataFrame对象的方式，在本任务中，小张需要分别通过二维数组和字典创建成绩表。

预备知识

一、图解 DataFrame 对象

DataFrame是Pandas库中的一种数据结构，它是由多种类型的列组成的二维表数据结构，类似于Excel、SQL或Series对象构成的字典。DataFrame是最常用的Pandas对象，它与Series对象一样支持多种类型的数据。

DataFrame是一个二维表数据结构，即由行列数据组成的表格。DataFrame既有行索引也有列索引，它可以看作是由Series对象组成的字典，不过这些Series对象共用一个索引，如图6-8所示。

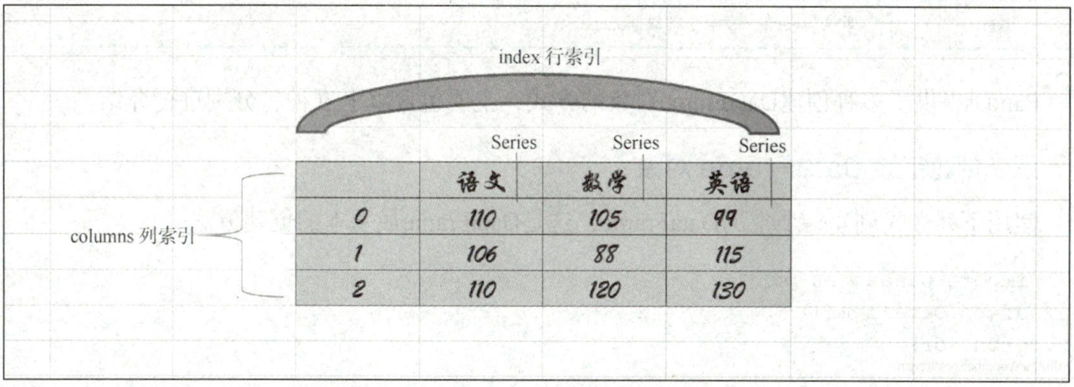

图 6-8　DataFrame 索引结构

DataFrame一个表格型的数据结构，既有行标签（index），又有列标签（columns），它也被称为异构数据表，所谓异构，指的是表格中每列的数据类型可以不同，比如可以是字符串、整型或者浮点型等。

DataFrame的每一行数据都可以看成一个Series结构，只不过DataFrame为这些行中每个数据值增加了一个列标签。因此，DataFrame其实是从Series的基础上演变而来。在数据分析任务中DataFrame的应用非常广泛，因为它描述数据更为清晰、直观。

对DataFrame数据结构的特点做简单总结，如下所示：

- DataFrame每一列的标签值允许使用不同的数据类型。
- DataFrame是表格型的数据结构，具有行和列。
- DataFrame中的每个数据值都可以被修改。
- DataFrame结构的行数、列数允许增加或者删除。
- DataFrame有两个方向的标签轴，分别是行标签和列标签。
- DataFrame可以对行和列执行算术运算。

二、创建 DataFrame 对象

创建DataFrame对象的语法格式如下：

```
import pandas as pd
pd.DataFrame( data,index,columns,dtype,copy)
```

参数说明见表6-3。

表 6-3　DataFrame 参数说明

参数名称	说　明
data	输入的数据，可以是ndarray、series、list、dict，标量以及一个DataFrame
index	行标签，如果没有传递index值，则默认行标签是np.arange(n)，n代表data的元素个数
columns	列标签，如果没有传递columns值，则默认列标签是np.arange(n)
dtype	dtype表示每一列的数据类型
copy	默认为False，表示复制数据data

Pandas提供了多种创建DataFrame对象的方式，主要包含以下五种，分别进行介绍。

三、创建空的 DataFrame 对象

使用下列方式创建一个空的DataFrame，这是DataFrame最基本的创建方法：

```
import pandas as pd
df=pd.DataFrame()
print(df)
```

输出：

```
Empty DataFrame
Columns:[]
Index:[]
```

四、列表创建 DataFame 对象

可以使用单一列表或嵌套列表来创建一个DataFrame。

示例1，单一列表创建DataFrame：

```
import pandas as pd
data=[1,2,3,4,5]
df=pd.DataFrame(data)
print(df)
```

输出结果：

```
   0
0  1
1  2
2  3
3  4
4  5
```

示例2，使用嵌套列表创建DataFrame对象：

```
import pandas as pd
data=[['Alex',10],['Bob',12],['Clarke',13]]
df=pd.DataFrame(data,columns=['Name','Age'])
print(df)
```

输出结果：

```
     Name   Age
0   Alex    10
1    Bob    12
2 Clarke   13
```

示例3，指定数值元素的数据类型为float：

```
import pandas as pd
data=[['Alex',10],['Bob',12],['Clarke',13]]
df=pd.DataFrame(data,columns=['Name','Age'],dtype=float)
print(df)
```

输出结果：

```
     Name    Age
0   Alex    10.0
1    Bob    12.0
2 Clarke   13.0
```

五、字典嵌套列表创建

data字典中，键对应的值的元素长度必须相同（也就是列表长度相同）。如果传递了索引，那么索引的长度应该等于数组的长度；如果没有传递索引，那么默认情况下，索引将是range(n)，其中n代表数组长度。

示例4：

```
import pandas as pd
data={'Name':['Tom','Jack','Steve','Ricky'],'Age':[28,34,29,42]}
df=pd.DataFrame(data)
print(df)
```

输出结果：

```
    Age  Name
0   28    Tom
1   34   Jack
2   29  Steve
3   42  Ricky
```

注意：这里使用了默认行标签，也就是range(n)。它生成了0,1,2,3，并分别对应了列表中的每个元素值。

示例5，现在给上述示例4添加自定义的行标签：

```
import pandas as pd
```

```
data={'Name':['Tom','Jack','Steve','Ricky'],'Age':[28,34,29,42]}
df=pd.DataFrame(data,index=['rank1','rank2','rank3','rank4'])
print(df)
```

输出结果如下：

```
       Age  Name
rank1  28    Tom
rank2  34   Jack
rank3  29  Steve
rank4  42  Ricky
```

注意：index参数为每行分配了一个索引。

六、列表嵌套字典创建 DataFrame 对象

列表嵌套字典可以作为输入数据传递给DataFrame构造函数。默认情况下，字典的键被用作列名。

示例6：

```
import pandas as pd
data=[{'a':1,'b':2},{'a':5,'b':10,'c':20}]
df=pd.DataFrame(data)
print(df)
```

输出结果：

```
   a   b     c
0  1   2   NaN
1  5  10  20.0
```

注意：如果其中某个元素值缺失，也就是字典的key无法找到对应的value，将使用NaN代替。

示例7，给上述示例6添加行标签索引：

```
import pandas as pd
data=[{'a':1,'b':2},{'a':5,'b':10,'c':20}]
df=pd.DataFrame(data,index=['first','second'])
print(df)
```

输出结果：

```
        a   b     c
first   1   2   NaN
second  5  10  20.0
```

七、Series 创建 DataFrame 对象

也可以传递一个字典形式的Series，从而创建一个DataFrame对象，其输出结果的行索引是所有index的合集。示例如下：

```
import pandas as pd
d={'one':pd.Series([1,2,3],index=['a','b','c']),
   'two':pd.Series([1,2,3,4],index=['a','b','c','d'])}

df=pd.DataFrame(d)
print(df)
```

输出结果如下：

```
   one  two
a  1.0   1
b  2.0   2
c  3.0   3
d  NaN   4
```

注意：对于one列而言，此处虽然显示了行索引'd'，但由于没有与其对应的值，所以它的值为NaN。

任务分析

需要通过以下步骤实现本任务：

（1）通过字典创建DataFrame。

（2）字典中的value值只能是一维数组或单个的简单数据类型，如果是数组，则要求所有的数组长度一致。

（3）字如果是单个数据，则每行都需要添加相同数据。

任务实施

实施步骤：

（1）新建chapter6-3-1.py，输入以下代码：

```
import pandas as pd                              # 导入 pandas 模块
pd.set_option("display.unicode.east_asian_width",True)
# 定义数据
data=[[110,106,110],[105,88,120],[99,115,130]]
columns=["语文","数学","英语"]
# 创建 DataFrame 数据
df=pd.DataFrame(data=data,columns=columns)
print(df)
```

输出：

```
   语文  数学  英语
0  110   106   110
1  105    88   120
2   99   115   130
```

（2）新建chapter6-3-2.py，输入以下代码：

```
import pandas as pd                              # 导入 pandas 模块
```

```
# 解决数据输出时列名不对齐的问题
pd.set_option("display.unicode.east_asian_width",True)
df=pd.DataFrame({
" 语文 ":[110,106,110],
" 数学 ":[105,88,120],
" 英语 ":[99,115,130],
" 班级 ":" 信息与计算科学 1 班 "
}, index=[0,1,2])
print(df)
```

输出结果：

```
   语文  数学  英语          班级
0  110   105    99   信息与计算科学 1 班
1  106    88   115   信息与计算科学 1 班
2  110   120   130   信息与计算科学 1 班
```

视 频

二维数组与字典方式创建成绩表

任务效果

在任务实施中，使用Pandas库创建DataFrame，分别采用两种方式表示一个班级的学科成绩数据。首先，通过二维列表和列名的方式创建DataFrame，同时通过pd.set_option("display.unicode.east_asian_width",True)解决了中文输出对齐问题，效果如图6-9所示。其次，使用了字典的形式输入数据和列名，同样解决了对齐问题，并额外指定了DataFrame的索引为[0,1,2]，效果如图6-10所示。两种方式均展示了Pandas库在处理和展示数据时的灵活性和便利性，以及解决中文对齐问题的方法。

```
   语文  数学  英语
0   110   106   110
1   105    88   120
2    99   115   130
```

图 6-9　创建 DataFrame 数据并输出

```
   语文  数学  英语            班级
0   110   105    99  信息与计算科学1班
1   106    88   115  信息与计算科学1班
2   110   120   130  信息与计算科学1班
```

图 6-10　字典形式处理数据

任务拓展

通过上面的学习，小张学会了如何使用字典嵌套列表以及行、列索引表创建一个DataFrame对象。接下来请小张为班级创建一个包含“年龄”和“性别”的花名册吧。

任务拓展思路：

（1）进行数据准备：首先要先输入需要的数据。

（2）进行嵌套准备：创建一个空的DataFrame。

（3）编码实现：通过对上述过程进行分析后，进行Python代码编写，并通过Jupyter进行展示。

任务拓展效果如图6-11所示。

```
         年龄 性别
first    18   男
second   21   女
         年龄 性别
first    18   男
second   21   女
```

图 6-11　花名册示意图

视 频

班级花名册

任务 6.4　DataFrame 属性和函数的应用

任务说明

在本任务中小张需要创建一个DataFrame对象，然后输出DataFrame对象的转置，最后输出前3行数据。

预备知识

DataFrame的属性和方法的使用与Series的属性和方法相似。

一、DataFrame 的主要属性

DataFrame的主要属性及描述见表6-4。

表 6-4　DataFrame 主要属性描述

序号	属性	描　述
1	values	查看所有元素的值
2	dtypes	查看所有元素的类型
3	index	查看所有行名、重命名行名
4	columns	查看所有列名、重命名列名
5	T	行列数据转换
6	head	查看前*N*条数据，默认5条
7	tail	查看后*N*条数据，默认5条
8	shape	查看行数和列数，shape[0]表示行，shape[1]表示列
9	info	查看索引、数据类型和内存信息

二、DataFrame 常用函数

DataFrame的常用函数及说明见表6-5。

表 6-5 DataFrame 常用函数及说明

序号	属性	描 述
1	Count	计算非NA值的数量
2	describe	针对Series或各DataFrame列计算汇总统计
3	min,max	计算最小值和最大值
4	argmin,argmax	计算能够获取最小值和最大值的索引位置（整数）
5	idxmin,idxmax	计算能够获取最小值和最大值的索引值
6	sum	值的总和
7	mean	值的平均数
8	median	值的算术中位数
9	mad	根据平均值计算平均绝对离差

任务分析

本次任务需要掌握以下技能：

（1）创建一个DataFrame对象。

（2）运用DataFrame对象的T属性将行与列转置。

（3）应用head方法输出DataFrame对象的前3行内容。

任务实施

实施步骤：

（1）新建chapter6-4-1.py，输入以下代码：

```
import pandas as pd
import numpy as np
d={'Name':pd.Series(['c语言中文网','编程帮','百度','360搜索','谷歌','微学苑']),
'years':pd.Series([5,6,15,28,3,19]),
'Rating':pd.Series([4.23,3.24,3.98,2.56,3.20,4.6,3.8])}
#构建 DataFrame
df=pd.DataFrame(d)
#输出 series
print(df.T)
```

输出：

```
            0       1     2     3      4     5
Name    c语言中文网  编程帮   百度  360搜索  谷歌  微学苑
years       5       6    15    28      3    19
Rating   4.23    3.24  3.98  2.56    3.2   4.6
```

（2）新建chapter6-4-2.py，输入以下代码：

```
import pandas as pd
import numpy as np
```

```
d={'Name':pd.Series(['c 语言中文网','编程帮','百度','360 搜索','谷歌','微学苑']),
'years':pd.Series([5,6,15,28,3,19]),
'Rating':pd.Series([4.23,3.24,3.98,2.56,3.20,4.6,3.8])}
# 构建 DataFrame
df=pd.DataFrame(d)
# 输出前 3 行内容
print(df.head(3))
```

输出：

```
      Name      years   Rating
0   c 语言中文网    5       4.23
1     编程帮      6       3.24
2     百度       15       3.98
```

任务效果

在任务实施中，使用Pandas库创建了一个DataFrame，表示了一组网站的相关信息，包括网站名称、成立年限和评级。通过字典的形式输入数据，其中每个键对应一个列名，对应的值是一个包含对应列数据的Series，具体输出效果如图6-12所示。通过pd.DataFrame(d)构建了DataFrame对象。然后，通过print(df.head(3))输出了DataFrame的前三行内容，以便查看数据的部分信息，具体效果如图6-13所示。

```
               0        1       2      3       4      5      6
Name      c语言中文网    编程帮     百度   360搜索    谷歌    微学苑    NaN
years          5.0      6.0    15.0    28.0    3.0    19.0    NaN
Rating        4.23     3.24    3.98    2.56    3.2     4.6    3.8

Process finished with exit code 0
```

图 6-12　任务效果截图

```
      Name    years   Rating
0  c语言中文网     5.0     4.23
1     编程帮      6.0     3.24
2      百度      15.0     3.98
```

图 6-13　任务效果截图

视频

DataFrame属性和函数的应用

任务拓展

DataFrame和二维数组类似，请同学们借助搜索引擎来实现。

任务拓展思路：

（1）复习二维数组的加减乘除。

（2）复习DataFrame的定义。

任务拓展效果如图6-14所示。

```
two       7   8   9
threee   13  14  15
          a  b  c
one      -1  0  1
two      -1  0  1
threee   -1  0  1
          a   b   c
one       0   1   2
two      12  16  20
threee   42  49  56
                a    b         c
one      0.000000  1.0  2.000000
two      0.750000  1.0  1.250000
threee   0.857143  1.0  1.142857

Process finished with exit code 0
```

图6-14　运行结果

视 频

DataFrame

延伸阅读： 数据科学助力乡村振兴实践

贵州师范大学大数据团队运用Pandas工具处理了覆盖全省的2.6亿条农户数据，构建了精准防返贫监测系统。该系统通过DataFrame的groupby()分组和聚合分析功能，建立了包含收入、教育、医疗等32个维度的农户评估模型，实现了对返贫风险家庭的精准识别。

为确保数据质量，团队开发了基于Pandas的“数据质量防火墙”，综合运用isnull()缺失值检测、drop_duplicates()去重处理等方法，使数据准确率达到99.2%。该系统预警准确率93.7%的优异表现，使其被正式纳入国家乡村振兴局大数据平台，成为巩固脱贫成果的重要技术支撑。项目负责人表示：“技术创新的价值在于服务民生，我们通过数据科学让帮扶政策更精准地惠及需要帮助的农户。”

阅读思考： 在数据处理过程中，如何平衡数据利用效率与个人信息保护的关系？

习题

一、选择题

1. Pandas库主要用于（　　）类型的数据分析。

A. 文本数据　　B. 图像数据　　C. 结构化数据　　D. 音频数据

2. DataFrame是由（　　）数据结构组成的。

A. Series和Array　B. List和Dict　C. Array和Dict　D. Series和DataFrame

3. 在Pandas中，用于创建DataFrame的方法是（　　）。

A. createDataFrame()　B. pd.DataFrame()

C. makeDataFrame()　D. DataFrame.create()

4. 对DataFrame进行描述性统计分析的函数是（　　）。

A. describe()　B. stats()　C. summary()　D. info()

5. Series对象的标签索引是（　　）。

A. 0-based index　B. Integer-based index

C. Label-based index　D. Position-based index

6. DataFrame对象的常用属性之一是（　　），用于显示前几行的数据。

A. front()　B. display()　C. head()　D. top()

7. 利用列表嵌套字典创建DataFrame时，字典的键是DataFrame的（　　）。

A. 行名　B. 列名　C. 数据　D. 索引

8. Series对象的位置索引可以通过（　　）属性进行访问。

A. Index　B. iloc　C. Loc　D. position

9. 用Pandas进行数据分析时，经常使用的函数head(n)用于显示DataFrame的前（　　）行。

A. 3　B. 5　C. 10　D. 15

10. 在Pandas中，通过pd.Series([1,2,3],index=['a','b','c'])可以创建一个具有标签索引的（　　）。

A. List　B. Array　C. Tuple　D. Dictionary

二、判断题

1. Series和DataFrame都可以使用标签索引和位置索引进行数据访问。（　　）

2. Pandas库仅支持处理数值型数据，不适用于文本数据的分析。（　　）

3. DataFrame的shape属性返回的是一个元组，分别表示行数和列数。（　　）

4. describe()函数可以用于对DataFrame中的字符串类型数据进行描述性统计分析。（　　）

5. Pandas的read_csv()函数用于从CSV文件中读取数据，并将其转换为DataFrame对象。（　　）

三、操作题

1. 根据给出的数据内容完成以下操作：

```
data={'Name':['Alice','Bob','Charlie'],
      'Age':[25,30,35],
      'City':['New York','San Francisco','Los Angeles']}
df=pd.DataFrame(data)
```

（1）显示DataFrame的前两行。

（2）计算年龄的平均值。

2. 给定两个Series，完成以下操作：

```
s1=pd.Series([10,20,30],index=['a','b','c'])
s2=pd.Series([5,15,25],index=['b','c','d'])
```

（1）计算s1和s2的和，对缺失值使用0填充。

（2）将结果保存为一个新的DataFrame，列名分别为Value_s1和Value_s2。

3. 给定DataFrame，完成以下操作：

```
df=pd.DataFrame({'A':[1,2,3],
                 'B':[4,5,6]})
```

（1）创建新的列C，其值为列A和列B的和。

（2）删除列B。

单元 7 Matplotlib基础知识和高级应用

导读

数据可视化是一种用图表、图形、图像等形式来展示数据的方式，通过视觉化的方法，使数据更加直观、生动、易于理解。在当今时代，数据可视化越来越受到人们的重视，它对于数据分析、决策制定、营销推广、科学研究等领域都具有重要意义。高质量的数据可视化处理可以促进科学研究和管理水平的提升。人工智能算法工程师小张就为公司选择了Matplotlib进行数据可视化处理。数据可视化与数据挖掘紧密相关的工具之一就是小张选择的Matplotlib，其优势为：

- 使用简单。
- 以渐进交互式方式实现数据可视化。
- 可输出PNG、PDF、SVG和EPS等多种格式。
- 对图像元素的控制力强。
- 表达式和文本使用LaTeX排版。

思维导图

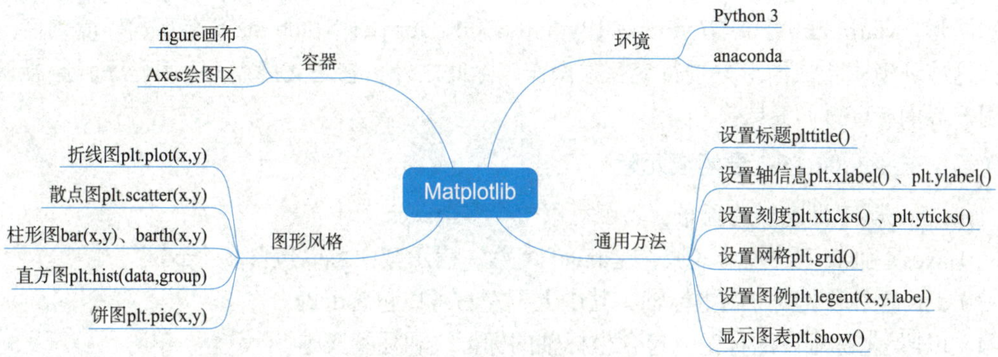

知识目标

- 掌握Matplotlib模块的调用方法。
- 掌握基本plot()函数的使用方法。
- 掌握柱形图、直方图、饼图等常用图表的绘制方法。

能力目标

- 能熟练运用plot()函数进行基本绘图。
- 能熟练运用对应函数绘制柱形图、直方图、饼图等常用图表。
- 能熟练运用对应函数设置图表坐标轴、标题、图例、文本、注释等内容。

素质目标

- 培育数字时代视觉叙事能力，通过可视化技术助力公共信息透明化，服务数字中国建设。

任务 7.1 简单图表的绘制

任务说明

小张所在公司要加强与国际通用平台的接轨，于是小张就为公司选择了Matplotlib进行数据可视化处理。而Pyplot是Matplotlib的子库，提供了和Matlab类似的绘图API，可以方便地实现数据的视觉化。接下来，小张准备简单学习Matplotlib并进行图表绘制，图表包括折线图、柱形图、直方图和饼图。现在，小张准备从最简单的折线图学起。

这次任务主要完成以下内容：

（1）了解梳理什么是Pyplot。

（2）使用Pyplot进行绘制简单的折线图。

预备知识

一、Matplotlib 的概念

（一）什么是 Matplotlib

Matplotlib是一个Python 2D绘图库，它以多种硬拷贝格式和跨平台的交互式环境生成出版物质量的图形。Matplotlib可以与Python和IPython Shell、Jupyter Notebook等交互式环境兼容，用户可以在这些环境中生成图形并进行交互式操作。除此之外，它还支持Web应用程序服务器和多种图形用户界面（GUI）工具包。

（二）Matplotlib 的主要组成元素

（1）figure属于最底层的画布，其中可以包含多个axes。

（2）axes是画布上的图形区域，是axis的复数，表示其中可以包含多个axis。

（3）axis是图形区域中的坐标轴，其中上下左右可以包含tick。

（4）tick是坐标轴中的标记，包含坐标轴的标记线和标签文本。

（5）title是图表的标题，通常起到画龙点睛的作用。

（6）label是图表中的标签，例如xlable代表X轴的标签。

（7）legend是说明符号的图例。

（8）grid是图表中的网格线。

（9）span是图表中突出显示的区域。

（10）spine是图表中的边界线。

（11）text是图表中自定义的文本。

（12）annotate是图表中注解信息的箭头。

（13）line是图表中的线条。

（14）plot主要用于绘制折线图。

（15）scatter主要用于绘制散点图。

二、Matplotlib 的安装

首先确保已经安装Python，然后用pip来安装Matplotlib模块。

（1）按【Win+R】组合键打开cmd对话框下，执行python-m pip install-U pip setuptools命令进行升级。

（2）输入python-m pip install matplotlib命令进行自动的安装，系统会自动下载安装包（注意，如果python-m pip install matplotlib安装失败，可输入pip install matplotlib-ihttps://pypi.tuna.tsinghua.edu.cn/simple）。

（3）安装完成后，可以用python-m pip list命令查看本机的安装的所有模块，确保Matplotlib已经安装成功。

（4）显示图7-1所示内容，则安装成功。

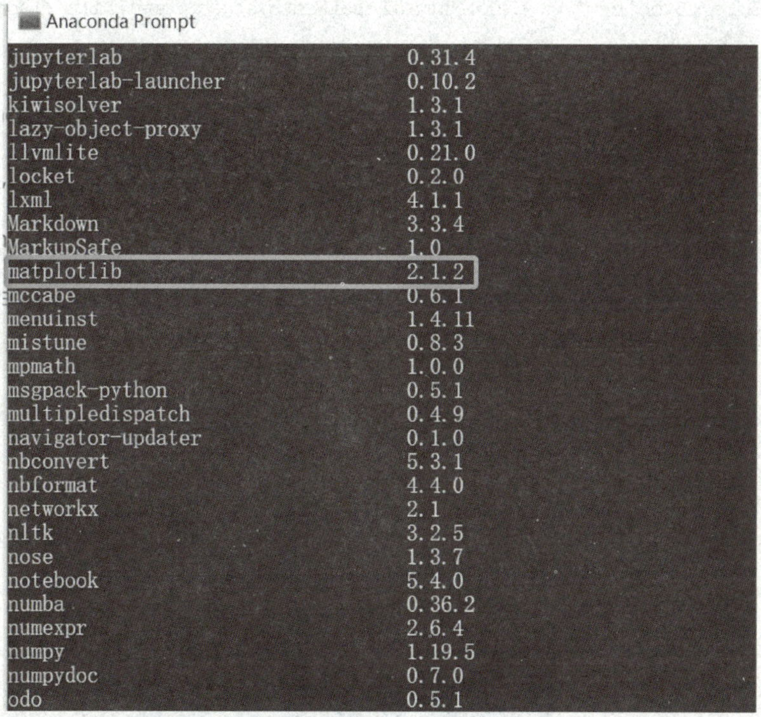

图 7-1　Matplotlib 的安装

（5）在命令行或终端中打开 Python 解释器，输入以下代码来测试 Matplotlib 是否安装成功：

```
import matplotlib.pyplot as plt
plt.plot([1, 2, 3], [4, 5, 6])
plt.show()
```

如果没有报错提示，那就可以开始使用了。

（6）实例：

```
import matplotlib
import numpy as np
import matplotlib.pyplot as plt
plt.rcParams['font.sans-serif']=['SimHei']    #用来正常显示中文标签
plt.rcParams['axes.unicode_minus']=False      #用来正常显示负号
barWidth=0.25
#设置柱子的高度
bars1=[800,500,900,700,600,1900,700,600,900]
bars2=[1400,600,1100,800,650,4100,1000,600,1200]
bars3=[500,850,950,300,200,5000,700,600,1100]
r1=np.arange(len(bars1))
r2=[x + barWidth for x in r1]
r3=[x + barWidth for x in r2]
#创建柱子
plt.bar(r1,bars1,color='   #FF0088',width=barWidth,edgecolor
='white',label='SURF')
plt.bar(r2,bars2,color='   #00BBFF',width=barWidth,edgecolor='white',label='ORB')
plt.bar(r3,bars3,color='   #FF5511',width=barWidth,edgecolor='white',label='本文算法')
#添加Y轴标签
plt.ylabel('匹配点数/对')
#添加X轴名称
plt.xticks([r + barWidth for r in range(len(bars1))],['1组','2组','3组','4组','5组','6
组','7组','8组','平均值'])
#创建图例
plt.legend()
#展示图片
plt.show()
```

以上代码输出结果如图7-2所示。

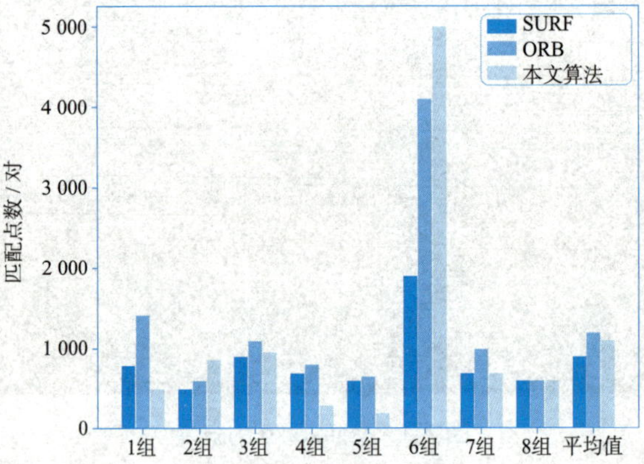

图 7-2　简单图表的绘制

三、Pyplot 的概念及用法

Pyplot是Matplotlib的子库，提供了和Matlab类似的绘图API，可以方便地实现数据的可视化。Pyplot包含一系列绘图函数的相关函数,是常用的绘图模块。

使用时，小张可以使用import导入Pyplot库，并设置一个别名plt：

```
import matplotlib.pyplot as plt
```

这样小张就可以使用plt来引用Pyplot包的方法。如果小张要绘制坐标（1,3）到（8,10）的线，就需要传递两个数组[1,8]和[3,10]给plot()函数，代码如下：

```
import matplotlib.pyplot as plt
import numpy as np

xpoints=np.array([1, 8])
ypoints=np.array([3, 10])

plt.plot(xpoints, ypoints)
plt.show()
```

以上代码输出结果如图7-3所示。

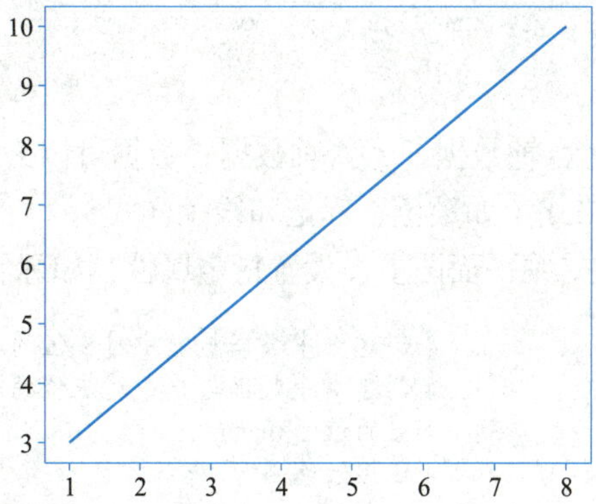

图 7-3 绘制坐标线

如果小张只想绘制两个坐标点，而不是一条线，可以使用o参数表示一个实心圈的标记。绘制坐标（1,3）和（8,10）的两个点。

```
import matplotlib.pyplot as plt
import numpy as np

xpoints=np.array([1, 8])
ypoints=np.array([3, 10])

plt.plot(xpoints, ypoints,'o')
plt.show()
```

以上代码输出结果如图7-4所示。

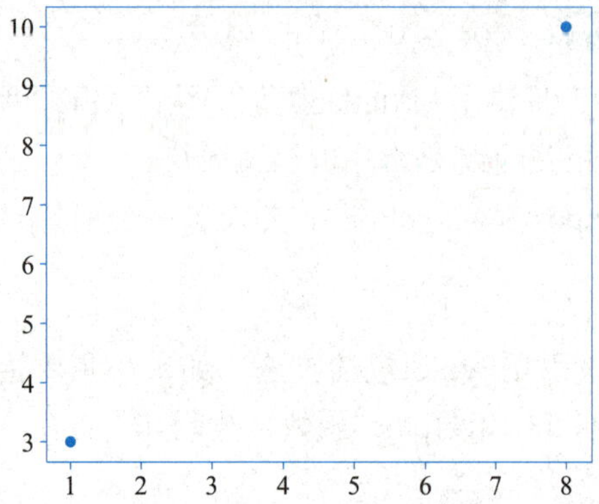

图 7-4 绘制两个坐标点

小张也可以绘制任意数量的点，只需确保两个轴上的点数相同即可。

plot()是绘制二维图形的最基本函数，它是针对向量或矩阵的列来绘制线条的，也就是说，使用plot()函数之前，必须首先定义好线条上每一点的x及y坐标。plot()函数的语法格式如下：

```
# 画单线条
plot([x],y,[fmt],*,data=None,**kwargs)
# 画多线条
plot([x],y,[fmt],[x2],y2,[fmt2],...,**kwargs)
```

（1）参数说明：

①x,y：点或线的节点，x为x轴数据，y为y轴数据，数据可以为列表或数组。

②fmt：可选，定义基本格式（如颜色、标记和线条样式）。

③**kwargs：可选，用在二维平面图上，设置指定属性，如标签、线的宽度等。

```
>>> plot(x, y)              # 创建 y 中数据与 x 中对应值的二维线图，使用默认样式
>>> plot(x, y,'bo')         # 创建 y 中数据与 x 中对应值的二维线图，使用蓝色实心圈绘制
>>> plot(y)                 # x 的值为 0…N-1
>>> plot(y,'r+')            # 使用红色 + 号
```

（2）颜色字符：

“b”为蓝色，“m”为洋红色，“g”为绿色，“y”为黄色，“r”为红色，“k”为黑色，“w”为白色，“c”为青绿色，“#008000”为RGB颜色符串。多条曲线不指定颜色时，会自动选择不同颜色。

（3）线型参数：“-”为实线，“--”为破折线，“-.”为点划线，“:”为虚线。

（4）标记字符：“.”为点标记，“,”为像素标记(极小点)，“o”为实心圈标记，“v”为倒三角标记，“^”为上三角标记，“>”为右三角标记，“<”为左三角标记，等等。

四、折线图的概念

绘制折线图主要运用了模块matplotlib.pyplot ,模块包含很多用于生成图表的函数。

（一）折线图组成的元素

（1）x：指定折线图的x轴数据。

（2）y：指定折线图的y轴数据。

（3）linestyle：指定折线的类型，可以是实线、虚线、点虚线、点划线等，默认为实线。

（4）linewidth：指定折线的宽度。

（5）marker：可以为折线图添加点，该参数是设置点的形状。

（6）markersize：设置点的大小。

（7）markeredgecolor：设置点的边框色。

（8）markerfactcolor：设置点的填充色。

（9）label：为折线图添加标签，类似于图例的作用。

（二）折线图中的图标元素

（1）s：方块状。

（2）o：实心圆。

（3）^：正三角形。

（4）v：反正三角形。

（5）+：加号。

（6）*：星号。

（7）x：x号。

（8）p：五角星。

（9）1：三脚架标记，类似倒置的三角形。

（10）2：三脚架标记，类似正向的三角形。

实例：绘制一条不规则线，坐标为（1,3）、（2,8）、（6,1）、（8,10），对应的两个数组为[1,2,6,8]与[3,8,1,10]。

代码如下：

```
import matplotlib.pyplot as plt
import numpy as np

xpoints=np.array([1, 2, 6, 8])
ypoints=np.array([3, 8, 1, 10])

plt.plot(xpoints, ypoints)
plt.show()
```

以上代码输出结果如图7-5所示。

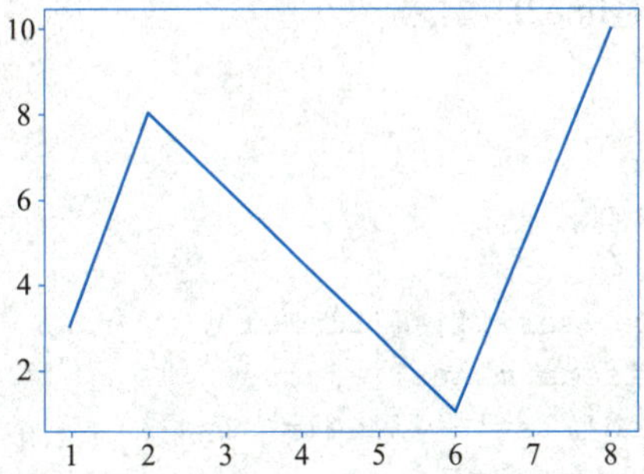

图 7-5　绘制一条不规则线

经济走势、销售波动等可用plot()函数来反映，该函数对统计和数据采集都非常直观实用，可实现信息更丰富的数据可视化。

任务分析

本次任务中，需要掌握以下技能：

（1）Matplotlib的安装。

（2）Pyplot的基础操作：创建、赋值与运行。

（3）Pyplot的参数与字符应用。

（4）折线统计图各种元素的应用。

（5）调试代码。

任务实施

一、plot()函数

小张了解Matplotlib的子库Pyplot之后自然也要学会应用，下面是小张使用学过的Pyplot知识构建的数据视觉化模型。

实施步骤：

（1）打开Python编译环境，并新建文件“7-1-1基本绘图plot函数.ipynb”。

（2）导入使用的库。

```
import matplotlib.pyplot as plt
import numpy as np
```

（3）图形组成元素plot()的用法。

使用方法：plt.plot(x,y,c,ls,lw,label,alpha,**kwargs)：

- x,y：x,y轴上的数值。
- c：设置颜色。
- ls：折线图的线条风格。
- lw：折线图的线条宽度。
- label：标记图形内容的标签文本。
- alpha：透明度。
- **kwargs：指定使用的是line2D属性。

数据视觉化显示：

```
plt.figure(figsize=(5,5))
x=np.linspace(0.05,10,1000)
y=np.sin(x)
plt.rcParams['font.sans-serif']=['SimHei']
plt.rcParams['axes.unicode_minus']=False
plt.plot(x,y,color='red',ls='-',label='sinx')
plt.show()
```

二、绘制简单的折线图

小张了解了Pyplot创建折线图的步骤，自然要学习折线图如何使用，下面小张就用所学知识建立折线图。

实施步骤：

（1）打开Python编译环境、并新建文件“7-1-2绘制简单的折线图.ipynb”。

（2）导入模块。

```
import matplotlib.pyplot as plt
import numpy as np
```

（3）显示图像。

```
x=np.arange(0,10,1)                                    # 横坐标
y=[1,2,3,4,5,12,13,14,15,16]                           # 纵坐标
plt.plot(x,y,marker=',',color='steelblue',linestyle='-',label='x-y')
plt.xlabel('Number of Iterations')
plt.ylabel('y-value')
plt.title('test')
plt.legend(loc=0)
plt.grid()
plt.show()
```

任务效果：在任务实施步骤中，使用plot()函数绘制折线图。在第一部分中，绘制了正弦函数的折线图，使用linspace()函数设置了x轴，y轴标签为sin(x)，最后通过show()函数展示了图表，效果如图7-6所示。在第二部分中，使用xlabel()和ylabel()函数设置横纵坐标标签，title()函数设置图表标题，legend()函数添加图例，grid()函数添加网格线，最后使用show()函数显示图表，效果如图7-7所示。

视频

简单图表的绘制

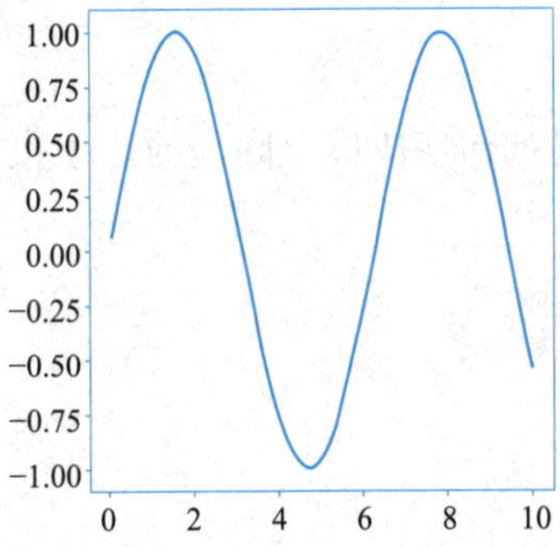

图 7-6　图表展示

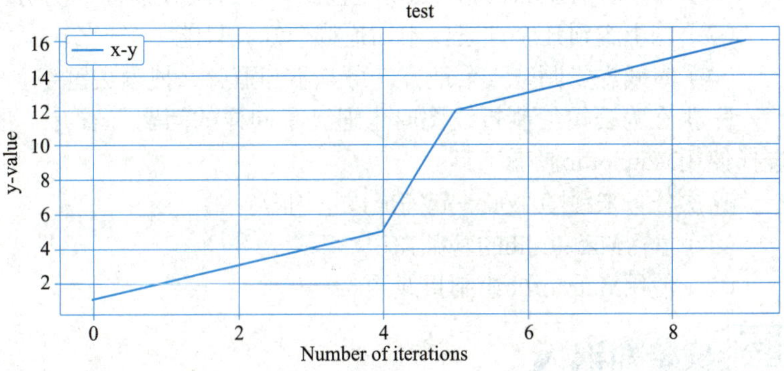

图 7-7　绘制简单的折线图

任务拓展

小张已经初步学习了Pyplot数据可视化，那么他如何创建其他的数据可视化呢？比如构建散点图。

任务拓展思路：

（1）进行数据准备：通过Pyplot中的各种参数和字符确定所需的参数和字符。

（2）进行模型构建准备：通过分析散点图确定编程代码。

（3）编码实现：对上述过程进行分析后，编写Python代码，并通过Jupyter进行展示。

任务拓展效果如图7-8所示。

（50, 2）

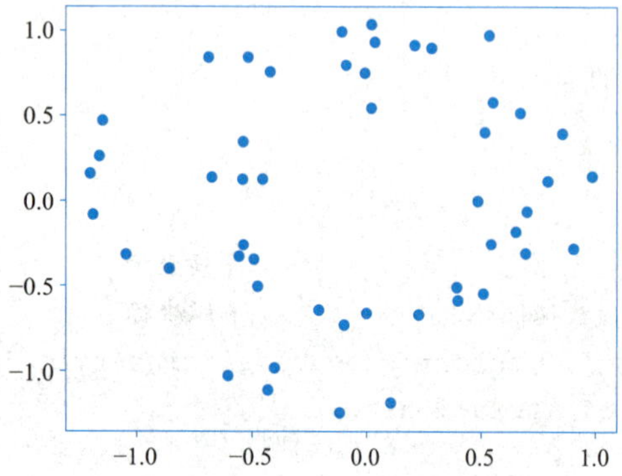

图 7-8　构建散点图

视 频

散点图绘制

任务 7.2　个性化设置折线图

任务说明

你有没有如下的经历：

（1）图形只差一点点就满足要求，可是怎么调也调不到位。

（2）好不容易从stackoverflow上查到一个解决方案，可使用时怎样调整也无法达到预期。

（3）网上查到几个方案，不知道哪个好，只能一个一个试。

（4）时候想要调整一个地方，可是不知道怎么搜索关键字。

小张在为公司绘制折线图时也遇到了同样的问题，看看小张是如何解决以上问题的。小张选择使用Matplotlib画图工具。

这次任务来跟随小张一起完成以下内容：

（1）学习Matplotlib的基础知识。

（2）使用Matplotlib绘制折线图。

预备知识

一、设置画布

（一）设置画布大小

（1）设置图形大小并调整子图之间和周围的填充。使用figsize设置图形大小为7.50和3.50。

（2）使用NumPy创建x和y数据点。

（3）使用plot()方法绘制x和y数据点。

（4）使用show()方法显示图形。

示例：

```
import numpy as np
from matplotlib import pyplot as plt
plt.rcParams["figure.figsize"]=[7.50,3.50]
plt.rcParams["figure.autolayout"]=True
x=np.linspace(-2,2,100)
y=np.sin(x)
plt.plot(x,y)
plt.show()
```

以上代码输出效果如图7-9所示。

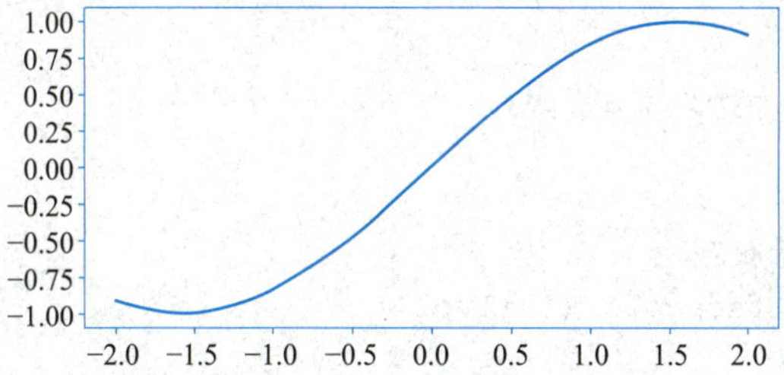

图 7-9　设置画布大小

（二）设置画布颜色

方法一：

在代码中增加此行代码：

```
plt.rcParams['axes.facecolor']='颜色'
```

注意事项：

（1）代码位置放哪都可。

（2）该项目中的代码块都会变成相应的画布颜色，如果需要设置回来，相应修改为white。

实例：

```
import matplotlib.pyplot as plt
x=[1,2,3]
y=[2,4,6]
plt.plot(x,y)
plt.rcParams['axes.facecolor']='black'
plt.show()
```

以上代码输出效果如图7-10所示。

方法二：

设置画布的背景颜色。

注意事项：此为该代码模块的局部变量，运行其他代码模块时不会改变画布背景颜色。

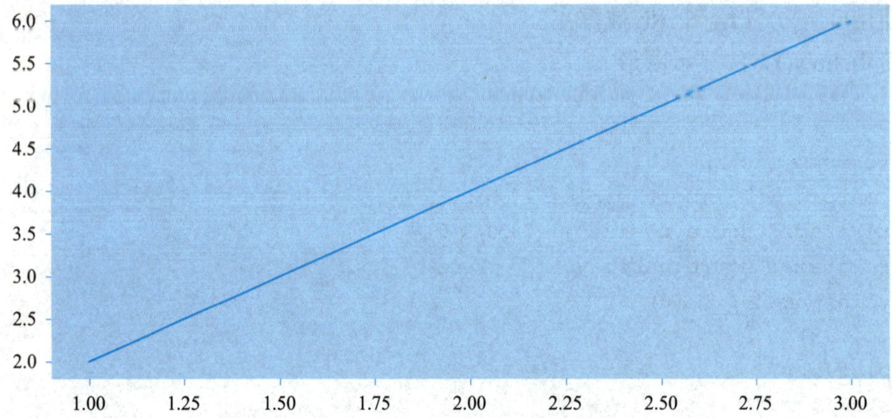

图 7-10　方法一设置画布颜色

实例：

```
import matplotlib.pyplot as plt
x=[1,2,3]
y=[2,4,6]
# 设置只有坐标系的背景颜色
ax=plt.axes().set_facecolor('silver')
# 或者
# ax=plt.axes()
# ax.set_facecolor('silver')
plt.plot(x,y)
plt.show()
```

以上代码输出效果如图7-11所示。

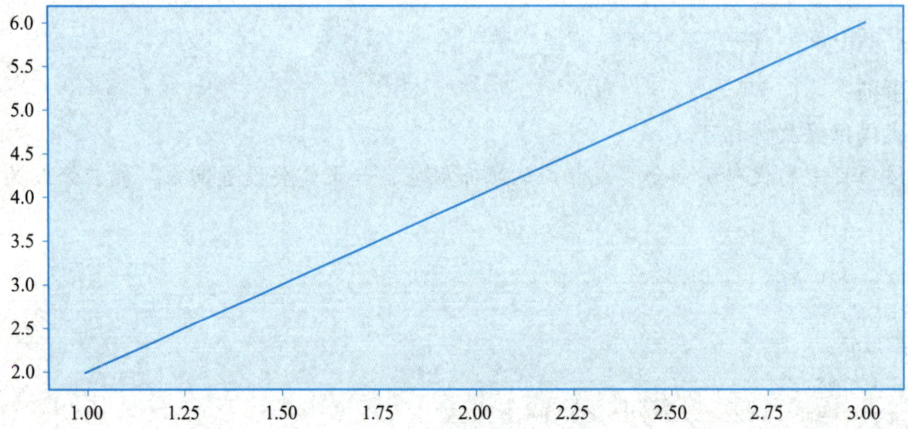

图 7-11　方法二设置画布颜色

方法三：

通过设置画布的位置相应设置画布的背景颜色。

注意事项：此为局部变量，相应设置画布的背景。

实例：

```
import matplotlib.pyplot as plt
# 设置画布
fig=plt.figure(figsize=(4,4))
# 画布边缘设置颜色
fig.patch.set_facecolor('yellow')
# 设置透明度
fig.patch.set_alpha(0.5)
# num must be 1<=num<=1
ax=fig.add_subplot(111)
# 设置背景颜色
ax.patch.set_facecolor('silver')
# 设置透明度
ax.patch.set_alpha(0.5)
x=[1,2,3]
y=[2,4,6]
plt.plot(x,y)
plt.show()
```

以上代码输出效果如图7-12所示。

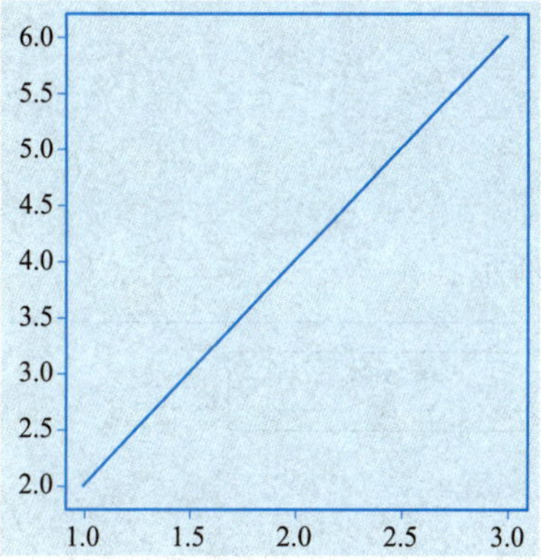

图 7-12 方法三设置画布颜色

二、设置标题和图例

matplotlib可以为可见对象（Artist，比如线条、形状）添加图例（legend）。使用pyplot模块的legend()函数可简便地创建图例，而不是使用底层的matplotlib.lengend类构造图例。

```
matplotlib.pyplot.legend(*arend,**kwargs)
```

1. legend() 基本应用

（1）使用图例的基础有两个：

- handles：可见对象（Artist，如线条、形状）序列，与labels配合使用。
- labels：类型为字符串列表，即图例中显示的文本集合。

两者的长度最好一致，否则按照长度最小的进行截断。

（2）调用方式有三种：

- legend()：根据可见对象和标签自动构造图例。
- legend(labels)：自动匹配可见对象和labels，官方不建议使用这种方式，因为可见对象和标签的对应关系并不明确。

- legend(handles,labels)：指定可见对象和标签的对应关系。

实例：

```
import numpy as np
import matplotlib as mpl
import matplotlib.pyplot as plt
mpl.rcParams["font.sans-serif"]=["SimHei"]
mpl.rcParams["axes.unicode_minus"]=False
x=np.arange(0,2.1,0.1)
y1=x
y2=x ** 2
y3=x ** 3
plt.plot(x,y1,label="$x^{1}$")
plt.plot(x,y2,label="$x^{2}$")
plt.plot(x,y3,label="$x^{3}$")
plt.legend(loc="upper left",
        bbox_to_anchor=(0.05,0.96),
        ncol=3,
        title=" 指数函数 ",
        shadow=True,
        fancybox=True)
plt.show()
```

以上代码输出效果如图7-13所示。

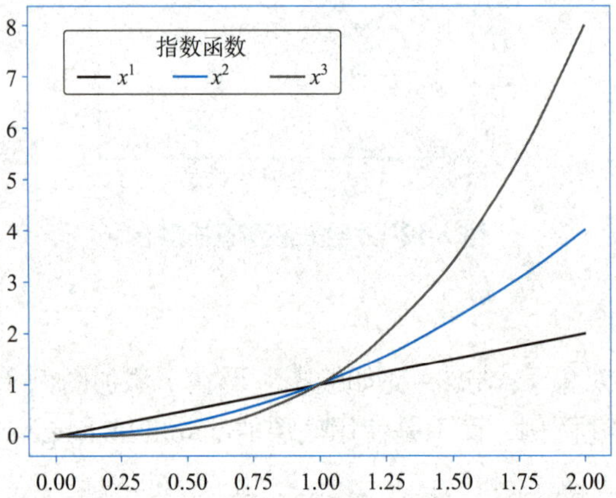

图 7-13　设置标题和图例

- loc：位置参数。可以的取值为upper right、upper left、lower left、lower right、center left、center right、lower center、upper center、center。
- bbox_to_anchor：具体位置参数。一般有四个取值(a，b，c，d)。距离画布左侧的距离$=a\times$X轴长度；距离画布底部的距离$=b\times$Y轴长度；线框长度$=c\times$X轴长度；线框宽度$=d\times$Y轴长度。
- shadow：为True时代表有阴影。
- fancybox：为True时代表线框有圆角。

使用set_title()函数为matplotlib图形中的图例添加标题。

实例：

```
import numpy as np
import matplotlib as mpl
import matplotlib.pyplot as plt
mpl.rcParams["font.sans-serif"]=["SimHei"]
mpl.rcParams["axes.unicode_minus"]=False
x=np.arange(0,2.1,0.1)
y1=x
y2=x ** 2
y3=x ** 3
plt.plot(x,y1,label="$x^{1}$")
plt.plot(x,y2,label="$x^{2}$")
plt.plot(x,y3,label="$x^{3}$")
plt.legend(loc="upper left",
           bbox_to_anchor=(0.05,0.96),
           ncol=3,
           title=" 指数函数 ",
           shadow=True,
           fancybox=True)
plt.title(" 函数图像 ",
           loc="center",
           family="SimHei",
           size=20,
           style="oblique",
           color="r")
plt.show()
```

以上代码输出效果如图7-14所示。

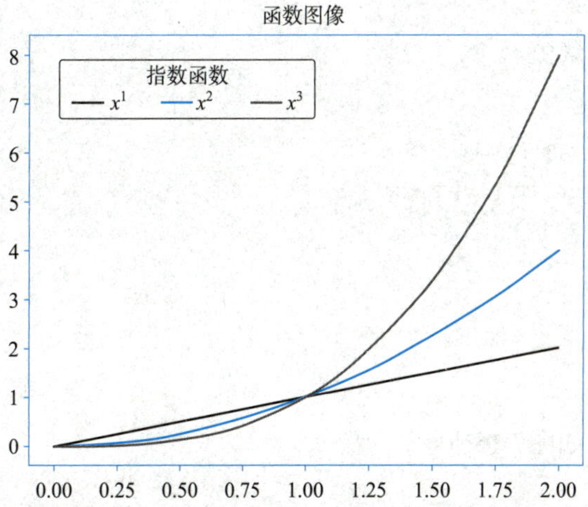

图 7-14 使用 set_title 函数为图形中的图例添加标题

- loc：位置，可选参数为left、center、right。

- family：字体。
- size：字号。
- style：风格。
- color：字体颜色。

任务分析

本次任务中，需要掌握以下技能：

（1）折线图的基础操作：创建与赋值、变换。

（2）图表中各个模块知识的应用。

（3）调试代码。

任务实施

一、设置画布

实施步骤：根据上面提到画布设置知识，进行画布的构建。

（1）打开Python编译环境，并新建文件“7-2-1设置画布.ipynb”。

（2）导入数据模块。

```
import matplotlib.pyplot as plt
```

（3）给画布figure添加背景色。

```
# 为画布设置一个背景
fig=plt.figure(figsize=(4,4.5))
# set_facecolor 用于设置背景颜色
fig.patch.set_facecolor('red')
# set_alpha 用于指定透明度
fig.patch.set_alpha(0.6)
```

（4）给坐标系添加背景色。

```
# 为坐标系设置一个背景
ax=fig.add_subplot(111)
ax.patch.set_facecolor('yellow')
ax.patch.set_alpha(1)
x=[1,2,3]
y=[2,4,6]
plt.plot(x,y)
plt.show()
```

运行以上代码，效果如图7-15所示。

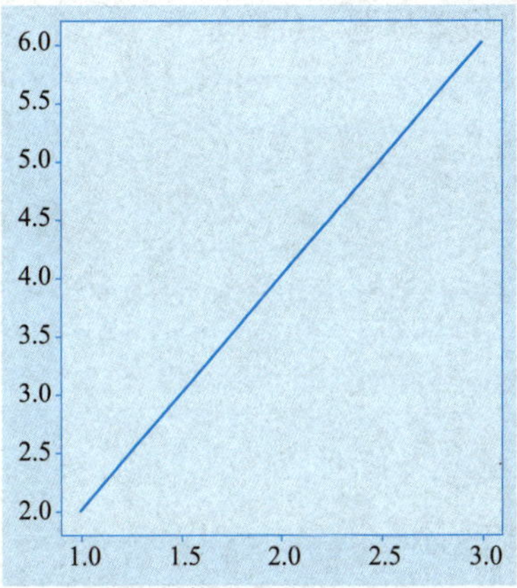

图 7-15　给坐标系添加背景色

二、设置坐标轴

（一）为折线图设置坐标轴标题

实施步骤：

（1）打开Python编译环境，并新建文件“7-2-2为折线图设置坐标轴标题.ipynb”。

（2）导入模块。

```
import numpy as np
import matplotlib.pyplot as plt
```

（3）使用xlabel和ylable方法来设置x轴和y轴的标签。

```
x=np.array([1,2,3,4])
y=np.array([1,4,9,16])
plt.plot(x,y)
plt.xlabel("x - label")
plt.ylabel("y - label")
plt.show()
```

运行以上代码，效果如图7-16所示。

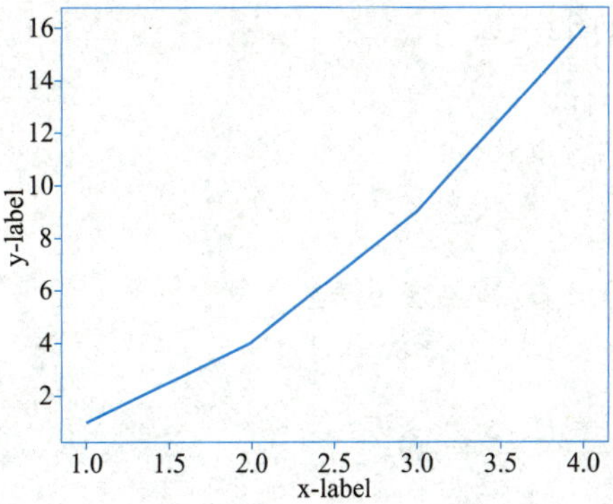

图 7-16　为坐标轴设置 x 轴和 y 轴的标签

（4）标题可以使用title方法来设置标题。代码如下：

```
import numpy as np
import matplotlib.pyplot as plt
x=np.array([1,2,3,4])
y=np.array([1,4,9,16])
plt.plot(x,y)
plt.title("RUNOOB TEST TITLE")
plt.xlabel("x - label")
plt.ylabel("y - label")
plt.show()
```

运行以上代码，效果如图7-17所示。

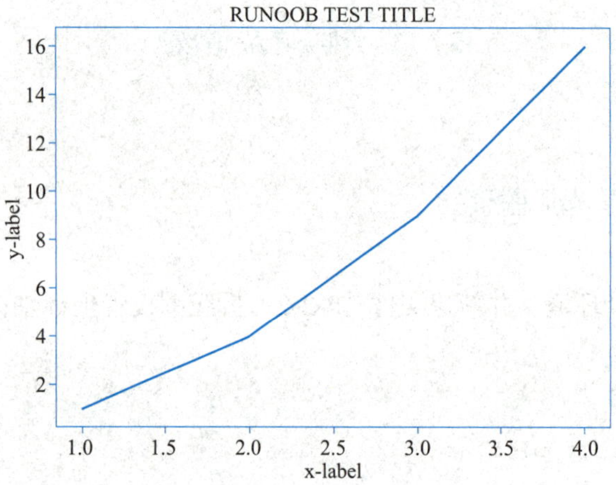

图 7-17　设置标题

（二）为折线图设置刻度

实施步骤：

（1）打开Python编译环境，并新建文件“7-2-3为折线图设置刻度.ipynb”。

（2）导入模块。

```
import matplotlib.pyplot as plt
```

（3）用默认设置绘制折线图。

```
x_values=list(range(11))
# x 轴的数字是 0 到 10 这 11 个整数
y_values=[x**2 for x in x_values]
# y 轴的数字是 x 轴数字的平方
# 用 plot 函数绘制折线图，线条颜色设置为绿色
plt.plot(x_values,y_values,c='green')
# 设置图表标题和标题字号
plt.title('Squares',fontsize=24)
# 设置刻度的字号
plt.tick_params(axis='both',which='major',labelsize=14)
# 设置 x 轴标签及其字号
```

```
plt.xlabel('Numbers',fontsize=14)
# 设置 y 轴标签及其字号
plt.ylabel('Squares',fontsize=14)
# 显示图表
plt.show()
```

运行以上代码，效果如图7-18所示。

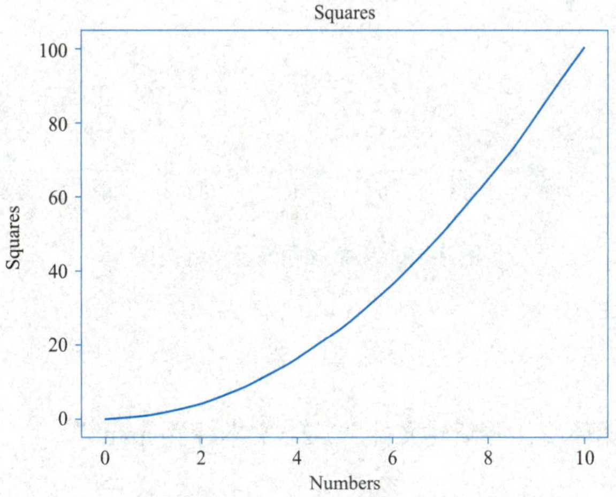

图 7-18　绘制折线图

三、为折线图设置坐标轴范围

实施步骤：

（1）打开Python编译环境，并新建文件“7-2-4为折线图设置坐标轴范围.ipynb”。

（2）导入模块。

```
import matplotlib.pyplot as plt
import numpy as np
```

（3）输出数据。

```
x=np.linspace(-3,3,50)
y1=2*x + 1
y2=x**2
plt.figure()
plt.plot(x,y2)
plt.plot(x,y1,color='red',linewidth=1.0,linestyle='--')
plt.xlim((-1,2))
plt.ylim((-2,3))
plt.xlabel('I am x')
plt.ylabel('I am y')
plt.show()
```

运行以上代码，效果如图7-19所示。

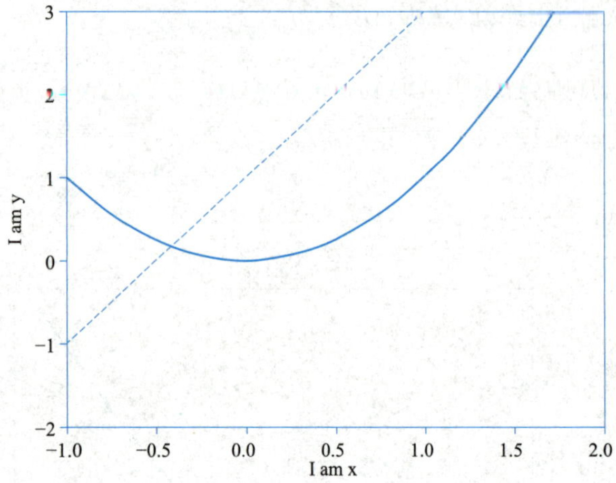

图 7-19　为折线图设置坐标范围

四、添加文本标签

实施步骤：

（1）打开Python编译环境，并新建文件“7-2-5文本标签.ipynb”。

（2）导入模块。

```
import matplotlib.pyplot as plt
```

（3）输出数据模型。

```
x=[1,2,3,4,5,6]
y=[1,2,3,4,5,6]
plt.plot(x,y)
plt.scatter(x,y)
#一共有多少个点就循环多少次
for i in range(len(x)):
    plt.text(x[i],y[i],(x[i],y[i]))
plt.show()
```

运行以上代码，效果如图7-20所示。

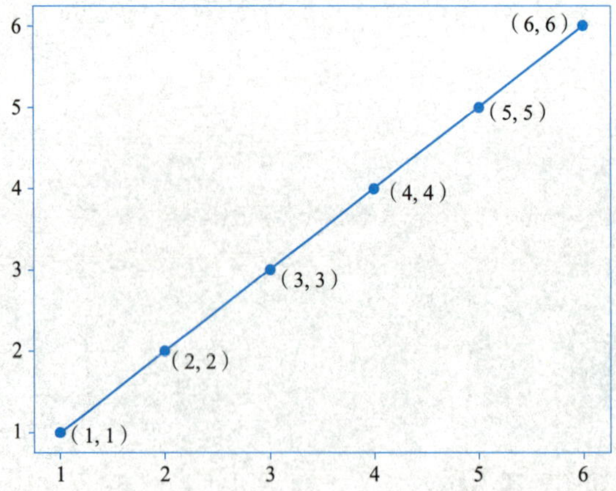

图 7-20　添加文本标签

五、设置标题和图例

实施步骤：

（1）打开Python编译环境、并新建文件“7-2-6标签和图例.ipynb”。

（2）导入模块。

```
import  matplotlib.pyplot  as  plt
```

（3）输出数据模型。

```
import matplotlib.pyplot as plt
from matplotlib.font_manager import FontProperties
# 指定中文字体为宋体
font=FontProperties(fname=r"C:\Windows\Fonts\simhei.ttf",size=14)
X1=[1,2,3]
Y1=[1,4,9]
X2=[1,2,3]
Y2=[5,6,7]
# 绘制图形并设置要显示的图例文本
plt.plot(X1,Y1,label='y=x*x')
plt.plot(X2,Y2,label='y=x+4')
# 绘制图形的 x 轴和 y 轴的轴名称
plt.xlabel('input number')
plt.ylabel('ouput number')
# 绘制图形的标题
plt.title(u' 测试某些函数 ',fontproperties=font)
# 显示图形的图例
plt.legend()
# 显示图形
plt.show()
```

运行以上代码，效果如图7-21所示。

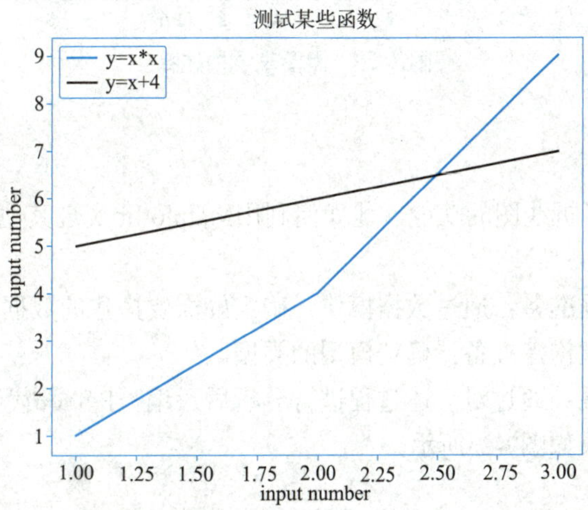

图 7-21　设置标题和图例

六、为图表添加注释

实施步骤：

（1）打开python编译环境，并新建文件“7-2-7注释.ipynb”。

（2）导入模块。

```
import numpy as np
import matplotlib.pyplot as plt
# 输出数据模型
x=np.linspace(0,8,1000)
y=2.0 * x + 0.5 * 5 * x ** 2
plt.annotate('start',
          ha='center',va='bottom',
          xytext=(2,30.),
          xy=(0,0),
          arrowprops={'facecolor':'black','shrink': 0.05 })
plt.title('Acceleration Moving')
plt.plot(x,y,c='c')
plt.show()
```

运行以上代码，效果如图7-22所示。

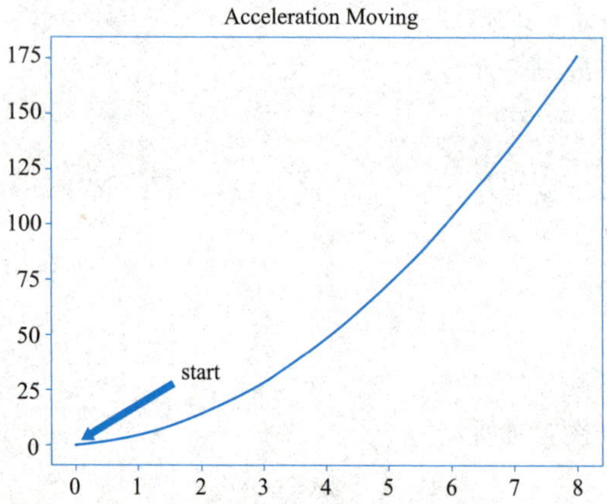

图 7-22 为图表添加注释

视频 个性化设置折线图

任务拓展

小张已经初步了解了折线图的功能，他如何利用Matplotlib实现其他折线图呢？

任务拓展思路：

（1）进行数据准备：通过数据模块，确定好需要搭建的数据绘图的类型及数据量。

（2）进行模型构建准备：确定模型的类型。

（3）编码实现：通过对上述过程进行分析后，编写Python代码并运行展示。

任务拓展效果如图7-23所示。

视频 个性化折线图

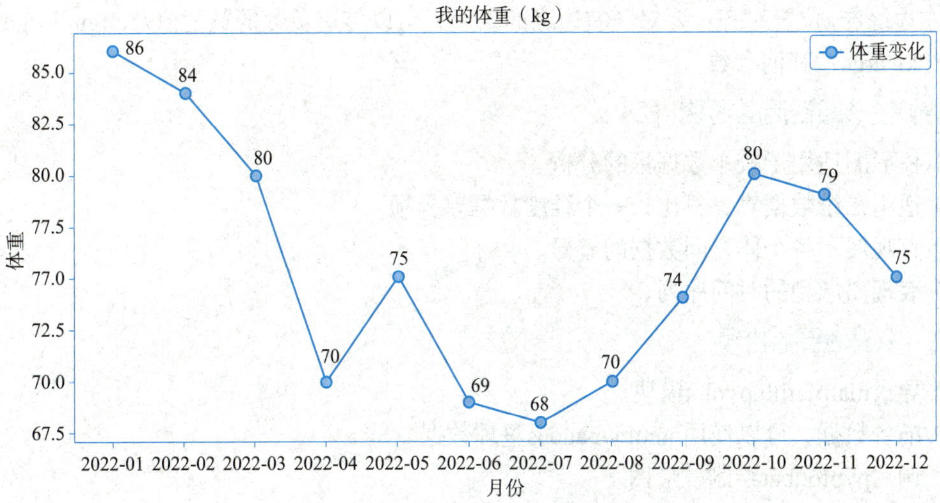

图 7-23　任务拓展效果

任务 7.3　常用图表的绘制

任务说明

通过前面的学习小张已经了解了折线图的绘制，但常见的图表还有柱形图、直方图和饼图，接下来小张准备学习柱形图、直方图和饼图的绘制。这次任务主要完成以下内容：

（1）了解什么是柱形图、直方图、饼图。

（2）创建模型。

预备知识

本节主要介绍使用Matplotlib绘制常见图表的方法。

一、柱形图

小张可以使用Pyplot中的bar()函数来绘制柱形图。

bar()函数语法格式如下：

```
    matplotlib.pyplot.bar(x,height,width=0.8,bottom=None,*,align='center',data=
None,**kwargs)
```

参数说明：

- x：浮点型数组，柱形图的x轴数据。
- height：浮点型数组，柱形图的高度。
- width：浮点型数组，柱形图的宽度。
- bottom：浮点型数组，底座的y坐标，默认0。
- align：柱形图与x坐标的对齐方式，center以x位置为中心，这是默认值。edge将柱形图的左边缘与x位置对齐。要对齐右边缘的条形，可以传递负数的宽度值及align='edge'。

- **kwargs：其他参数。

（一）柱形图使用的场景

（1）柱形图适用于较小数据集的分析。

（2）适用二维数据集，只比较一个维度数据差异项。

（3）直观展示各个体之间数据的差异。

（4）表现离散型的时间序列。

（二）柱形图绘制步骤

（1）导入matplotlib.pyplot模块。

（2）准备数据，可以使用numpy/pandas整理数据。

（3）调用pyplot.bar绘制柱形图。

bar()函数绘制柱形图，可以多次调用，有叠加效果。

实例：

```
import matplotlib.pyplot as plt

data=[5,20,15,25,10]
labels=['Tom','Dick','Harry','Slim','Jim']

plt.bar(range(len(data)),data,tick_label=labels)
plt.show()
```

以上代码输出效果如图7-24所示。

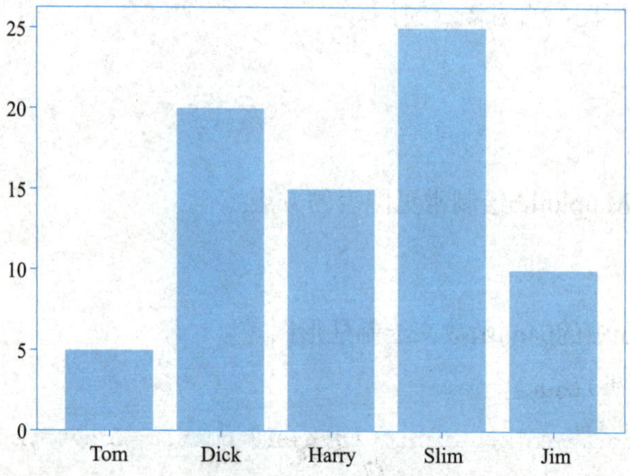

图 7-24　柱形图

二、直方图

Pyplot用于绘制直方图的函数为hist()，该函数具有一个其他绘图函数所没有的功能：除了绘制直方图外，还以元组形式返回直方图的计算结果。也就是说，它能够接受一系列样本个体和期望的面元数量作为参数，会把样本范围分为多个区间（面元），然后计算每个面元所包含的样本个体的数量，运算结果除了以图形形式表示外，还能以元组形式返回。

直方图是用面积表示各组频数的多少，矩形的高度表示每一组的频数和频率，宽度则表示各组的组距，因此其高度与宽度均有意义。由于分组数据具有连续性，直方图的各矩形通常是连续排列。直方图主要用于展示数据型数据。

实例：

```
    plt.hist(x,bins=None,range=None,density=None,weights=None,cumulative=False,
bottom=None,histtype='bar',align='mid',orientation='vertical',rwidth=None,log=
False,color=None,label=None,stacked=False,normed=None)
```

- x：指定要绘制直方图的数据；输入值需要一个数组或者一个序列，不需要长度相同的数组。
- bins：指定直方图条形的个数。
- range：指定直方图数据的上下界，默认包含绘图数据的最大值和最小值。
- density：布尔值，可选。如果为True，返回元组的第一个元素会将计数标准化，以形成一个概率密度，也就是说，直方图下的面积（或积分）总和为1。这是通过将每个箱子的计数除以数据的总数量，并乘以箱子的宽度来将计数转换为概率密度。如果叠加也是“真实”的，那么柱形图被规范化为1（替代normed）。
- weights：该参数可为每一个数据点设置权重。
- cumulative：设置是否需要计算累计频数或频率。
- bottom：可以为直方图的每个条形添加基准线，默认为0。
- histtype：指定直方图的类型，默认为bar，除此还有barstacked、step和stepfilled。
- align：设置条形边界值的对其方式，默认为mid，除此还有left和right。
- orientation：设置直方图的摆放方向，默认为垂直方向。
- rwidth：设置直方图条形宽度的百分比。
- log：是否需要对绘图数据进行log变换。
- color：设置直方图的填充色。
- label：设置直方图的标签，可通过legend展示其图例。
- stacked：当有多个数据时，是否需要将直方图呈堆叠摆放，默认为水平摆放。
- normed：是否将直方图的频数转换成频率（弃用，被density替代）。

实例：

```
import matplotlib.pyplot as plt
import pandas as pd

data=pd.read_csv("birth-rate.csv")                    # 加载数据
data.dropna(subset=['2008'],inplace=True)             # 删除空数据
print(data.head(5))

plt.hist(x=data['2008'],edgecolor='black')
plt.show()                                            # 显示
```

以上代码输出效果如图7-25所示。

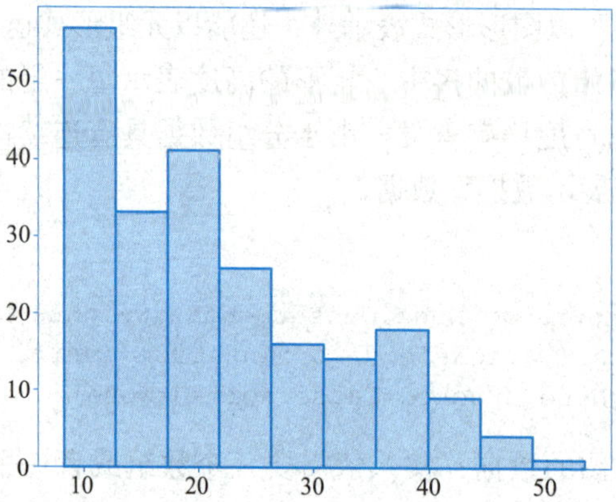

图 7-25 直方图

三、饼图

饼图通过将一个圆饼按照分类的占比划分成多个区块，整个圆饼代表数据的总量，每个区块（圆弧）表示该分类占总体的比例大小，所有区块（圆弧）的和等于100%。饼图常用于统计学模块。

Pyplot中的pie方法可以绘制饼图，语法格式如下：

```
matplotlib.pyplot.pie(x,explode=None,labels=None,colors=None,autopct=None,pctdistance=0.6,shadow=False,labeldistance=1.1,startangle=0,radius=1,counterclock=True,wedgeprops=None,textprops=None,center=0,0,frame=False,rotatelabels=False,*,normalize=None,data=None)[source]
```

参数说明：

- x：浮点型数组，表示每个扇形的面积。
- explode：数组，表示各个扇形之间的间隔，默认值为0。
- labels：列表，各个扇形的标签，默认值为None。
- colors：数组，表示各个扇形的颜色，默认值为None。
- autopct：设置饼图内各个扇形百分比显示格式，%d%%表示整数百分比，%0.1f表示一位小数，%0.1f %%表示一位小数百分比，%0.2f %%表示两位小数百分比。
- labeldistance：标签标记的绘制位置相对于半径的比例，默认值为1.1，如小于1则绘制在饼图内侧。
- pctdistance：类似于labeldistance，指定autopct的位置刻度，默认值为0.6。
- shadow：布尔值True或False，设置饼图的阴影，默认为False，不设置阴影。
- radius：设置饼图的半径，默认为1。
- startangle：起始绘制饼图的角度，默认为从x轴正方向逆时针画起，如设定为90，则从y轴正方向画起。
- counterclock：布尔值，设置指针方向，默认为True，即逆时针，False为顺时针。
- wedgeprops：字典类型，默认值None。参数字典传递给wedge对象用来画一个饼图。例如，wedgeprops={'linewidth':5}设置wedge线宽为5。

- textprops：字典类型，默认值为None。传递给text对象的字典参数，用于设置标签（labels）和比例文字的格式。
- center：浮点类型的列表，默认值（0,0），用于设置图标中心位置。
- frame：布尔类型，默认值False，如果是True，绘制带有表的轴框架。
- rotatelabels：布尔类型，默认为False，如果为True，旋转每个label到指定的角度。

实例：

```
import matplotlib.pyplot as plt
import numpy as np
y=np.array([35, 25, 25, 15])
plt.pie(y)
plt.show()
```

以上代码输出的效果如图7-26所示。

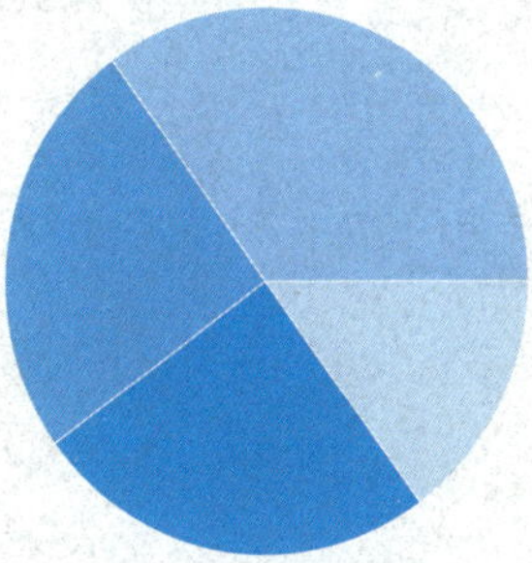

图 7-26 饼图

任务分析

本次任务中，需要完成以下操作：

（1）柱形图、直方图和饼图三种常见图表的基础操作：创建、赋值与运行。

（2）调试代码。

任务实施

一、使用柱形图绘制学生的语、数、外的各科成绩分析

实施步骤：

（1）打开Python编译环境，并新建文件“7-3-1柱形图.ipynb”。

（2）建立一个csv文件或者从Spyder中进行输入，小张采用的是自己建立一个student_score.csv文件并且手动输入所有内容。

（3）在Spyder中读取student_score.csv为DataFrame字符流，并且赋值给df，需要设置编码格式为GBK格式，此处把student_score.csv文件存放在D盘目录下：

```
df=pd.read_csv('student_student_score.csv',encoding='GBK')
```

（4）设置字体格式，下面需要用到Matplotlib库，需要设置字体格式，否则图形可视化的时候中文标题无法显示，设置方法如下：

```
plt.rcParams['font.sans-serif']=['SimHei']
plt.rcParams['axes.unicode_minus']=False
```

（5）从dt中提取需要的数据。

```
math_max=df. 数学 .max()                         # 数学最大值
chinese_max=df. 语文 .max()                      # 语文最大值
english_max=df. 英语 .max()                      # 英语最大值
math_min=df. 数学 .min()                         # 数学最小值
chinese_min=df. 语文 .min()                      # 语文最小值
english_min=df. 英语 .min()                      # 英语最小值
name=df. 学号
students_scores=df. 语文 +df. 数学 +df. 英语     # 学生总成绩
math_avg=df. 数学 .mean()                        # 数学平均分
chinese_avg=df. 语文 .mean()                     # 语文平均分
english_avg=df. 英语 .mean()                     # 英语平均分
```

（6）在代码开头导入相关的包。

```
import matplotlib.pyplot as plt
import pandas as pd
```

（7）对数据可视化。

```
plt.title(' 学生总成绩分布图 ')
plt.xlabel(' 学号 ')
plt.ylabel(' 总分 ')
plt.bar(name,students_scores)
plt.figure()
plt.show()
```

运行代码输出效果如图7-27所示。

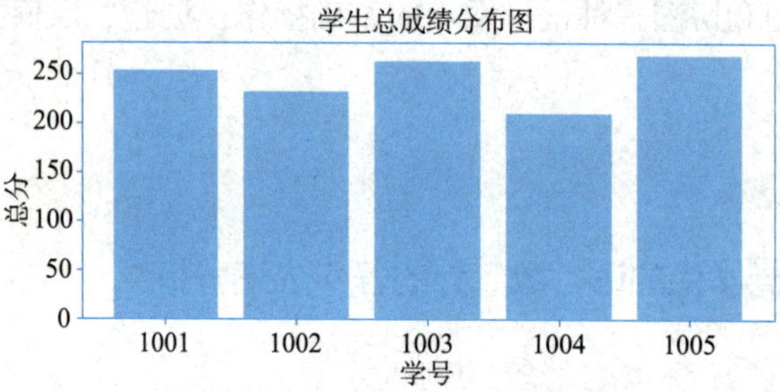

图 7-27　每门课程总分展示图

```
plt.title(' 每门课程平均分展示图 ')
plt.xlabel(' 课程名 ')
plt.ylabel(' 平均分 ')
plt.bar(' 数学 ',Python_avg)
plt.bar(' 语文 ',math_avg)
plt.bar(' 英语 ',english_avg)
plt.figure()
plt.show()
```

运行代码输出效果如图7-28所示。

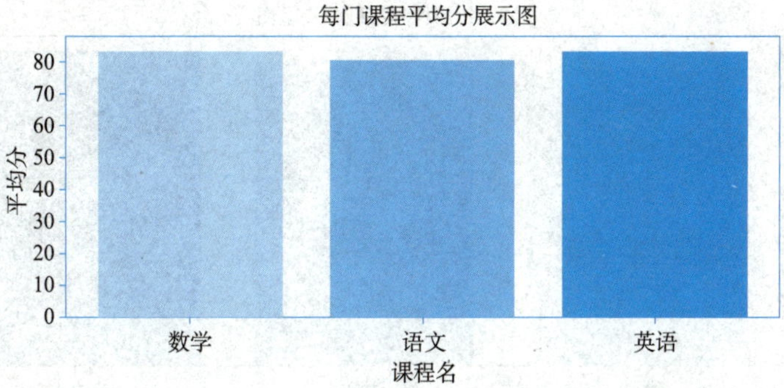

图 7-28　每门课程平均分展示图

```
plt.title('每门课程最高分展示图')
plt.xlabel('课程名')
plt.ylabel('最高分')
plt.bar('数学',Python_max)
plt.bar('语文',math_max)
plt.bar('英语',english_max)
plt.figure()
plt.show()
```

运行代码输出效果如图7-29所示。

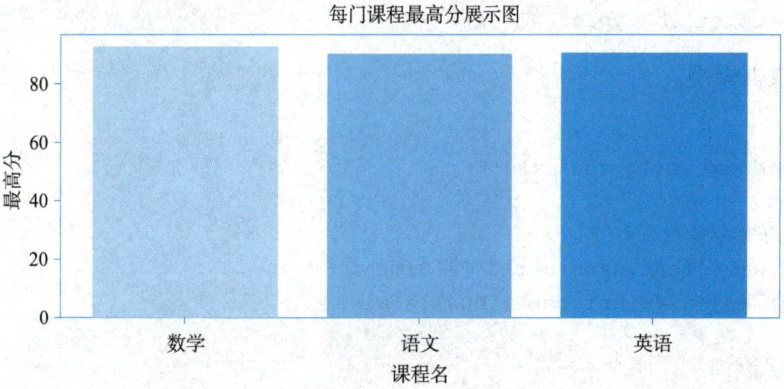

图 7-29　每门课程最高分展示图

```
plt.title('每门课程最低分展示图')
plt.xlabel('课程名')
plt.ylabel('最低分')
plt.bar('数学',Python_min)
plt.bar('语文',math_min)
plt.bar('英语',english_min)
#plt.figure()                                  #可以删除
plt.show()
```

运行代码输出效果如图7-30所示。

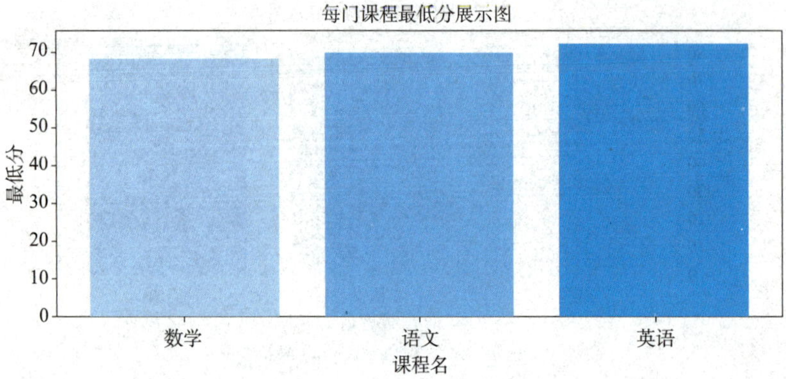

图 7-30　每门课程最低分展示图

二、使用直方图分析学生数学成绩分布情况

实施步骤：

（1）打开Python编译环境，并新建文件“7-3-2直方图.ipynb”。

（2）创建xls文件输入所需数据。

（3）导入数据包。

```
import pandas as pd
import matplotlib.pyplot as plt
```

（4）输出数据模型。

```
# 读取数据
df=pd.read_excel('grade1.xls')

# 设置中文字体以正确显示
plt.rcParams['font.sans-serif']='SimHei'
plt.rcParams['axes.unicode_minus']=False

# 获取数学成绩列
math_scores=df['得分']

# 绘制直方图
plt.hist(math_scores,bins=10,edgecolor='black',alpha=0.7)
plt.xlabel('数学成绩')
plt.ylabel('学生数量')
plt.title('学生数学成绩分布直方图')

# 显示图表
plt.show()
```

运行代码输出效果如图7-31所示。

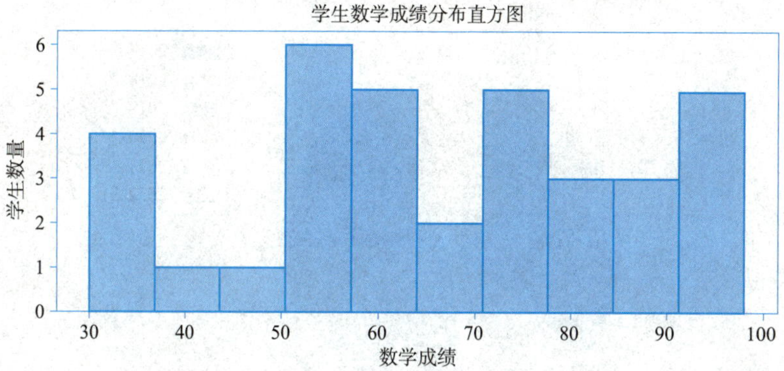

图 7-31　学生数学成绩分布直方图

三、使用饼图绘制 2017—2022 年线上图书销售额分析图

实施步骤：

（1）打开Python编译环境，并新建文件“7-3-3饼图.ipynb”。

（2）建立一个csv文件或者从Spyder中进行输入，小张自己建立一个student_score.csv文件并且手动输入所有内容。

（3）在Spyder中读取book.csv为DataFrame字符流，并且赋值给df，需要设置编码格式为GBK格式。

```
df=pd.read_csv('book.csv',encoding='GBK')
```

（4）在代码开头导入相关的包。

```
import pandas as pd
import matplotlib.pyplot as plt
```

（5）对数据可视化。

```
plt.rcParams['font.sans-serif']='SimHei'
plt.rcParams['axes.unicode_minus']=False
# 读取 CSV 文件
data=pd.read_csv("book.csv",encoding='GBK')
# 提取相关列作为数组
categorics=data.iloc[:,0].values
sales=data.iloc[:,1].values
# 创建饼图
plt.pie(sales,labels=categories,autopct='%.1f%%')
plt.title('2017~2022 年线上图书销售额分析 ')
plt.legend(loc='upper left')
# 显示图表
plt.show()
```

运行代码输出效果如图7-32所示。

视频

常用图表的绘制

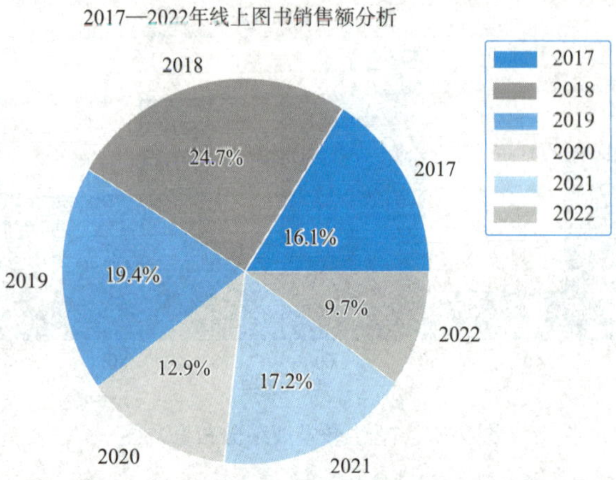

图 7-32　2017—2022 年线上图书销售额分析

任务拓展

小张已经初步了解使用了常用图表的绘制，那么如何使用饼图分析各省（直辖市）销量的占比情况呢？

任务拓展思路：

（1）进行数据准备：通过数据模块确定好需要搭建的数据绘图的类型以及数据量。

（2）进行模型构建准备：模型采用饼图。

（3）编码实现：通过对上述过程进行分析后，编写Python代码并运行展示。

任务拓展效果如图7-33所示。

视频

饼图分析各省（直辖市）销量

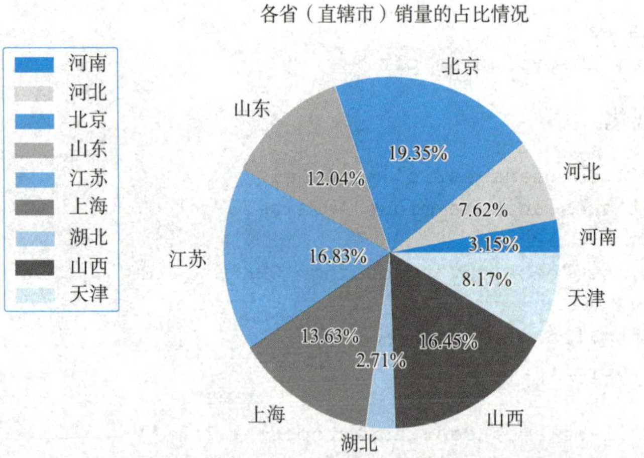

图 7-33　绘制饼图分析各省（直辖市）销量的占比情况

延伸阅读：数据可视化助力教育现代化

教育部教育管理信息中心开发的国家教育决策支持系统运用Matplotlib构建了教育数据可视化平台，已覆盖31个省份的2.8万所学校。平台通过热力图动态监测县域师资配置差异，2023年精准识别出中西部156个师资紧缺县，据此调整特岗教师计划，补充音体美教师1.2万名。该系统严格遵循“数据四不”原则：来源不实不用、算法不优不用、校验不通过不用、解读不科学不用，确保每个可视化结果都经得起历史检验。

“教育数据承载着千家万户的期望，我们必须用专业和敬畏对待每个数据点。”项目组负责人这样诠释团队的工作理念。在研发过程中，技术骨干带头攻关，将“精准扶智”理念融入算法设计，使系统能够自动识别乡村振兴重点县的薄弱环节。这种将技术创新与国家战略紧密结合的实践，正是新时代教育工作者践行“为党育人、为国育才”使命的生动写照。目前，该平台已帮助西部某省将县域教育均衡指数提升35%，相关成果被纳入《教育数字化战略行动》典型案例。

阅读思考： 结合乡村振兴战略，谈谈数据可视化技术在农村教育质量提升中的潜在价值。

习　题

一、选择题

1. Matplotlib主要用于（　　）类型的图表绘制。

A. 3D图表　　B. 数据分析图表

C. 地图图表　　D. 模型图表

2. 如何安装Matplotlib库？（　　）

A. pip install pandas　　B. pip install matplotlib

C. conda install matplotlib　　D. install.packages("matplotlib")

3. 在Matplotlib中，Pyplot的作用是（　　）。

A. 数据分析　　B. 画布绘制

C. 图表绘制　　D. 数学计算

4. （　　）适合表示时间序列数据。

A. 折线图　　B. 柱形图

C. 直方图　　D. 饼图

5. 如何设置折线图的颜色为红色？（　　）

A. plt.color('red')　　B. plt.line_color('red')

C. plt.plot(color='red')　　D. plt.plot(color='red')

6. 折线图的横坐标一般表示（　　）。

A. 类别型数据　　B. 连续型数据

C. 时间序列数据　　D. 标签数据

7. 直方图主要用于描述（　　）。

A. 线性分布　　B. 均匀分布

C. 正态分布　　D. 随机分布

8. 如何设置柱形图的颜色为绿色？（　　）

A. plt.color('green')　　B. plt.bar(color='green')

C. plt.plot(color='green')　　D. plt.bar(color='green')

9. Matplotlib库的默认中文字体为（　　）。

A. SimHei　　B. Arial

C. Times New Roman　　D. Courier New

10. 如何为饼图添加百分比标签？(　　)

A. plt.add_percentage_labels()

B. plt.pie_labels('percentage')

C. plt.add_labels('percentage')

D. plt.pie(labels='percentage')

二、填空题

1. 为折线图设置画布大小的函数是__________。
2. 设置坐标轴的函数是plt.__________。
3. 为图表添加注释的函数是plt.__________。
4. 设置文本标题的函数是plt.__________。
5. 为图表添加图例的函数是plt.__________。
6. 柱形图的函数plt.bar()中，用于设置颜色的参数是__________。
7. 直方图的函数plt.hist()中，用于设置数据分组的参数是__________。
8. 饼图的函数plt.pie()中，用于设置饼图的百分比标签的参数是__________。
9. 设置刻度的字号的函数是plt.tick_params(axis='both',which='major',labelsize=__________)。
10. 设置x轴标签及其字号的函数是plt.xlabel('__________',fontsize=__________)。

三、操作题

1. 绘制一个柱形图，数据如下：

```
categories=['A','B','C','D']
values=[25,40,30,20]
```

2. 绘制一个简单的饼图，数据如下：

```
labels=['Category A','Category B','Category C','Category D']
sizes=[30,20,25,25]
```

3. 绘制一个折线图，数据如下：

```
x_values=[1,2,3,4,5]
y_values=[5,8,2,6,9]
```

设置画布大小为（8,6），颜色为蓝色，坐标轴标签为“时间”和“数值”，标题为“折线图示例”。

4. 为上一题的折线图添加图例，位置设置在右上角。
5. 为上一题的折线图在某个关键点添加注释，标注文字为“峰值”。

单元8 人工智能通用技术

导读

人工智能（artificial intelligence，AI）是研究、开发用于模拟、延伸和扩展人的智能的理论、方法、技术及应用的一门新的技术科学。人工智能涉及计算机科学、认知科学、神经生理学等多个学科，是在这些学科研究的基础上发展起来的综合性很强的交叉性学科，是当今社会计算机科学中最活跃的分支之一。本单元，公司人工智能算法工程师小张带领我们一起学习机器学习的概念、发展历程、分类、常用算法及应用、人工神经网络与深度学习，以及生成式人工智能AIGC和大模型的相关知识。

思维导图

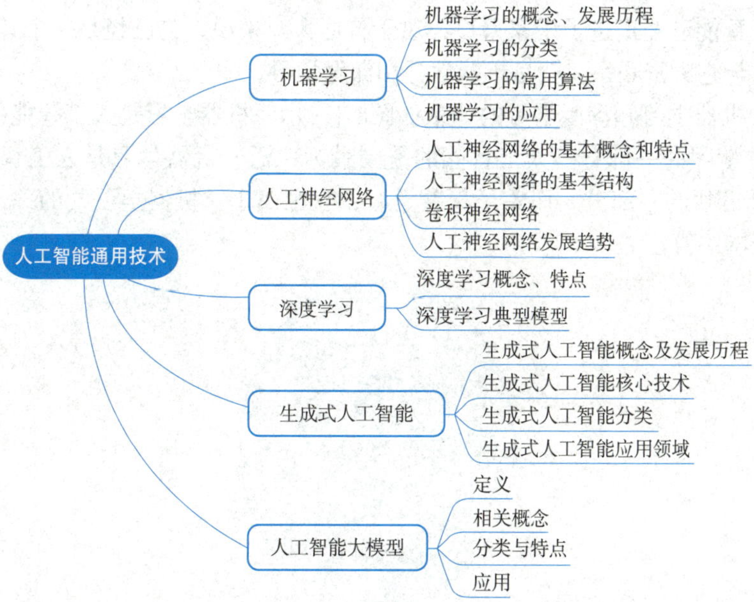

知识目标

- 了解机器学习的基本知识。

- 理解人工神经网络与深度学习。
- 理解生成式人工智能技术AIGC。
- 理解大模型相关概念及应用。

能力目标

- 能熟练掌握机器学习常用算法。
- 掌握卷积神经网络的搭建方法。
- 掌握常用的生成式人工智能工具使用方法。
- 掌握当前主流的大模型使用方法。

素质目标

- 结合智能制造发展的前沿和我国人工智能发展史，对学生进行爱国主义教育和职业教育。

任务 8.1 人脸识别

任务说明

人脸识别是人工智能的一项重要研究，它在当前社会中有着广阔的应用前景。在本任务中小张需要查阅资料，了解人脸识别技术，掌握其实现原理，总结其算法模型，实现人脸识别功能。

预备知识

如今，人工智能已经走进了千家万户，对于普通大众来说，它已经是一个耳熟能详的名词。但还有两个词语与它紧密联系，就是机器学习和深度学习。

人工智能、机器学习和深度学习的关系如图8-1所示。机器学习是人工智能的一部分，而深度学习又是机器学习的一部分。人工智能的范围最为广泛，机器学习是人工智能的核心分支，也是当前发展最迅猛的一部分，而关于深度学习，它也属于“机器学习”的一个分支，其主要研究对象是神经网络算法。

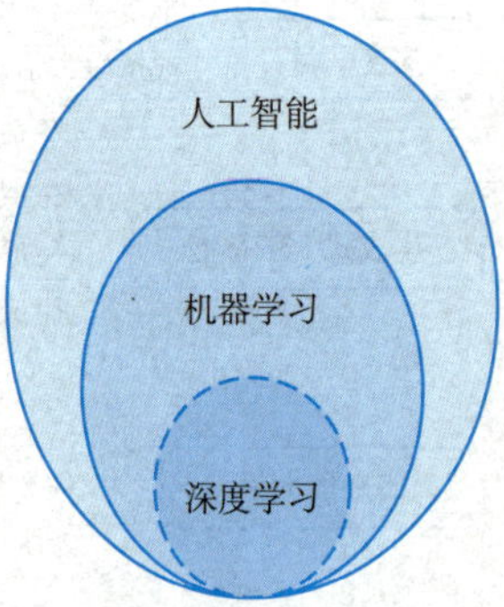

图 8-1　三者关系图

从定义上来说，机器学习是一种功能、方法，或者说是一种算法，它能够赋予机器进行学习的能力，从而使机器完成一些通过编程无法直接实现的功能。但从具体的实践意义来说，机器学习是利用大量数据训练出一个最优模型，然后再利用此模型预测出其他数据的一种方法。比如要识别猫、狗照片就要拿它们各自的照片提炼出相应的特征（比如耳朵、脸型、鼻子等），从而训练出一个具有预测能力的模型。

一、机器学习的定义

机器学习是一门多学科交叉专业，涵盖概率论知识、统计学知识、近似理论知识和复杂算法知识，使用计算机作为工具并致力于真实、实时地模拟人类学习方式，将现有内容进行知识结构划分来有效提高学习效率。

机器学习有下面几种定义：

（1）机器学习是一门人工智能的科学，该领域的主要研究对象是人工智能，特别是如何在经验学习中改善具体算法的性能。

（2）机器学习是对能通过经验自动改进的计算机算法的研究。

（3）机器学习是利用数据或以往的经验，以此优化计算机程序的性能标准。

二、机器学习发展历程

从20世纪50年代研究机器学习以来，不同时期的研究途径和目标并不相同，可以划分为四个阶段：

第一阶段是20世纪50年代中叶到60年代中叶，这个时期主要研究如何在没有大量外部知识的情况下，通过与环境互动来改进自身的执行能力。此阶段的研究方法通常通过改变机器的环境和性能参数来测试系统的反馈，从而优化系统的表现。例如，Samuel的下棋程序就是在这种思想下开发的，程序通过自我对弈不断调整策略从而提高棋艺水平。然而，这种方法仍然相对简单，无法完全满足日益增长的人工智能需求。

第二阶段从20世纪60年代中叶到70年代中叶，这个时期主要研究将各个领域的知识植入到系统里，在本阶段的目的是通过机器模拟人类学习的过程。同时还采用了图结构及其逻辑结构方面的知识进行系统描述，在这一研究阶段，主要是用各种符号来表示机器语言，研究人员在进行实验时意识到学习是一个长期的过程，从这种系统环境中无法学到更加深入的知识，因此研究人员将各专家学者的知识加入到系统里，经过实践证明这种方法取得了一定的成效。在这一阶段具有代表性的工作有Hayes-Roth和Winson的对结构学习系统方法。

第三阶段从20世纪70年代中叶到80年代中叶，称为复兴时期。在此期间，人们从学习单个概念扩展到学习多个概念，探索不同的学习策略和学习方法，且在本阶段已开始把学习系统与各种应用结合起来，并取得很大的成功。同时，专家系统在知识获取方面的需求也极大地刺激了机器学习的研究和发展。在出现第一个专家学习系统之后，示例归纳学习系统成为研究的主流，自动知识获取成为机器学习应用的研究目标。1980年，在美国的卡内基梅隆（CMU）召开了第一届机器学习国际研讨会，标志着机器学习研究已在全世界兴起。此后，机器学习开始得到了大量的应用。1984年，Simon等20多位人工智能专家共同撰文编写的MachineLearning文集第二卷出版，国际性杂志Machine Learning创刊，更加显示出机器学习突飞猛进的发展趋势。这一阶段代表性的工作有Mostow的指导式学习、Lenat的数学概念发现程序、Langley的BACON程序及其改进程序。

第四阶段20世纪80年代中叶至今，是机器学习的最新阶段。这个时期的机器学习具有如下特点：

（1）机器学习已成为新的学科，它综合应用了心理学、生物学、神经生理学、数学、自动化和计算机科学等形成了机器学习理论基础。

（2）融合了各种学习方法，且形式多样的集成学习系统研究正在兴起。

（3）机器学习与人工智能各种基础问题的统一性观点正在形成。

（4）各种学习方法的应用范围不断扩大，部分应用研究成果已转化为产品。

（5）与机器学习有关的学术活动空前活跃。

三、机器学习的分类

几十年来，研究发表的机器学习的方法种类很多，根据强调侧面的不同可以有多种分类方法。

（一）基于学习策略的分类

1. 模拟人脑的机器学习

（1）符号学习：模拟人脑的宏观心理及学习过程，以认知心理学原理为基础，以符号数据为输入，以符号运算为方法，用推理过程在图或状态空间中搜索，学习的目标为概念或规则等。符号学习的典型方法有记忆学习、示例学习、演绎学习.类比学习、解释学习等。

（2）神经网络学习（或连接学习）：模拟人脑的微观生理级学习过程，以脑和神经科学原理为基础，以人工神经网络为函数结构模型，以数值数据为输入，以数值运算为方法，用迭代过程在系数向量空间中搜索、学习的目标为函数。典型的连接学习有权值修正学习、拓扑结构学习。

2. 直接采用数学方法的机器学习

直接采用数学方法的机器学习主要有统计机器学习。统计机器学习是基于对数据的初步认识以及学习目的的分析，选择合适的数学模型，拟定超参数，并输入样本数据，依据一定的策略，运用合适的学习算法对模型进行训练，最后运用训练好的模型对数据进行分析预测。

统计机器学习三个要素：

（1）模型（model）：模型在未进行训练前，其可能的参数是多个甚至无穷的，故可能的模型也是多个甚至无穷的，这些模型构成的集合就是假设空间。

（2）策略（strategy）：即从假设空间中挑选出参数最优的模型的准则。模型的分类或预测结果与实际情况的误差（损失函数）越小，模型就越好，那么策略就是误差最小。

（3）算法（algorithm）：即从假设空间中挑选模型的方法（等同于求解最佳的模型参数）。机器学习的参数求解通常都会转化为最优化问题，故学习算法通常是最优化算法，例如最速梯度下降法、牛顿法及拟牛顿法等。

（二）基于学习方法的分类

（1）归纳学习

- 符号归纳学习：典型的符号归纳学习有示例学习、决策树学习。
- 函数归纳学习（发现学习）：典型的函数归纳学习有神经网络学习、示例学习、发现学习、统计学习。

（2）演绎学习：演绎学习通过从已知规则出发，进行逻辑推理推导新知识。典型方法有专家系统、基于规则的推理系统。

（3）类比学习：典型的类比学习有案例（范例）学习。

（4）分析学习：典型的分析学习有解释学习、宏操作学习。

（三）基于学习方式的分类

（1）监督学习（有导师学习）：输入数据中有导师信号，以概率函数、代数函数或人工神经网络为基函数模型，采用迭代计算方法，学习结果为函数。

（2）无监督学习（无导师学习）：输入数据中无导师信号，采用聚类方法，学习结果为类别。典型的无导师学习有发现学习、聚类、竞争学习等。

（3）强化学习（增强学习）：以环境反馈（奖/惩信号）作为输入，以统计和动态规划技术为指导的一种学习方法。

（四）基于数据形式的分类

（1）结构化学习：以结构化数据为输入，典型的结构化学习有神经网络学习、统计学习、决策树学习、规则学习。

（2）非结构化学习：以非结构化数据为输入，典型的非结构化学习有类比学习、案例学习、解释学习、文本挖掘、图像挖掘、Web挖掘等。

（五）基于学习目标的分类

（1）概念学习：学习的目标和结果为概念，或者说是为了获得概念的学习。典型的概念学习主要有示例学习。

（2）规则学习：学习的目标和结果为规则，或者为了获得规则的学习。典型规则学习主要有决策树学习。

（3）函数学习：学习的目标和结果为函数，或者说是为了获得函数的学习。典型函数学习主要有神经网络学习。

（4）类别学习：学习的目标和结果为对象类，或者说是为了获得类别的学习。典型类别学习主要有聚类分析。

（5）贝叶斯网络学习：学习的目标和结果是贝叶斯网络，或者说是为了获得贝叶斯网络的一种学习。其又可分为结构学习和多数学习。

四、机器学习的常用算法

（一）决策树算法

决策树及其变种是一类将输入空间分成不同的区域，每个区域有独立参数的算法。决策树算法充分利用了树状模型，根节点到一个叶子节点是一条分类的路径规则，每个叶子节点象征一个判断类别。先将样本分成不同的子集，再进行分割递推，直至每个子集得到同类型的样本，从根节点开始测试，到子树再到叶子节点，即可得出预测类别。此方法的特点是结构简单、处理数据效率较高。

（二）朴素贝叶斯算法

朴素贝叶斯算法是一种分类算法。它不是单一算法，而是一系列算法，它们都有一个共同的原则，即被分类的每个特征都与任何其他特征的值无关。朴素贝叶斯分类器认为这些“特征”中的每一个都独立地贡献概率，而不管特征之间的任何相关性。然而，特征并不总是独立的，这通常被视为朴素贝叶斯算法的缺点。简而言之，朴素贝叶斯算法允许我们使用概率给出一组特征来预测一个类。与其他常见的分类方法相比，朴素贝叶斯算法需要的训练很少。在进行预测之前必须完成的唯一工作是找到特征的个体概率分布的参数，这通常可以快速且确定地完成。这意味着即使对于高维数据点或大量数据点，朴素贝叶斯分类器也可以表现良好。

（三）支持向量机算法

基本思想可概括如下：首先，要利用一种变换将空间高维化，当然这种变换是非线性的，然后，在新的复杂空间取最优线性分类表面。由此种方式获得的分类函数在形式上类似于神经网络算法。支持向量机是统计学习领域中一个代表性算法，但它与传统方式的思维方法很不同，输入空间、提高维度，从而将问题简短化，使问题归结为线性可分的经典解问题。支持向量机应用于垃圾邮件识别、人脸识别等多种分类问题。

（四）随机森林算法

控制数据树生成的方式有多种，根据前人的经验，大多数时候更倾向选择分裂属性和剪枝，但这并不能解决所有问题，偶尔会遇到噪声或分裂属性过多的问题。基于这种情况，总结每次的结果可以得到袋外数据的估计误差，将它和测试样本的估计误差相结合可以评估组合树学习器的拟合及预测精度。此方法的优点有很多，可以产生高精度的分类器，并能够处理大量的变数，也可以平衡分类资料集之间的误差。

（五）人工神经网络算法

人工神经网络与神经元组成的异常复杂的网络大体相似，是个体单元互相连接而成，每个单元有数值量的输入和输出，形式可以为实数或线性组合函数。它先要以一种学习准则去学习，然后才能进行工作。当网络判断错误时，通过学习使其减少犯同样错误的可能性。此方法有很强的泛化能力和非线性映射能力，可以对信息量少的系统进行模型处理。从功能模拟角度看具有并行性，且传递信息速度极快。

（六）Boosting 与 Bagging 算法

Boosting是种通用的增强基础算法性能的回归分析算法。不需构造一个高精度的回归分析，只需一个粗糙的基础算法即可，再反复调整基础算法就可以得到较好的组合回归模型。它可以将弱学习算法提高为强学习算法，可以应用到其他基础回归算法，如线性回归、神经网络等，来提高精度。Bagging和前一种算法大体相似但又略有差别，主要想法是给出已知的弱学习算法和训练集，它需要经过多轮的计算，才可以得到预测函数列，最后采用投票方式对示例进行判别。

（七）关联规则算法

关联规则是用规则去描述两个变量或多个变量之间的关系，是客观反映数据本身性质的方法。它是机器学习的一大类任务，可分为两个阶段，先从资料集中找到高频项目组，再去研究它们的关联规则。其得到的分析结果即是对变量间规律的总结。

（八）EM（期望最大化）算法

在进行机器学习的过程中需要用到极大似然估计等参数估计方法，在有潜在变量的情况下，通常选择EM算法，不是直接对函数对象进行极大估计，而是添加一些数据进行简化计算，再进行极大化模拟。它是对本身受限制或比较难直接处理的数据的极大似然估计算法。

五、机器学习的应用

机器学习应用广泛，无论是在军事领域还是民用领域，都有机器学习算法施展的机会，主要包括以下几个方面：

（一）数据分析与挖掘

“数据挖掘”和“数据分析”通常被相提并论，并在许多场合被认为是可以相互替代的术语。关于数据挖掘，已有多种含义接近的定义，例如“识别出巨量数据中有效的、新颖的、潜在有用的、最终可理解的模式的非平凡过程”，无论是数据分析还是数据挖掘，都是帮助人们收集、分析数据，使之成为信息，并做出判断，因此可以将这两项合称为数据分析与挖掘。

数据分析与挖掘技术是机器学习算法和数据存取技术的结合，利用机器学习提供的统计分析、知识发现等手段分析海量数据，同时利用数据存取机制实现数据的高效读写。

（二）模式识别

模式识别起源于工程领域，而机器学习起源于计算机科学，这两个不同学科的结合带来了模式识别领域的调整和发展。模式识别研究主要集中在两个方面：

（1）研究生物体（包括人）是如何感知对象的，属于认识科学的范畴。

（2）在给定的任务下，如何用计算机实现模式识别的理论和方法，这些是机器学习的长项，也是机器学习研究的内容之一。

模式识别的应用领域广泛，包括计算机视觉、医学图像分析、光学文字识别、自然语言处理、语音识别、手写识别、生物特征识别、文件分类、搜索引擎等，而这些领域也正是机器学习大展身手的舞台，因此模式识别与机器学习的关系越来越密切。

（三）在生物信息学上的应用

随着基因组和其他测序项目的不断发展，生物信息学研究的重点正逐步从积累数据转移到如何解释这些数据。在未来，生物学的新发现将极大地依赖于我们在多个维度和不同尺度下对多样化的数据进行组合和关联的分析能力，而不再仅仅依赖于对传统领域的继续关注。序列数据将与结构和功能数据、基因表达数据、生化反应通路数据、表现型和临床数据等一系列数据相互集成。如此大量的数据，在生物信息的存储、获取、处理、浏览及可视化等方面，都对理论算法和软件的发展提出了迫切的需求。另外，基因组数据本身的复杂性也对理论算法和软件的发展提出了迫切的需求。而机器学习方法例如神经网络、遗传算法、决策树和支持向量机等正适合于处理这种数据量大、含有噪声并且缺乏统一理论的领域。

（四）具体应用

（1）虚拟助手。Siri、Alexa、Google Now都是虚拟助手，当使用语音发出指令后，它们会协助查找信息。对于回答，虚拟助手会查找信息，回忆我们的相关查询，或向其他资源（如电话应用程序）发送命令以收集信息。我们可以指导助手执行某些任务，例如“设置7点的闹钟”等。

（2）交通预测。生活中我们经常使用GPS导航服务。当我们这样做时，我们当前的位置和速度被保存在中央服务器上来进行流量管理。之后使用这些数据构建当前流量的映射。通过机器学习可以解决配备GPS的汽车数量较少的问题，在这种情况下的机器学习有助于根据估计找到拥挤的区域。

（3）过滤垃圾邮件和恶意软件。电子邮件客户端使用了许多垃圾邮件过滤方法。为了确保这些垃圾邮件过滤器能够不断更新，它们使用了机器学习技术。多层感知器和决策树归纳等是由机器学习提供支持的一些垃圾邮件过滤技术。每天可检测到超过325 000个恶意软件，每个代码与之前版本的90%~98%相似，由机器学习驱动的系统安全程序理解编码模式，因此，可以轻松检测到2%~10%变异的新恶意软件。

六、人脸识别技术

人脸识别技术是一种生物特征识别技术，旨在通过分析和识别人的面部特征来确认其身份。随着计算机视觉、人工智能以及深度学习技术的发展，人脸识别技术已经在多个领域得到广泛应用。其核心技术包括人脸检测、特征提取、特征匹配和识别等关键步骤。

（一）人脸检测

人脸检测是人脸识别的第一步，目的是从图像或视频中定位到人的面部区域。常见的人脸检测方法有：

（1）研究生物体（包括人）是如何感知对象的，属于认识科学的范畴。

（2）Haar特征级联分类器：这种方法使用预训练的Haar特征和级联分类器，能够快速检测到人脸。它基于图像中的特定特征（如眼睛、鼻子、嘴巴等的几何结构）进行分类，通过多次筛选，提高检测精度。

（3）深度学习方法（卷积神经网络）：近年来，深度学习，特别是卷积神经网络（CNN），在图像检测领域取得了巨大突破。CNN模型通过学习大量数据中的人脸特征，能够高效、准确地检测人脸。

（二）人脸特征提取

特征提取是人脸识别的核心任务，其目的是将人脸图像转换为能够代表个体身份的特征向量。常见的特征提取方法包括：

（1）Eigenfaces（特征脸）：该方法使用主成分分析（PCA）对人脸图像进行降维，通过计算每个人脸图像的主要成分，提取出代表面部特征的向量。该方法简单高效，但对光照、角度变化等敏感。

（2）Fisherfaces：基于线性判别分析（LDA）的方法，能够提高对不同个体之间差异的敏感度。Fisherfaces通过最大化类间方差和最小化类内方差，提高了人脸识别的准确性，尤其在处理光照和表情变化时表现更好。

（3）深度学习特征提取：卷积神经网络（CNN）不仅可以用于人脸检测，还能用来提取面部深层特征。通过端到端的训练，CNN能够自动学习到高效的面部特征，避免了传统方法中的人工特征选择过程。

（三）人脸匹配与识别

人脸匹配与识别是通过与数据库中的已知人脸特征进行比对来确认身份。常见的识别方法包括：

（1）欧氏距离与余弦相似度：在传统的特征提取方法中，欧氏距离和余弦相似度是常见的度量方法。通过计算待识别人脸特征与数据库中各个样本特征之间的距离，选择距离最小的样本进行匹配。

（2）支持向量机（support vector machine，SVM）：SVM是一个常用于分类的监督学习算法。在人脸识别中，可以将不同人脸的特征作为样本输入SVM分类器，进行准确的身份识别。

（3）深度学习FaceNet：FaceNet是一种基于深度神经网络的嵌入式人脸识别方法。通过训练神经网络模型，FaceNet可以将人脸图像映射到一个128维的向量空间中，并通过计算向量之间的距离来进行人脸匹配与识别。与传统方法相比，深度学习方法在复杂环境下具有更好的鲁棒性和准确性。

（四）人脸识别系统中的优化技术

为了提高人脸识别技术的准确性和效率，很多优化技术被引入：

（1）数据增强：通过对训练数据进行旋转、平移、缩放、光照变化等处理，增加数据的多样性，提高模型的泛化能力。

（2）多任务学习：同时进行人脸检测、特征提取、表情识别等多项任务，通过共享模型的部分层进行学习，提升整体识别效果。

（3）集成学习：通过将多个识别模型的结果进行加权或投票，可以显著提高识别的准确性和健壮性。

（4）3D人脸识别：结合3D人脸扫描技术，不仅能提取正面的人脸特征，还能有效提取侧面或其他角度的人脸数据，克服了2D图像中的角度和光照问题。

任务分析

本次任务中，需要掌握以下技能：

（1）掌握OpenCV的基本操作。

（2）Haarcascade级联分类器模型的调用。

（3）代码的调试。

任务实施

在前面的介绍中小张了解了人脸识别技术，掌握其实现原理，总结其算法模型，同时探索它在当前社会中的应用领域。下面小张通过自己的了解尝试编写一段人脸识别程序。

实施步骤：

第一步：打开“运行”对话框，输入cmd命令，单击“确定”按钮，在弹出窗口中，执行pip install opencv-python命令下载openCV-Python。

第二步：打开Python编译环境执行以下代码。

（1）导入cv2包。

```
import cv2 as cv
```

（2）引用人脸分类器以及眼睛分类器。

```
# 引用数据模型
face=cv.CascadeClassifier("./haarcascade_frontalface_default.xml")
eye=cv.CascadeClassifier("./haarcascade_eye_tree_eyeglasses.xml")
```

（3）打开摄像头。

```
# 使用默认摄像头，如果有多个摄像头，可以尝试不同的索引
cap=cv.VideoCapture(0)
```

（4）对视频进行处理以及检测。

```
while True:
    # 读取摄像头帧
    ret,frame=cap.read()
    # 将图像转换为灰度图像
    gray=cv.cvtColor(frame,cv.COLOR_BGR2GRAY)
# 在灰度图像中检测人脸
faces=face.detectMultiScale(gray,1.3,5)
for (x,y,w,h) in faces:
        # 绘制人脸矩形框
        cv.rectangle(frame,(x,y),(x + w,y + h),(0,255,0),2)
        # 从灰度图像中提取人脸区域
        face_roi_gray=gray[y:y + h,x:x + w]
        # 从彩色图像中提取人脸区域
        face_roi_color=frame[y:y + h,x:x + w]
        # 在人脸区域中检测眼睛
        eyes=eye.detectMultiScale(face_roi_gray,1.1,3)
        for (ex,ey,ew,eh) in eyes:
            # 绘制眼睛矩形框
            cv.rectangle(face_roi_color,(ex,ey),(ex + ew,ey + eh),(0,0,255),2)
            # 显示带有检测结果的图像
            cv.imshow('Face Detection',frame)
# 设置退出循环的按键按下 [q] 键退出循环
if  cv.waitKey(1)==ord('q'):
        break
```

（5）关闭摄像头。

```
cap.release()                                    # 释放摄像头资源
cv.destroyAllWindows()                           # 关闭窗口
```

任务效果如图8-2所示。

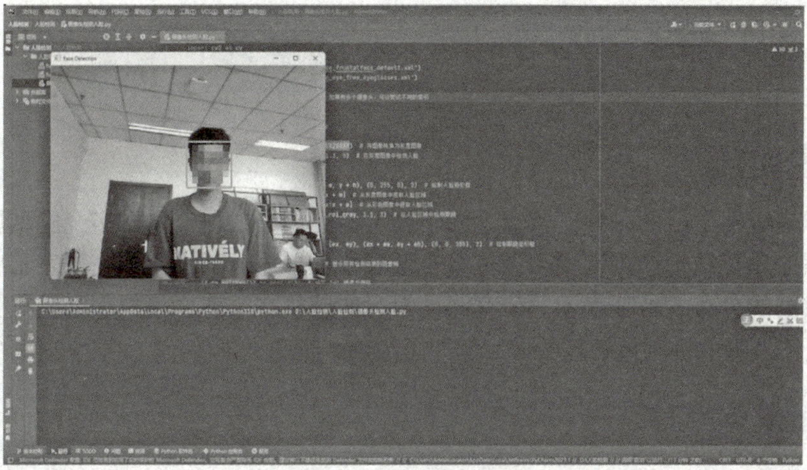

图 8-2　任务实施效果

视频
人脸识别

任务拓展

小张已经学会了使用openCV对摄像头中的人脸进行检测，并进行不同的处理。接下来，小张将对图片中的行人进行检测，检测到后用蓝色的框框出并标注上“xingren”字样，该如何操作呢?

任务拓展思路:

（1）加载待检测的彩色图像，并将其转换为灰度图像。

（2）使用行人检测模型在图像上进行行人检测，找到行人的位置和边界框。

（3）遍历检测到的行人边界框，用蓝色的矩形框标注出每个行人的位置。

（4）在每个行人的边界框上标注上“xingren”字样。

（5）显示标注后的图像，让用户观察检测结果。

任务拓展效果如图8-3所示。

图 8-3　任务拓展效果

视频
行人检测

任务8.2 深度学习

任务说明

深度学习是机器学习的一种，其概念源于人工神经网络的研究，含多个隐藏层的多层感知器就是一种深度学习结构。深度学习通过组合低层特征形成更加抽象的高层表示属性类别或特征，以发现数据的分布式特征表示。研究深度学习的动机在于建立模拟人脑进行分析学习的神经网络，它模仿人脑的机制来解释数据，例如图像、声音和文本等。

预备知识

人工神经网络（artificial neural network，ANN），是20世纪80年代以来人工智能领域兴起的研究热点。它从信息处理角度对人脑神经元网络进行抽象，建立某种简单模型，按不同的连接方式组成不同的网络。在工程与学术界也常直接简称为神经网络或类神经网络。神经网络是一种运算模型，由大量的节点（或称神经元）之间相互联接构成。每个节点代表一种特定的输出函数，称为激活函数（activation function）。每两个节点间的连接都代表一个通过该连接信号的加权值，称为权重，这相当于人工神经网络的记忆。网络的输出则依网络的连接方式、权重值和激活函数的不同而不同。而网络自身通常都是对自然界某种算法或者函数的逼近，也可能是对一种逻辑策略的表达。

最近十多年来，人工神经网络的研究工作不断深入，已经取得了很大的进展，其在模式识别、智能机器人、自动控制、预测估计、生物、医学、经济等领域已成功地解决了许多现代计算机难以解决的实际问题，表现出了良好的智能特性。

一、人工神经网络的基本概念和特点

（一）人工神经网络的基本概念

人工神经网络基于生物学中神经网络的基本原理，在理解和抽象了人脑结构和外界刺激响应机制后，以网络拓扑知识为理论基础，模拟人脑的神经系统对复杂信息的处理机制的一种数学模型。该模型以并行分布的处理能力、高容错性、智能化和自学习等能力为特征，将信息的加工和存储结合在一起。以其独特的知识表示方式和智能化的自适应学习能力引起各学科领域的关注。

它实际上是一个由大量简单元件相互连接而成的复杂网络，具有高度的非线性，是能够进行复杂的逻辑操作和非线性关系实现的系统。

神经网络的构筑理念是受到生物的神经网络运作启示而产生的。人工神经网络则是把对生物神经网络的认识与数学统计模型相结合。借助数学统计工具来实现。在人工智能学的人工感知领域，我们通过数学统计学的方法，使神经网络能够具备类似于人的决定能力和简单的推断能力。这样的方法是对传统逻辑学演算的进一步延伸。

人工神经网络中，神经元处理单元可表示不同的对象，比如特征、字母、概念，或者一些有意义的抽象模式。

网络中处理单元的类型分为三类：输入单元、输出单元和隐单元。

输入单元接收外部世界的信号与数据；输出单元实现系统处理结果的输出；隐单元是处在输入和输出单元之间、不能由系统外部观察的单元。神经元间的连接权值反映了单元间的连接强度，信息的表示和处理体现在网络中各处理单元之间的关系上。人工神经网络是一种非程序化、适应性、大脑风格的信息处理，其本质是通过网络的变换和动力学行为得到一种并行分布式的信息处理功能，并在不同程度和层次上模仿人脑神经系统的信息处理功能。

神经网络，是一种应用类似于大脑神经突触连接结构进行信息处理的数学模型。它是在人类对自身大脑组织结合和思维机制的认识理解基础之上模拟出来的，它是根植于神经科学、数学、思维科学、人工智能、统计学、物理学、计算机科学以及project科学的一门技术。

（二）人工神经网络的特点

神经网络是由存储在网络内部的大量神经元通过节点连接权组成的一种信息响应网状拓扑结构，它采用了并行分布式的信号处理机制，因而具有较快的处理速度和较强的容错能力。

神经网络模型用于模拟人脑神经元的活动过程，当中包含对信息的加工、处理、存储和搜索等过程。

人工神经网络具有以下基本特点：

（1）高度的并行性。人工神经网络由很多同样的简单处理单元并联组合而成，尽管每一个神经元的功能简单，但大量简单神经元并行处理能力和效果却十分惊人。人工神经网络和人类的大脑类似，不但结构上是并行的，它的处理顺序也是并行。在同一层内的处理单元都是同一时刻操作的，即神经网络的计算功能分布在多个处理单元上，而一般计算机通常有一个处理单元，其处理顺序是串行的。

人脑神经元之间传递脉冲信号的速度远低于冯·诺依曼计算机的工作速度。前者为毫秒量级，后者的时钟频率通常可达10^8 Hz或更高的速率。可是因为人脑是一个大规模并行与串行组合处理系统，因而在很多问题上能够做出高速推断、决策和处理，其速度能够远高于串行结构的冯·诺依曼计算机。人工神经网络的基本结构模仿人脑，具有并行处理的特征，能够大大提高工作速度。

（2）高度的非线性全局作用。人工神经网络每一个神经元接受大量其他神经元的输入，并通过并行网络产生输出，影响其他神经元，网络之间这样的互相制约和互相影响实现了从输入状态到输出状态空间的非线性映射，从全局的观点来看，网络总体性能不是网络局部性能的叠加，而表现出某种集体性的行为。

非线性关系是自然界的普遍特性。大脑的智慧就是一种非线性现象。人工神经元处于激活或抑制两种不同的状态。这样的行为在数学上表现为一种非线性人工神经网络。具有阈值的神经元构成的网络具有更好的性能，能够提高容错性和存储容量。

（3）联想记忆功能和良好的容错性。人工神经网络通过自身的特有网络结构将处理的数据信息存储在神经元之间的权值中，具有联想记忆功能。从单一的某个权值并看不出其所记忆的信息内容，因而是分布式的存储形式，这就使得网络有非常好的容错性，并能够进行特征提取、缺损模式复原、聚类分析等模式信息处理工作，又能够进行模式联想、分类、识别工作。它能够从不完好的数据和图形中进行学习并做出决定。

因为知识存在于整个系统中，而不仅仅是一个存储单元中，预订比例的结点不参与运算，对整个系统的性能不会产生重大的影响。

一个神经网络通常由多个神经元广泛连接而成。一个系统的总体行为不仅取决于单个神经元的特征，并且可能主要由单元之间的相互作用、相互连接所决定。

通过单元之间的大量连接模拟大脑的非局限性。联想记忆是非局限性的典型例子。

（4）良好的自适应、自学习功能。人工神经网络通过学习训练获得网络的权值与结构。呈现出非常强的自学习能力和对环境的自适应能力。

神经网络所具有的自学习过程模拟了人的形象思维方法，这是与传统符号逻辑全然不同的一种非逻辑非语言。自适应性依据所提供的数据，通过学习和训练，找出输入和输出之间的内在关系，从而求取问题的解，而不是依据对问题的经验知识和规则。因而具有自适应功能，这对于弱化权重、确定人为因素是十分重要的。

（5）知识的分布存储。在神经网络中，知识不是存储在特定的存储单元中，而是分布在整个系统中，要存储多个知识就需要非常多的链接。在计算机中。仅仅要给定一个地址就可得到一个或一组数据。在神经网络中，要获得存储的知识则采用"联想"的办法，这类似人类和动物的联想记忆。

人类善于依据联想正确识别图形，人工神经网络也是这样。神经网络采用分布式存储方式表示知识，通过网络对输入信息的响应将激活信号分布在网络神经元上，通过网络训练和学习使得特征被准确地记忆在网络的连接权值上，当同样的模式再次输入时网络就能够进行高速推断。

（6）非凸性。一个系统的演化方向，在一定条件下将取决于某个特定的状态函数。比如能量函数。它的极值相应于系统比较稳定的状态。非凸性是指这样的函数有多个极值，故系统具有多个较稳定的平衡态，这将导致系统演化的多样性。

正是神经网络所具有的这样的学习和适应能力，以及自组织、非线性和运算高度并行的能力，攻克了传统人工智能对于直觉处理方面的缺陷，比如对非结构化信息、语音模式识别等的处理，使之成功应用于神经专家系统、组合优化、智能控制、预测、模式识别等领域。

人工神经网络是一种旨在模仿人脑结构及其功能的信息处理系统。因此，它在功能上具有某些智能特点：

（1）联想记忆功能。因为神经网络具有分布存储信息和并行计算的性能，因此它具有对外界刺激和输入信息进行联想记忆的能力。这样的能力是通过神经元之间的协同结构及信息处理的集体行为而实现的。神经网络通过预先存储信息和学习机制进行自适应训练，能够从不完整的信息和噪声干扰中恢复原始的完整信息。这一功能使神经网络在图像复原、语音处理、模式识别与分类方面具有重要的应用前景。

（2）分类与识别功能。神经网络对外界输入样本有非常强的识别与分类能力。对输入样本的分类实际上是在样本空间找出符合分类要求的切割区域，每一个区域内的样本属于一类。

（3）优化计算功能。优化计算是指在已知的约束条件下，寻找一组参数组合，使该组合确定的目标函数达到最小。将优化约束信息（与目标函数有关）存储于神经网络的连接权矩阵之中，神经网络的工作状态以动态系统方程式描写叙述。

设置一组随机数据作为起始条件，当系统的状态趋于稳定时，神经网络方程的解作为输出优化结果。优化计算在生产调度问题上有重要应用。

（4）非线性映射功能。在很多实际问题中，如过程控制、系统辨识、故障诊断、机器人控制等诸多领域，系统的输入与输出之间存在复杂的非线性关系。对于这类系统，往往难以用传统的数理方程建立其数学模型。

神经网络在这方面有独到的优势。设计合理的神经网络，通过对系统输入输出样本进行训练学习，从理论上讲，能够以随意精度逼近随意复杂的非线性函数。

神经网络的这一优良性能使其能够作为多维非线性函数的通用数学模型。

二、人工神经网络基本结构

（一）生物神经元的结构

神经细胞是构成神经系统的基本单元，称为生物神经元，简称神经元，其结构如图8-4所示。

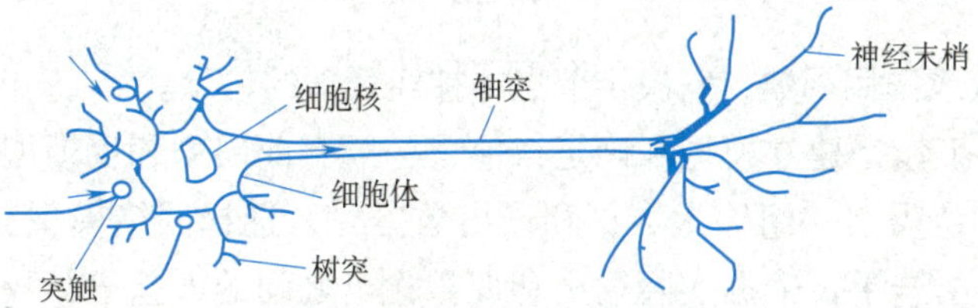

图 8-4　生物神经元结构

突触是神经元之间相互连接的接口部分，即一个神经元的神经末梢与还有一个神经元的树突相接触的交界面，位于神经元的神经末梢尾端。突触是轴突的终端。

大脑可视作为1 000多亿神经元组成的神经网络。神经元的信息传递和处理是一种电化学活动．树突因为电化学作用接受外界的刺激，通过胞体内的活动体现为轴突电位。当轴突电位达到一定的值则形成神经脉冲或动作电位，再通过轴突末梢传递给其他的神经元。从控制论的观点来看，这一过程能够看作一个多输入单输出非线性系统的动态过程。

神经元的功能特性：①时空整合功能；②神经元的动态极化性；③兴奋与抑制状态；④结构的可塑性；⑤脉冲与电位信号的转换；⑥突触延期和不应期；⑦学习、遗忘和疲劳。

（二）人工神经元的结构

人工神经元的研究源于脑神经元学说。19世纪末，在生物、生理学领域，Waldeger等人创建了神经元学说。

人工神经网络是由大量处理单元经广泛互联而组成的人工网络，用来模拟脑神经系统的结构和功能。而这些处理单元称为人工神经元。人工神经网络可看成是以人工神经元为节点，用有向加权弧连接起来的有向图。在此有向图中，人工神经元就是对生物神经元的模拟，而有向弧则是“轴突-突触-树突”对的模拟。有向弧的权值表示相互连接的两个人工神经元间相互作用的强弱。

神经网络从两个方面模拟大脑：

（1）神经网络获取的知识是从外界环境中学习得来的。

（2）内部神经元的连接强度，即突触权值，用于储存获取的知识。

神经网络系统由能够处理人类大脑不同部分之间信息传递的由大量神经元连接形成的拓扑结构组成，依赖于这些庞大的神经元数目和它们之间的联系，人类的大脑能够收到输入的信息的刺激，由分布式并行处理的神经元相互连接进行非线性映射处理。从而实现复杂的信息处理和推理任务。对于某个处理单元（神经元）来说。假设来自其他处理单元（神经元）i的信息为x_i。它们与本处理单元的互相作用强度即连接权值为w_i,i=0,1,⋯,n-1,处理单元的内部阈值为θ。

那么本处理单元（神经元）的输入为：

$$\sum_{i=0}^{n-1} w_i x_i$$

而处理单元的输出为：

$$y = f\left(\sum_{i=0}^{n-1} w_i x_i - \theta\right)$$

式中，f称为激活函数或作用函数，它决定节点（神经元）的输出。

神经网络的主要工作是建立模型和确定权值，一般有前向型和反馈型两种网络结构。通常神经网络的学习和训练需要一组输入数据和输出数据对，选择网络模型和传递、训练函数后，神经网络计算得到输出结果，依据实际输出和期望输出之间的误差进行权值的修正。神经网络一个相当重要的能力是其网络能通过它的神经元权值和阈值的不断调整从环境中进行学习，直到网络的输出误差达到预期的结果，网络训练结束。

对于这样一种多输入、单输出的基本单元能够进一步从生物化学、电生物学、数学等方面给出描述其功能的模型。利用大量神经元相互连接组成的人工神经网络，将显示出人脑的若干特征。人工神经网络也具有初步的自适应与自组织能力。在学习或训练过程中改变突触权重值，以适应周围环境的要求。同一网络因学习方式及内容不同可具有不同的功能。

人工神经网络是一个具有学习能力的系统，能够发展知识，以至超过设计者原有的知识水平。通常，它的学习（或训练）方式可分为两种：一种是有监督（supervised）或称有导师的学习，这时利用给定的样本标准进行分类或模仿；还有一种是无监督（unsupervised）学习或称无导师学习，这时，仅仅规定学习方式或某些规则，而详细的学习内容随系统所处环境（即输入信号情况）而异，系统能够主动发现环境特征和规律性，具有更近似于人脑的功能。

在人工神经网络设计及应用研究中。通常需要考虑三个方面的内容，即神经元激活函数、神经元之间的连接形式和网络的学习（训练）。

三、卷积神经网络

（一）卷积神经网络定义

卷积神经网络（convolutional neural networks，CNN）是一类包含卷积计算且具有深度结构的前馈神经网络（feedforward neural networks），是深度学习（deep learning）的代表算法之一。卷积神经网络具有表征学习（representation learning）能力，能够按其阶层结构对输入信息进行平移不变分类（shift-invariant classification），因此也被称为“平移不变人工神经网络（shift-invariant artificial neural networks，SIANN）”。

对卷积神经网络的研究始于20世纪80至90年代，时间延迟网络和LeNet-5是最早出现的卷积神经网络；在21世纪后，随着深度学习理论的提出和数值计算设备的改进，卷积神经网络得到了快速发展，并被应用于计算机视觉、自然语言处理等领域。

卷积神经网络仿造生物的视知觉（visual perception）机制构建，可以进行监督学习和非监督学习，其隐含层内的卷积核参数共享和层间连接的稀疏性使得卷积神经网络能够以较小的计算量对格点化（grid-like topology）特征，例如对像素和音频进行学习、有稳定的效果且对数据没有额外的特征工程（feature engineering）要求。

与常规神经网络不同，卷积神经网络的各层中的神经元是三维排列的：宽度、高度和深度。其中的宽度和高度是很好理解的，因为本身卷积就是一个二维模板，但是在卷积神经网络中的深度指的是激活数据体的第三个维度，而不是整个网络的深度，整个网络的深度指的是网络的层数。假如CIFAR-10中的图像是作为卷积神经网络的输入，该输入数据体的维度是$32 \times 32 \times 3$（宽度，高度和深度）。我们将看到，层中的神经元将只与前一层中的一小块区域连接，而不是采取全连接方式。对于用来分类CIFAR-10中的图像的卷积网络，其最后的输出层的维度是$1 \times 1 \times 10$，因为在卷积神经网络结构的最后部分将会把全尺寸的图像压缩为包含分类评分的一个向量，向量是在深度方向排列的。

（二）构建卷积神经网络的各种层

卷积神经网络主要由这几类层构成：输入层、卷积层，ReLU层、池化（Pooling）层和全连接层（全连接层和常规神经网络中的一样）。通过将这些层叠加起来，就可以构建一个完整的卷积神经网络。在实际应用中往往将卷积层与ReLU层共同称为卷积层，所以卷积层经过卷积操作也是要经过激活函数的。具体说来，卷积层和全连接层（CONV/FC）对输入执行变换操作的时候，不仅会用到激活函数，还会用到很多参数，即神经元的权值w和偏差b；而ReLU层和池化层则是进行一个固定不变的函数操作。卷积层和全连接层中的参数会随着梯度下降被训练，这样卷积神经网络计算出的分类评分就能和训练集中的每个图像的标签吻合了。

1. 卷积层及作用

卷积层是构建卷积神经网络的核心层，它产生了网络中大部分的计算量（注意是计算量而不是参数量）。

卷积层作用如下：

（1）滤波器的作用（卷积的作用）。卷积层的参数是由一些可学习的滤波器集合构成的。每个滤波器在空间上（宽度和高度）都比较小，但是深度和输入数据一致（这一点很重要，后面会具体介绍）。直观来说，网络会让滤波器学习到，当它看到某些类型的视觉特征时就激活，具体的视觉特征可能是某些方位上的边界，或者在第一层上某些颜色的斑点，甚至可以是网络更高层上的蜂巢状或者车轮状图案。

（2）可以被看作是神经元的一个输出。神经元只观察输入数据中的一小部分，并且和空间上左右两边的所有神经元共享参数（因为这些数字都是使用同一个滤波器得到的结果）。

（3）降低参数的数量。由于卷积具有“权值共享”特性，可以降低参数数量，达到降低计算开销的目的，防止由于参数过多而造成过拟合。

2. 池化层

通常在连续卷积层之间会周期性地插入一个池化层。它的作用是逐渐降低数据体的空间尺寸，这样就能减少网络中参数的数量，使得计算资源耗费变少，也能有效控制过拟合。汇聚层使用MAX操作，对输入数据体的每一个深度切片独立进行操作，改变它的空间尺寸。最常见的形式是汇聚层使用尺寸为2×2的滤波器，以步长为2来对每个深度切片进行降采样，将其中75%的激活信息都丢掉。每个MAX操作是从4个数字中取最大值（也就是在深度切片中某个2×2的区域），深度保持不变。

汇聚层的一些公式：输入数据体尺寸$W_1 \cdot H_1 \cdot D_1$，有两个超参数，即空间大小F和步长S；输出数据体的尺寸$W_2 \cdot H_2 \cdot D_2$，其中，$W_2=(W_1-F)/S+1$，$H_2=(H_1-F)/S+1$，$D_2=D_1$。

这里与之前的卷积尺寸计算的区别主要有两点：首先，在池化的过程中基本不会进行另外补充；其次，池化前后深度不变。

在实践中，最大池化层通常只有两种形式：一种是$F=3$、$S=2$，$F=3$、$S=2$，也称重叠汇聚（overlapping pooling）；另一个更常用的是$F=2$、$S=2$，$F=2$、$S=2$。对更大感受野进行池化需要的池化尺寸也更大，而且往往对网络有破坏性。

普通池化（general pooling）：除了最大池化，池化单元还可以使用其他函数，比如平均池化（average pooling）或L2范式池化（L2-norm pooling）。平均池化曾比较常用，但是现在已经很少使用了。因为实践证明，最大池化的效果比平均池化要好。

反向传播：max(x,y)函数的反向传播可以简单理解为将梯度只沿最大的数回传。因此，在向前传播经过汇聚层的时候，通常会把池中最大元素的索引记录下来，这样在反向传播的时候梯度的路由就很高效。

不使用汇聚层：有发现认为，在训练一个良好的生成模型时，弃用汇聚层也是很重要的。比如变化自编码器和生成性对抗网络。现在看起来，未来的卷积网络结构中，可能会很少使用甚至不使用汇聚层。

3. 归一化层

在卷积神经网络的结构中，提出了很多不同类型的归一化层，有时候是为了实现在生物大脑中观测到的抑制机制。但是这些层渐渐都不再流行，因为实践证明，它们的效果即使存在，也是极其有限的。

4. 全连接层

全连接层与常规神经网络中一样，它们的激活可以先用矩阵乘法，再加上偏差。

（1）将卷积层转化成全连接层

对于任何一个卷积层，都存在一个能实现和它一样的前向传播函数的全连接层。该全连接层的权重是一个巨大的矩阵，除了某些特定块（感受野），其余部分都是零；而在非零部分中，大部分元素都是相等的（权值共享），如果将全连接层转换为卷积层，以输出层的Deep11为例，它只与输入层中的四个神经元相关。因此，在权重矩阵中，与Deep11计算相关的元素仅为这四个神经元的权重，其他元素的权重则为零。这也就解释了为什么权重矩阵中有为零的部分；另外，要把“将全连接层转化成卷积层”和“用矩阵乘法实现卷积”区别开，这两者是不同的，后者本身还是在计算卷积，只不过将其展开为矩阵相乘的形式，并不是“将全连接层转化成卷积层”，所以除非权重中本身有零，否则用矩阵乘法实现卷积的过程中不会出现值为零的权重。

（2）将全连接层转化成卷积层

任何全连接层都可以被转化为卷积层。比如，一个K=4 096的全连接层，输入数据体的尺寸是7×7×5127×7×512，这个全连接层可以被等效地看作一个F=7, P=0, S=1, K=4 096的卷积层。

换句话说，就是将滤波器的尺寸和输入数据体的尺寸设置为一致的。因为只有一个单独的深度列覆盖并滑过输入数据体，所以输出将变成1×1×4 096 1×1×4 096，这个结果就和使用初始的那个全连接层一样了。对于其中的一个卷积滤波器，这个滤波器的深度为512，也就是说，虽然这个卷积滤波器的输出只有1个，但是它的权重有7×7×5 127×7×512，相当于卷积滤波器的输出为一个神经元，这个神经元与上一层的所有神经元相连接，而这样与前一层所有神经元相连接的神经元一共有4 096个。

在上述的两种变换中，将全连接层转化为卷积层在实际运用中更加有用。

四、人工神经网络的发展趋势

人工神经网络特有的非线性、适应性信息处理能力，克服了传统人工智能方法对于直觉，如模式、语音识别、非结构化信息处理方面的缺陷，使之在神经专家系统、模式识别、智能控制、组合优化、预测等领域得到成功应用。人工神经网络与其他传统方法相结合，将推动人工智能和信息处理技术不断发展。近年来，人工神经网络正向模拟人类认知的道路上更加深入发展，与模糊系统、遗传算法、进化机制等结合，形成计算智能，成为人工智能的一个重要方向，将在实际应用中得到发展。将信息几何应用于人工神经网络的研究，为人工神经网络的理论研究开辟了新的途径。神经计算机的研究发展很快，已有产品进入市场。光电结合的神经计算机为人工神经网络的发展提供了良好条件。

神经网络在很多领域已得到了很好的应用，但其需要研究的方面还很多。其中，具有分布存储、并行处理、自学习、自组织以及非线性映射等优点的神经网络与其他技术的结合以及由此而来的混合方法和混合系统，已经成为一大研究热点。由于其他方法也有它们各自的优点，所以将神经网络与其他方法相结合，取长补短，继而可以获得更好的应用效果。目前这方面工作有神经网络与模糊逻辑、专家系统、遗传算法、小波分析、混沌、粗集理论、分形理论、证据理论和灰色系统等的融合。

（一）与小波分析的融合

1981年，法国地质学家Morlet在寻求地质数据时，通过对Fourier变换与加窗Fourier变换的异同、特点及函数构造进行创造性的研究，首次提出了"小波分析"的概念，建立了以他的名字命名的Morlet小波。1986年以来，由于YMeyer、S.Mallat及IDaubechies等的奠基工作，小波分析迅速发展成为一门新兴学科。Meyer所著的“小波与算子”，Daubechies所著的“小波十讲”是小波研究领域最权威的著作。

小波变换是对Fourier分析方法的突破。它不但在时域和频域同时具有良好的局部化性质，而且对低频信号在频域、对高频信号在时域里都有很好的分辨率，从而可以聚集到对象的任意细节。小波分析相当于一个数学显微镜，具有放大、缩小和平移功能，通过检查不同放大倍数下的变化来研究信号的动态特性。因此，小波分析已成为地球物理、信号处理、图像处理、理论物理等诸多领域的强有力工具。

小波神经网络将小波变换良好的时频局域化特性和神经网络的自学习功能相结合，因而具有较强的逼近能力和容错能力。在结合方法上，可以将小波函数作为基函数构造神经网络形成小波网络，或者小波变换作为前馈神经网络的输入前置处理工具，即以小波变换的多分辨率特性对过程状态信号进行处理，实现信噪分离，并提取出对加工误差影响最大的状态特性，作为神经网络的输入。

小波神经网络在电机故障诊断、高压电网故障信号处理与保护研究、轴承等机械故障诊断以及许多方面都有应用，将小波神经网络用于感应伺服电机的智能控制，使该系统具有良好的跟踪控制性能，以及好的健壮性，利用小波包神经网络进行心血管疾病的智能诊断，小波层进行时频域的自适应特征提取，前向神经网络用来进行分类，正确分类率达到94%。

小波神经网络虽然应用于很多方面，但仍存在一些不足。从提取精度和小波变换实时性的要求出发，有必要根据实际情况构造一些适应应用需求的特殊小波基，以便在应用中取得更好的效果。另外，在应用中的实时性要求，也需要结合DSP的发展，开发专门的处理芯片，从而满足这方面的要求。

（二）混沌神经网络

混沌的第一个定义是20世纪70年代才被Li-Yorke提出。由于它具有广泛的应用价值，自出现以来就受到各方面的普遍关注。混沌是一种确定的系统中出现的无规则的运动，混沌是存在于非线性系统中的一种较为普遍的现象，混沌运动具有遍历性、随机性等特点，能在一定的范围内按其自身规律不重复地遍历所有状态。混沌理论所决定的是非线性动力学混沌，目的是揭示貌似随机的现象背后可能隐藏的简单规律，以求发现一大类复杂问题普遍遵循的共同规律。

1990年Kaihara、T.Takabe和M.Toyoda等人根据生物神经元的混沌特性首次提出混沌神经网络模型，将混沌学引入神经网络中，使得人工神经网络具有混沌行为，更加接近实际的人脑神经网络，因而混沌神经网络被认为是可实现其真实世界计算的智能信息处理系统之一，成为神经网络的主要研究方向之一。

与常规的离散型Hopfield神经网络相比较，混沌神经网络具有更丰富的非线性动力学特性，主要表现如下：在神经网络中引入混沌动力学行为；混沌神经网络的同步特性；混沌神经网络的吸引子。

在神经网络实际应用中，网络输入发生较大变异时，应用网络的固有容错能力往往感到不足，经常会发生失忆现象。混沌神经网络动态记忆属于确定性动力学运动，记忆发生在混沌吸引子的轨迹上，通过不断地运动（回忆过程）-联想到记忆模式，特别对于那些状态空间分布较接近或者发生部分重叠的记忆模式，混沌神经网络总能通过动态联想记忆加以重现和辨识，而不发生混淆，这是混沌神经网络所特有的性能，它将大大改善Hopfield神经网络的记忆能力。混沌吸引子吸引域的存在，形成了混沌神经网络固有容错功能，这将对复杂的模式识别、图像处理等工程应用发挥重要作用。

混沌神经网络受到关注的另一个原因是混沌存在于生物体真实神经元及神经网络中，并且起到一定的作用，动物学的电生理实验已证实了这一点。

混沌神经网络由于其复杂的动力学特性，在动态联想记忆、系统优化、信息处理、人工智能等领域受到人们极大的关注。针对混沌神经网络具有联想记忆功能，但其搜索过程不稳定的特点，提出了一种控制方法可以对混沌神经网络中的混沌现象进行控制。研究了混沌神经网络在组合优化问题中的应用。

为了更好地应用混沌神经网络的动力学特性，并对其存在的混沌现象进行有效地控制，仍需要对混沌神经网络的结构进行进一步的改进和调整，以及对混沌神经网络算法进行进一步研究。

（三）基于粗集理论

粗糙集（rough sets）理论是1982年由波兰华沙理工大学教授Z.Pawlak首先提出，它是一个分析数据的数学理论，研究不完整数据、不精确知识的表达、学习、归纳等方法。粗糙集理论是一种新的处理模糊和不确定性知识的数学工具，其主要思想就是在保持分类能力不变的前提下，通过知识约简，导出问题的决策或分类规则。目前，粗糙集理论已被成功应用于机器学习、决策分析、过程控制、模式识别与数据挖掘等领域。

粗集和神经网络的共同点是都能在自然环境下很好的工作，但是，粗集理论方法模拟人类的抽象逻辑思维，而神经网络方法模拟形象直觉思维，因而二者又具有不同特点。粗集理论方法以各种更接近人们对事物的描述方式的定性、定量或者混合性信息为输入，输入空间与输出空间的映射关系是通过简单的决策表简化得到的，它考虑知识表达中不同属性的重要性确定哪些知识是冗余的，哪些知识是有用的，神经网络则是利用非线性映射的思想和并行处理的方法，用神经网络本身结构表达输入与输出关联知识的隐函数编码。

在粗集理论方法和神经网络方法处理信息中，两者存在很大的区别。其一是神经网络处理信息一般不能将输入信息空间维数简化，当输入信息空间维数较大时，网络不仅结构复杂，而且训练时间也很长；而粗集方法却能通过发现数据间的关系，不仅可以去掉冗余输入信息，而且可以简化输入信息的表达空间维数。其二是粗集方法在实际问题的处理中对噪声较敏感，因而用无噪声的训练样本学习推理的结果在有噪声的环境中应用效果不佳，而神经网络方法有较好的抑制噪声干扰的能力。

因此将两者结合起来，用粗集方法先对信息进行预处理，即把粗集网络作为前置系统，再根据粗集方法预处理后的信息结构构成神经网络信息处理系统。通过二者的结合，不但可减少信息表达的属性数量，减小神经网络构成系统的复杂性，而且具有较强的容错及抗干扰能力，为处理不确定、不完整信息提供了一条强有力的途径。

目前粗集与神经网络的结合已应用于语音识别、专家系统、数据挖掘、故障诊断等领域，将神经网络和粗集用于专家系统的知识获取中，取得比传统专家系统更好的效果，其中，粗集进行不确定和不精确数据的处理，神经网络进行分类工作。

虽然粗集与神经网络的结合已应用于许多领域的研究，为使这一方法发挥更大的作用，还需考虑如下问题：模拟人类抽象逻辑思维的粗集理论方法和模拟形象直觉思维的神经网络方法如何更加有效的结合；二者集成的软件和硬件平台的开发，以提高其实用性。

（四）与分形理论的结合

自从美国哈佛大学数学系教授Benoit B. Mandelbrot于20世纪70年代中期引入分形这一概念，分形几何学（fractal geometry）已经发展成为科学的方法论——分形理论，且被誉为开创了20世纪数学重要阶段。现已被广泛应用于自然科学和社会科学的几乎所有领域，成为现今国际上许多学科的前沿研究课题之一。

由于在许多学科中的迅速发展，分形已成为一门描述自然界中许多不规则事物的规律性的学科。它已被广泛应用在生物学、地球地理学、天文学、计算机图形学等各个领域。

用分形理论来解释自然界中那些不规则、不稳定和具有高度复杂结构的现象，可以收到显著的效果，而将神经网络与分形理论相结合，充分利用神经网络非线性映射、计算能力、自适应等优点，可以取得更好的效果。

分形神经网络的应用领域有图像识别、图像编码、图像压缩，以及机械设备系统的故障诊断等。分形图像压缩/解压缩方法有着高压缩率和低遗失率的优点，但运算能力不强，由于神经网络具有并行运算的特点，将神经网络用于分形图像压缩/解压缩中，提高了原有方法的运算能力。将神经网络与分形相结合用于果实形状的识别，首先利用分形得到几种水果轮廓数据的不规则性，然后利用三层神经网络对这些数据进行辨识，继而对其不规则性进行评价。

分形神经网络已取得了许多应用，但仍有些问题值得进一步研究：分形维数的物理意义；分形的计算机仿真和实际应用研究。随着研究的不断深入，分形神经网络必将得到不断的完善，并取得更好的应用效果。

五、深度学习的理论与实践

（一）深度学习概念

深度学习是学习样本数据的内在规律和表示层次，这些学习过程中获得的信息对诸如文字、图像和声音等数据的解释有很大的帮助。它的最终目标是让机器能够像人一样具有分析学习能力，能够识别文字、图像和声音等数据。深度学习是一个复杂的机器学习算法，在语音和图像识别方面取得的效果，远远超过先前的相关技术。

深度学习在搜索技术、数据挖掘、机器学习、机器翻译、自然语言处理、多媒体学习、语音、推荐和个性化技术，以及其他相关领域都取得了很多成果。深度学习使机器模仿视听和思考等人类的活动，解决了很多复杂的模式识别难题，使得人工智能相关技术取得了很大进步。

深度学习是一类模式分析方法的统称，就具体研究内容而言，主要涉及三类方法：

（1）基于卷积运算的神经网络系统，即卷积神经网络（CNN）。

（2）基于多层神经元的自编码神经网络，包括自编码（auto encoder）以及近年来受到广泛关注的稀疏编码两类（sparse coding）。

（3）以多层自编码神经网络的方式进行预训练，进而结合鉴别信息进一步优化神经网络权值的深度置信网络（DBN）。

通过多层处理，逐渐将初始的“低层”特征表示转化为“高层”特征表示后，用“简单模型”即可完成复杂的分类等学习任务。由此可将深度学习理解为进行“特征学习”（feature learning）或“表示学习”（representation learning）。

以往机器学习用于现实任务时，描述样本的特征通常需由人类专家来设计，这称为“特征工程”（feature engineering）。众所周知，特征的好坏对泛化性能有至关重要的影响，人类专家设计出好特征也并非易事；特征学习则通过机器学习技术自身来产生好特征，这使机器学习向“全自动数据分析”又前进了一步。

近年来，研究人员也逐渐将这几类方法结合起来，如对原本是以有监督学习为基础的卷积神经网络结合自编码神经网络进行无监督的预训练，进而利用鉴别信息微调网络参数形成的卷积深度置信网络。与传统的学习方法相比，深度学习方法预设了更多的模型参数，因此模型训练难度更大，根据统计学习的一般规律知道，模型参数越多，需要参与训练的数据量也越大。

20世纪八九十年代，由于计算机计算能力有限和相关技术的限制，可用于分析的数据量太小，深度学习在模式分析中并没有表现出优异的识别性能。自从2006年，Hinton等提出快速计算受限玻尔兹曼机（RBM）网络权值及偏差的CD-K算法以后，RBM就成了增加神经网络深度的有力工具，导致后面使用广泛的DBN等深度网络的出现。与此同时，稀疏编码等由于能自动从数据中提取特征，也被应用于深度学习中。基于局部数据区域的卷积神经网络方法近年来也被大量研究。

（二）深度学习特点

区别于传统的浅层学习，深度学习的不同在于：

（1）强调了模型结构的深度，通常有5层、6层，甚至10多层的隐层节点。

（2）明确了特征学习的重要性。也就是说，通过逐层特征变换，将样本在原空间的特征表示变换到一个新特征空间，从而使分类或预测更容易。与人工规则构造特征的方法相比，利用大数据来学习特征，更能够刻画数据丰富的内在信息。

通过设计建立适量的神经元计算节点和多层运算层次结构，选择合适的输入层和输出层，通过网络的学习和调优，建立起从输入到输出的函数关系，虽然不能100%找到输入与输出的函数关系，但是可以尽可能地逼近现实的关联关系。使用训练成功的网络模型，就可以实现我们对复杂事务处理的自动化要求。

（三）深度学习典型模型

典型的深度学习模型有卷积神经网络(convolutional neural network，CNN)、深度信任网络模型（deep belief network，DBN）和堆栈自编码网络(stacked autoencoder network，SAN)模型等，下面对这些模型进行描述。

1. 卷积神经网络模型

在无监督预训练出现之前，训练深度神经网络通常非常困难，而其中一个特例是卷积神经网络。卷积神经网络受视觉系统的结构启发而产生。第一个卷积神经网络计算模型是在Fukushima的神经认知机中提出的，基于神经元之间的局部连接和分层组织图像转换，将有相同参数的神经元应用于前一层神经网络的不同位置，得到一种平移不变神经网络结构形式。后来，Le Cun等人在该思想的基础上，用误差梯度设计并训练卷积神经网络，在一些模式识别任务上得到优越的性能。至今，基于卷积神经网络的模式识别系统是最好的实现系统之一，尤其在手写体字符识别任务上表现出非凡的性能。

2. 深度信任网络模型

DBN可以解释为贝叶斯概率生成模型，由多层随机隐变量组成，上面的两层具有无向对称连接，下面的层得到来自上一层的自顶向下的有向连接，最底层单元的状态为可见输入数据向量。DBN由2F结构单元堆栈组成，结构单元通常为RBM（restIlcted boltzmann machine，受限玻尔兹曼机）。堆栈中每个RBM单元的可视层神经元数量等于前一RBM单元的隐层神经元数量。根据深度学习机制，采用输入样例训练第一层RBM单元，并利用其输出训练第二层RBM模型，将RBM模型进行堆栈，通过增加层来改善模型性能。在无监督预训练过程中，DBN编码输入到顶层RBM后，解码顶层的状态到最底层的单元，实现输入的重构。RBM作为DBN的结构单元，与每一层DBN共享参数。

3. 堆栈自编码网络模型

堆栈自编码网络的结构与DBN类似，由若干结构单元堆栈组成，不同之处在于其结构单元为自编码模型而不是RBM。自编码模型是一个两层的神经网络，第一层称为编码层，第二层称为解码层。

任务分析

本次任务中，小张需要掌握以下技能：

（1）了解安装PIL图像处理库。

（2）了解OpenCV图像预处理函数。

（3）数据结构中关于“图”的算法。

任务实施

实施步骤：

（1）对原图进行读取；

```
import cv2 as cv
pic=cv.imread("文件路径")
```

示例效果如图8-5所示。

图 8-5　迷宫原图

（2）预处理：需要对输入的图像进行预处理。这可能包括调整图像的大小、颜色空间转换、滤波等操作，以提高后续处理的准确性和效率。

```
pic_gary=cv.cvtColor(pic,cv.COLOR_BGR2GRAY)
_,pic_E=cv.threshold(pic_gary,127,255,cv.THRESH_BINARY_INV)
```

示例效果如图8-6所示。

图 8-6 经过预处理后的迷宫原图

（3）轮廓提取：基于边缘检测的结果，可以使用图像处理技术（如轮廓检测算法）来提取出迷宫的轮廓。常用的轮廓提取算法有OpenCV中的findContours()函数。

```
contours,hier=cv.findContours(pic_E,cv.RETR_EXTERNAL,cv.CHAIN_APPROX_NONE)
pic_LK=cv.drawContours(pic_E,contours,-1,(255,0,0),5)
cvimshow("quanbulunkuo",pic_LK)
```

示例效果如图8-7所示。

图 8-7 轮廓提取后的原图

（4）侵蚀操作。

```
ker=np.ones((9,9),np.uint8)
pic_Q=cv.erode(pic_K,ker,iterations=1)
cvimshow("qishi",pic_Q)
```

示例效果如图8-8所示。

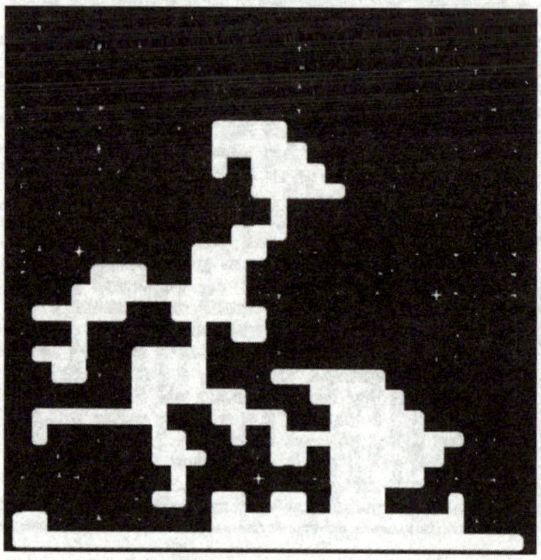

图 8-8　侵蚀操作后的原图

（5）扩张操作。

```
ker=np.ones((9,9),np.uint8)
pic_K=cv.dilate(pic_L,ker,iterations=1) # 扩张操作
cvimshow("kuozhang",pic_K)
```

示例效果如图8-9所示。

图 8-9　扩张操作后的原图

（6）出口绘制：将扩张与侵蚀后的图片进行对比，通过分析差异图像，可以获取关于迷宫的更多信息，如迷宫的边界、路径或其他重要特征，并对蓝色和绿色通道应用掩码，将掩码外的部分置为黑色。这样，只保留了差异部分对应通道的像素值。

```
absdiff=cv.absdiff(pic_K,pic_Q)
b,g,r=cv.split(pic)
mask=cv.bitwise_not(absdiff)
b=cv.bitwise_and(b,b,mask=mask)
```

```
g=cv.bitwise_and(g,g,mask=mask)
pic_M=cv.merge((b,g,r))
cvimshow("out5",pic_M)
```

示例演示如图8-10所示。

图 8-10　绘制出迷宫路径

视 频

迷宫寻路

任务拓展

小张在拍摄全景照片时因为拍摄失误，照片被拍成两张，现在小张打算通过Python代码将两张照片整合成一张新的全景图片。

任务拓展思路：

（1）特征提取与匹配：在每张图像中提取特征点（如SIFT、SURF、ORB等），然后通过特征匹配找到图像间的对应关系。

（2）计算图像间的变换：通过特征点的对应关系，计算图像之间的仿射变换或透视变换，用于将图像对齐。

（3）图像融合：将对齐后的图像进行叠加和融合，以消除拼接缝隙并保持整体一致性。

任务效果如图8-11所示。

图 8-11　合成照片

视 频

图像拼接

任务8.3 生成式人工智能

任务说明

小张所在公司招聘一批新学员，新学员向小张请教如何快速学好Python编程。由于学员的问题层出不穷，小张想到了通过生成式人工智能（AIGC）技术工具解答新学员大部分问题。本次任务小张利用AIGC技术工具Kimi进行多轮会话，为新学员找到问题的最好解答。AIGC，即人工智能生成内容，正逐渐渗透到人们生活的各个角落。

预备知识

AIGC技术正引领新一轮科技创新浪潮，从文本、图像到音频、视频，其强大的创作能力为各行各业带来颠覆性变革。AIGC是人工智能1.0时代进入2.0时代的重要标志。

一、生成式人工智能的概念及发展历程

（一）生成式人工智能的概念

生成式人工智能（Artificial Intelligence Generated Content，AIGC）是指基于生成对抗网络、大型预训练模型等人工智能的技术方法，通过已有数据的学习和识别，以适当的泛化能力生成相关内容的技术。

AIGC技术的核心思想是利用人工智能算法生成具有一定创意和质量的内容。通过训练模型和大量数据的学习，AIGC可以根据输入的条件或指导生成与之相关的内容。例如，通过输入关键词、描述或样本，AIGC可以生成与之相匹配的文本、图像、音频等。

在狭义上，AIGC是指利用AI自动生成内容的生产方式，比如自动写作、自动设计等。在广义上，AIGC是指像人类一样具备生成创造能力的AI技术，它可以基于训练数据和生成算法模型自主生成文本、图像、音乐、视频、3D交互内容等各种形式的内容和数据。

（二）生成式人工智能发展历程

生成式人工智能的发展历程可以分成三个阶段：早期萌芽阶段，沉淀累积阶段，快速发展阶段。

1. 早期萌芽阶段（1950—2000）

由于技术限制，AIGC仅限于小范围实验和应用，例如1957年出现了首支计算机创作的音乐作品《依利亚克组曲》。然而在20世纪80年代末至90年代中期，由于高成本和难以商业化，AIGC的资本投入有限，因此未能取得显著进展。

2. 在沉淀累积阶段（2000—2010）

AIGC逐渐从实验性转向实用性，2006年深度学习算法取得进展，同时GPU和CPU等算力设备日益精进，互联网快速发展，为各类人工智能算法提供了海量数据进行训练。2007年出版了首部由AIGC创作的小说《在路上》，2012年微软展示了全自动同声传译系统，主要基于深度神经网络（DNN），自动将英文讲话内容通过语音识别等技术生成中文。

3. 快速发展阶段（2010 年至今）

2014年，深度学习算法“生成式对抗网络”（Generative Adversarial Network,GAN）推出并迭代更新，助力AIGC新发展。2017年，微软人工智能少年“小冰”推出世界首部由人工智能写作的诗集《阳光失了玻璃窗》，2018年，NVIDIA曰(英伟达)发布StyleGAN模型可自动生成图片，2019年，DeepMind发布DVD-GAN模型可生成连续视频。2021年，Open AI推出DALL-E并更新迭代版本DALL-E-2，主要用于文本、图像的交互生成内容。

而2023年更像是AIGC入世元年，AIGC相关的话题爆炸式地出现在社交媒体，正式被大众所关注。其中令人印象深刻的是微软全系融入AI创作和OpenAI GPT-4的发布。

2024年12月10日，OpenAI正式发布其全新AI视频生成工具Sora，这是一款面向ChatGPT Plus和Pro用户的革命性产品，旨在为用户提供从文本到视频的完整创作体验。Sora的推出标志着AI技术在视频生成领域的重大突破，为创意工作者、电影制作人和艺术家提供了前所未有的生产力工具。

DeepSeek作为2025年人工智能领域的焦点，其发展轨迹和技术突破引发了全球关注。DeepSeek通过优化模型架构和训练方法，显著降低了AI模型的开发与部署成本，推动其在金融、教育、医疗等领域的广泛应用。DeepSeek以开源模型为核心战略，通过开放技术框架吸引开发者生态，加速技术迭代与行业渗透，在量化投资领域，其技术被用于高频交易策略优化和市场预测模型，提升了策略执行效率与收益率。通过端侧轻量化模型与云端高性能计算的结合，DeepSeek在移动端智能服务（如实时翻译、个性化推荐）中实现低延迟与高精度平衡。DeepSeek的崛起标志着中国在AI领域的创新能力从“跟随”转向“引领”，其通过开源策略与成本优化重塑了行业生态。

二、生成式人工智能核心技术

AIGC的核心技术包括自然语言处理、机器学习、计算机视觉等。通过这些技术的应用，AIGC能够自动化地生成符合人类语言习惯和审美标准的内容，从而极大地提高了内容生成的效率和品质。

在文本内容生成中，自然语言处理起着核心作用。这一过程通常涉及预训练的语言模型，如生成预训练变换器（GPT）或双向编码器表示变换器（BERT）。这些模型通过大量的文本数据学习语言的语法规则、上下文关系和文字的多种用途。训练完成后，模型能够基于给定的输入（如单词、短语或句子）生成连贯、有意义的文本。

在图像内容生成中，计算机视觉技术发挥关键作用，尤其是利用生成对抗网络（GAN）。GAN由生成器和鉴别器组成。生成器试图创造出逼真的图像，而鉴别器则判断该图像是由生成器创造的还是真实的。这个过程在多次迭代中不断完善，最终生成器能够创作出难以被鉴别器区分的高质量图像。

音频和视频内容生成同样利用了深度学习技术，如循环神经网络（RNN）和卷积神经网络（CNN）来处理和生成时序性强的数据。在音频生成中，AI系统可以学习音乐的旋律、节奏及和声，然后创作出新的音乐作品。在视频生成中，AI则需要处理和理解视频帧之间的时间连续性，以及场景、动作和故事线的复杂性。

三、生成式人工智能分类

现阶段国内AIGC多以单模型应用的形式出现，按照生成内容主要分为文本生成、图像生成、视频生成、音频生成，其中，文本生成为其他内容生成的基础。

（一）文本生成

文本生成（AI text generation），人工智能文本生成是使用人工智能(AI)算法和模型来生成模仿人类书写内容的文本。它涉及在现有文本的大型数据集上训练机器学习模型，以生成在风格、语气和内容上与输入数据相似的新文本。

（二）图像生成

图像生成（AI image generation），人工智能可用于生成非人类艺术家作品的图像。这种类型的图像被称为“人工智能生成的图像”。人工智能图像可以是现实的或抽象的，可以传达特定的主题或信息。

（三）语音生成

语音生成（AI audio generation），AIGC的音频生成技术可以分为两类，分别是文本到语音合成和语音克隆。文本到语音合成需要输入文本并输出特定说话者的语音，主要用于机器人和语音播报任务。到目前为止，文本转语音任务已经相对成熟，语音质量已达到自然标准，未来将向更具情感的语音合成和小样本语音学习方向发展；语音克隆以给定的目标语音作为输入，然后将输入语音或文本转换为目标说话人的语音。此类任务用于智能配音等类似场景，合成特定说话人的语音。

（四）视频生成

视频生成（AI video generation），AIGC已被用于视频剪辑处理以生成预告片和宣传视频。工作流程类似于图像生成，视频在帧级别进行处理，然后利用 AI 算法检测视频片段。AIGC生成引人入胜且高效的视频的能力是通过结合不同的AI算法实现的。凭借其先进的功能和日益普及，AIGC可能会继续革新视频内容的创建和营销方式。

四、生成式人工智能应用领域

AIGC的应用场景非常广泛。在媒体领域，AIGC可以自动化地生成新闻报道、广告文案、社交媒体内容等，从而极大地提高了内容生成的效率和品质。在广告领域，AIGC可以根据不同的受众和广告策略，自动化地生成各种形式的广告内容，从而更好地吸引目标受众的注意力。在娱乐领域，AIGC可以自动化地生成电影、游戏、音乐等作品的故事情节、角色设定、画面等，从而极大地缩短了创作周期和成本。在教育领域，AIGC可以自动化地生成各种教学资料、试题等，从而极大地提高了教育效率和质量。

五、常用的 AIGC 工具

（一）DeepSeek

DeepSeek 凭借其先进的深度学习架构与算法优化，在自然语言处理、代码生成、智能问答等诸多领域彰显出卓越能力。通过对巨量数据的深度挖掘与高效学习，DeepSeek打造了强大的语言理解与生成模型，能够敏锐感知用户需求，输出贴合实际且富有创意的内容。不管是进行复杂的代码编写任务，还是在知识问答场景中解惑答疑，DeepSeek都能提供有力支持。

主要应用场景：

（1）代码开发：助力开发者快速生成高质量代码，提升开发效率。

（2）智能客服：准确理解用户问题，高效提供解答方案。

（3）内容创作辅助：为创作者提供灵感启发与内容素材生成。

（二）文心一言

“文心一言”凭借其“知识增强、多模态生成”的核心理念，在文学创作、商业文案创作、数理逻辑推算及中文理解领域展现出非凡实力。依托百度搜索引擎多年积累的海量数据，“文心一言”构建了一个庞大的知识库，能够精准捕捉用户意图，生成高质量内容。无论是撰写商业策划还是创作文学作品，“文心一言”都能成为用户的得力助手。

主要应用场景：

（1）学习工作：能够快速找到用户所需的学术论文、行业报告等资料，提高学习和工作效率。同时，它还具备翻译功能，支持多种语言互译，适用于跨国交流等场合。

（2）商业应用：可作为智能客服，为客户提供及时、准确的咨询解答，提升客户满意度，降低企业运营成本。此外，它还能帮助企业洞察市场趋势、优化产品策略。

（3）生活娱乐：具备强大的自然语言处理能力，能够准确理解并回答用户问题，适用于询问天气、查询知识等生活场景。

（三）Kimi

Kimi以“超长文本处理、信息检索”见长，特别适合于长文本创作、信息整理及知识获取。其支持高达20万汉字的超长文本输入，配合文件和网页解析功能，让用户轻松驾驭复杂信息。此外，Kimi还具备强大的搜索能力和多语言对话功能，让全球信息触手可及。

主要应用场景：

（1）文章总结：能够快速提取文章中的有用信息，提高阅读效率。

（2）翻译：其翻译能力非常强大，可以用来阅读国外文献，支持多种语言的翻译。

（3）PPT解读：能够辅助解读PPT内容，使重点更加清晰明了。

（四）通义千问

背靠阿里云强大的算力支持，通义千问凭借“超大规模、多轮交互、多模态理解”的能力，在代码编写、语言翻译、逻辑推理及文案创作等多个领域展现出卓越性能。无论是解决编程难题还是进行跨国交流，通义千问都能提供精准、高效的解决方案。

主要应用场景：

（1）学术研究：能够生成各种类型的故事文本，支持学术研究中的文本创作需求。

（2）教育辅导：可用于辅助学习，提供知识讲解和题目解答。

（3）知识库升级：能够帮助企业快速更新和扩充知识库内容，提高知识的覆盖范围和准确性。

（五）讯飞星火

依托科大讯飞在语音识别领域的领先技术，讯飞星火在语音交互方面独具优势。在语音输入、语音播报及文本生成方面表现出色。无论是智能家居控制还是远程会议记录，讯飞星火都能轻松实现语音操控，享受智能生活的便捷。

主要应用场景：

（1）语音交互：支持语音输入和输出功能，用户可以通过语音快速输入文本，同时也可以通过语音输出功能将文本转换为语音，适用于智能家居控制、远程会议记录等场景。

（2）写作辅助：提供实时的写作建议、修改意见和灵感提示，帮助客户提升写作效率，优化文本品质。

（六）豆包

以“沉浸态的语音对话功能、自定义智能体、文生图能力”为特色，广泛应用于文章写作、翻译、解题答疑及智能客服等领域。其出色的语音聊天和联网搜索能力，结合文生图功能，让用户在享受语音交互便利的同时，也能获得高质量的视觉生成体验。

主要应用场景：

（1）语音聊天：具备沉浸态的语音对话功能，支持语音聊天和联网搜索。

（2）文章写作与翻译：可用于文章写作和翻译任务，提供高质量的文本生成和翻译服务。

（3）解题答疑：能够解答用户提出的各种问题，提供准确的答案和解释。

AIGC技术的发展日新月异，未来它将给我们的生活带来更多的惊喜和改变。但同时，我们也面临着一些挑战。当AIGC能够生成高度逼真的内容时，我们如何确保其来源的合法性和真实性？在享受AIGC带来的便利时，我们又该如何避免过度依赖它，保持人类自身的创造力？这些都是值得我们深入思考的问题。AIGC就像一艘驶向未知海洋的巨轮，我们在船上，既是乘客，也是掌舵者，如何让它驶向更加美好的未来，需要我们共同努力。

任务分析

本次任务中，小张教会新学员掌握以下技能：

（1）掌握Kimi网页版的使用方法。

（2）使用Kimi进行多轮会话。

任务实施

实施步骤：

（1）打开平台：首先，需要通过支持Kimi的平台（如网页端、App等）。

（2）输入问题：在对话框中输入问题或指令，比如“请用白话讲解为什么学习Python”（第一轮对话）。

（3）根据回答继续提问：Kimi会根据用户的问题给出回答，用户可以根据Kimi的回答继续提问。例如，Kimi回答了关于学习Python的方法，用户可以接着问：“我比较喜欢视频教程，请给我推荐五个免费看的网站。”（第二轮对话）

（4）补充信息或澄清问题：如果Kimi的回答完成后，用户想进一步提出自己的想法，可以直接补充信息。比如：“请在B站上推荐1～3个播放量超过一千万的且视频发布是2022年以后的视频”（第三轮对话），此次回答没有给出相应的网站链接，可以继续进行对话，“请给出网站链接”（第四轮对话）。

（5）切换话题：如果你想换一个话题，直接提出新的问题即可。比如：“请帮我推荐Python的在线编码环境，请给出中文的网站”（第5轮对话）。

任务效果

图8-12和图8-13展示了第一轮对话效果。

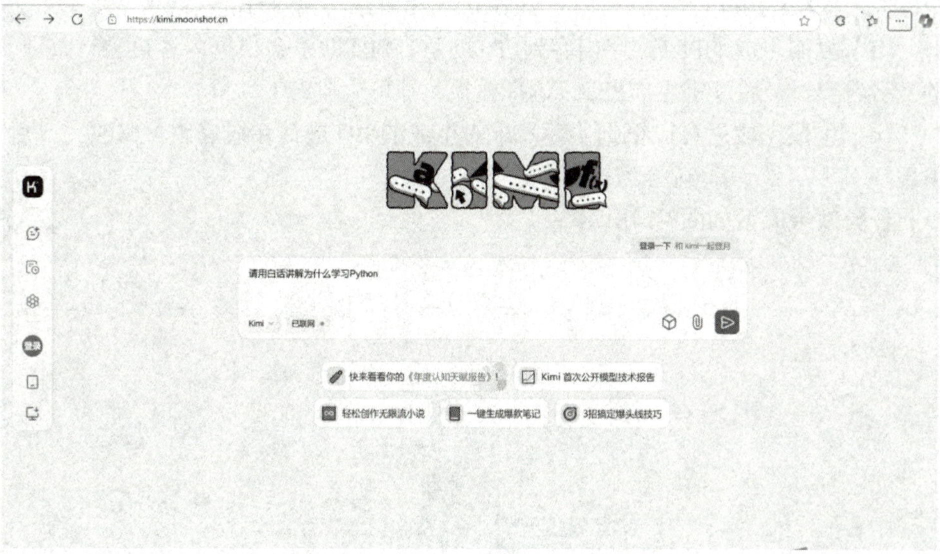

图 8-12　第一轮对话问题

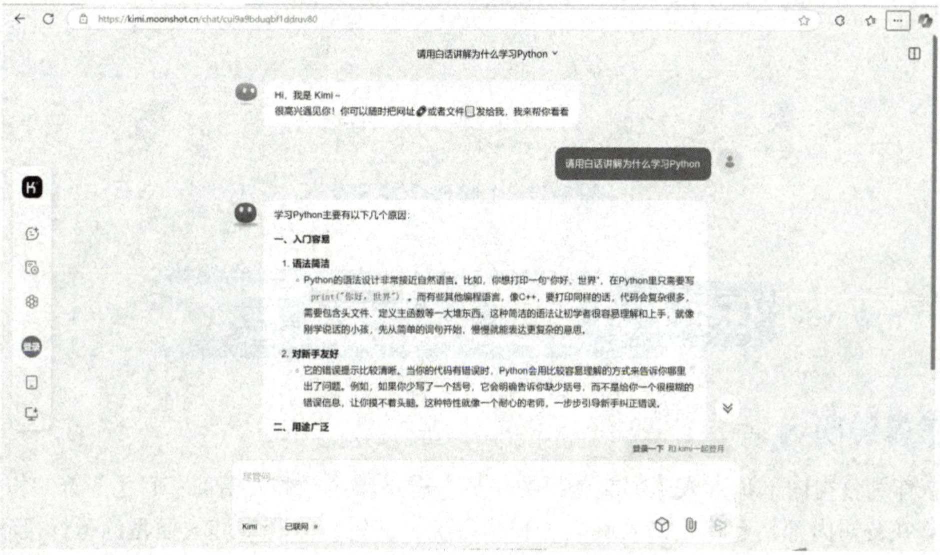

图 8-13　第一轮对话生成内容

视频
生成式人工智能

任务拓展

小张公司的新学员学会使用Kimi进对多轮对话解答自己在学习上的问题，经过一段时间的学习，新学员要使用PPT汇报学习成果，小张继续使用KimiPPT助手教授新学员如何在线制作PPT。

任务拓展思路：

（1）在Kimi网页端，单击左侧(Kimi+)图标，打官方推荐PPT助手，可以给出主题生成PPT。

（2）可以使用Kimi多轮对话生成汇报的内容；可以进行两轮对话将特定内容生成一个PPT，因为是在进行会话，所以当前Kimi给出的是文字形式内容。

视频

在线制作PPT

（3）复制生成的PPT文字内容到PPT助手，PPT助手会根据内容再进行整理，生成新的文字内容，最后一键生成PPT，选择模板，即可生成PPT。

（4）生成完成后可以根据实际需求对生成的PPT进行在线修改，修改完成后可保存、下载。

任务效果展示如图8-14所示。

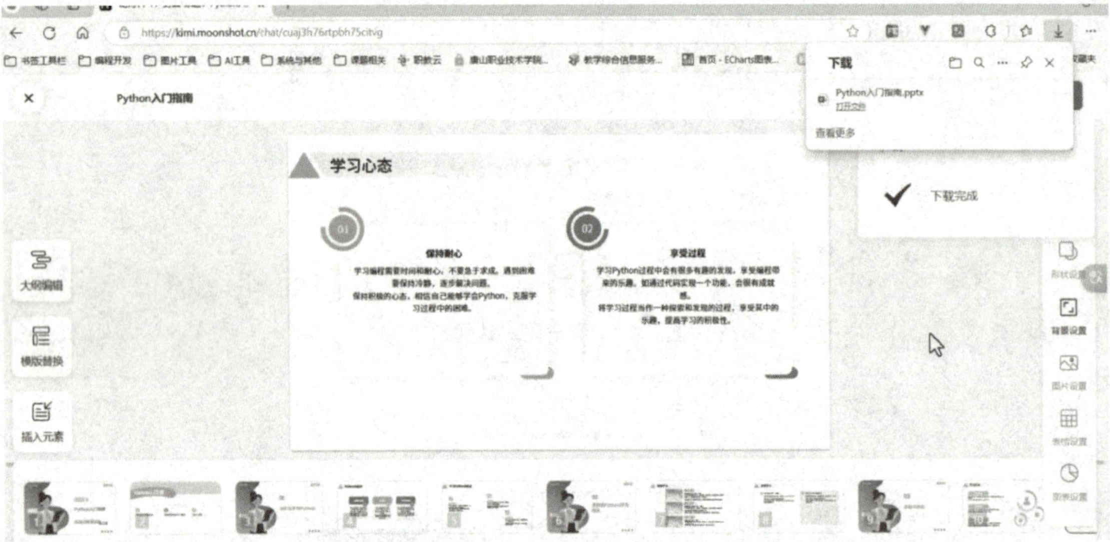

图 8-14　生成 PPT 并下载

任务 8.4　人工智能大模型

任务说明

小张作为公司内部负责人工智能项目的一员，需要深入理解大模型私有化部署的相关知识，确保能够在公司内部搭建稳定高效的人工智能系统。首先，需要掌握大模型的运行机制、计算资源需求及优化策略，确保部署方案符合企业数据安全和自主可控的要求。接着，需要完成部署环境的搭建和配置，确保模型能够高效运行，并具备良好的兼容性和扩展性。同时，还需结合业务需求优化模型，使其在特定场景下具备更强的适应能力和交互体验，最终实现智能化应用的落地，为企业的数字化升级提供技术支持。

预备知识

一、人工智能大模型定义及相关概念

（一）人工智能大模型定义

人工智能大模型是指使用大规模数据和强大的计算能力训练出来的“大参数”机器学习模型，这些模型通常由深度神经网络构建而成，拥有数十亿甚至数千亿个参数。大模型的设计是为了提高模型的表达能力和预测性能，能够处理更加复杂的任务和数据。大模型通常具有高度的通用性和泛化能力，可以应用于自然语言处理、图像识别、语音识别等领域，可分为大语言模型、视觉大模型、多模态大模型、基础大模型。

（二）相关概念

（1）大模型（large model）：是指具有大量参数和复杂结构的机器学习模型，能够处理海量数据、完成各种复杂的任务，如自然语言处理、计算机视觉、语音识别等。

（2）超大模型：超大模型是大模型的一个子集，它的参数量远超过大模型。

（3）大语言模型（large language model）：通常是具有大规模参数和计算能力的自然语言处理模型，例如，国产大模型DeepSeek在文本生成、语义理解和智能对话等领域表现出色，能够生成高质量的自然语言文本并完成复杂的语言任务。

（4）多模态大模型：多模态大模型能够同时处理多种类型的数据（如文本、图像、音频等），并实现跨模态的理解和生成。这类模型在智能助手、内容创作等领域具有广泛应用。

（5）Transformer架构：Transformer是一种基于自注意力机制的神经网络架构，已成为大模型的核心技术之一。其优势在于能够高效处理长距离依赖关系，适用于文本生成、翻译、摘要等任务。

二、人工智能大模型发展历程

（一）萌芽期（1950—2005）：传统神经网络奠基阶段

1956年：人工智能概念正式提出，早期研究以专家系统和浅层机器学习为主。

1980年：卷积神经网络（CNN）雏形诞生，为计算机视觉领域奠定基础。

1998年：LeNet-5模型发布，首次将深度学习应用于手写数字识别，标志着深度学习从理论走向实践。

（二）探索沉淀期（2006—2019）：算法架构突破阶段

2013年：Word2Vec模型提出，通过词向量实现语义量化表示，革新自然语言处理范式。

2014年：生成对抗网络（GAN）诞生，推动AI从“识别”向“创造”跨越。

2017年：Transformer架构横空出世，其自注意力机制解决了长序列依赖问题，成为大模型核心架构。

2018年：预训练模型范式（如BERT、GPT-1）兴起，首次证明大规模预训练可显著提升模型泛化能力。

2019年，中国团队发布首个百亿参数级多模态预训练模型DeepSeek-M1，在中文语义理解任务中达到国际领先水平。

（三）迅猛发展期（2020—至今）：规模化与多模态融合阶段

2020年：千亿参数模型成为主流，强化学习、代码预训练等技术显著提升模型推理能力。

2022年：多模态大模型突破单一数据限制，实现文本、图像、音频的跨模态生成与理解。

2023年：国产大模型DeepSeek-M2发布，参数量突破万亿级，支持中英双语生成与逻辑推理，并在政务、金融场景实现规模化落地。同年推出的DeepSeek-Vision多模态版本，在医疗影像分析、工业质检等领域表现卓越。

三、人工智能大模型的分类及特点

（一）分类

按照输入数据类型的不同，大模型主要可以分为以下三大类：语言大模型、视觉大模型、多模态大模型。具体分类如图8-15所示。

图 8-15　按输入数据类型不同大模型分类

1. 语言大模型

语言大模型是指在自然语言处理（natural language processing，NLP）领域中的一类大模型，通常用于处理文本数据和理解自然语言。这类大模型的主要特点是它们在大规模语料库上进行了训练，以学习自然语言的各种语法、语义和语境规则。

2. 视觉大模型

视觉大模型是指在计算机视觉（computer vision，CV）领域中使用的大模型，通常用于图像处理和分析。这类模型通过在大规模图像数据上进行训练，可以实现各种视觉任务，如图像分类、目标检测、图像分割、姿态估计、人脸识别等。

3. 多模态大模型

多模态大模型是指能够处理多种不同类型数据的大模型，例如文本、图像、音频等多模态数据。这类模型结合了NLP和CV的能力，以实现对多模态信息的综合理解和分析，从而能够更全面地理解和处理复杂的数据。

按照应用领域的不同，大模型主要可以分为L0、L1、L2三个层级。

①通用大模型（L0）是指可以在多个领域和任务上通用的大模型。它们利用大算力、使用

海量的开放数据与具有巨量参数的深度学习算法,在大规模无标注数据上进行训练，以寻找特征并发现规律，进而形成可举一反三的强大泛化能力，可在不进行微调或少量微调的情况下完成多场景任务，相当于AI完成了“通识教育”。

②行业大模型（L1）是指那些针对特定行业或领域的大模型。它们通常使用行业相关的数据进行预训练或微调，以提高在该领域的性能和准确度，相当于AI成为“行业专家”。

③垂直大模型（L2）是指那些针对特定任务或场景的大模型。它们通常使用任务相关的数据进行预训练或微调，以提高在该任务上的性能和效果。

（二）特点

人工智能大模型具有以下特点：

1. 巨大的规模

大模型包含数十亿个参数，模型大小可以达到数百（GB）甚至更大。巨大的模型规模使大模型具有强大的表达能力和学习能力。

2. 涌现能力

涌现或称创发、突现、呈展、演生，是一种现象，许多小实体相互作用后产生了大实体，而这个大实体展现了组成它的小实体所不具有的特性。引申到模型层面，涌现能力指的是当模型的训练数据突破一定规模，模型突然涌现出之前小模型所没有的、意料之外的、能够综合分析和解决更深层次问题的复杂能力和特性，展现出类似人类的思维和智能。涌现能力也是大模型最显著的特点之一。

3. 更好的性能和泛化能力

大模型通常具有更强大的学习能力和泛化能力，能够在各种任务上表现出色，包括自然语言处理、图像识别、语音识别等。

4. 多任务学习

大模型通常会一起学习多种不同的NLP任务,如机器翻译、文本摘要、问答系统等。这可以使模型学习到更广泛和泛化的语言理解能力。

5. 大数据训练

大模型需要海量的数据来训练,通常在TB以上甚至PB级别的数据集。只有大量的数据才能发挥大模型的参数规模优势。

6. 强大的计算资源

训练大模型通常需要数百甚至上千个GPU,以及大量的时间，通常在几周到几个月。

7. 迁移学习和预训练

大模型可以通过在大规模数据上进行预训练，然后在特定任务上进行微调，从而提高模型在新任务上的性能。

8. 自监督学习

大模型可以通过自监督学习在大规模未标记数据上进行训练，从而减少对标记数据的依赖，提高模型的效能。

9. 领域知识融合

大模型可以从多个领域的数据中学习知识，并在不同领域中进行应用，促进跨领域的创新。

10. 自动化和效率

大模型可以自动化许多复杂的任务，提高工作效率，如自动编程、自动翻译、自动摘要等。

四、人工智能大模型的应用领域和国内常用的大模型

大模型的应用领域包括自然语言处理、计算机视觉、生物信息学、自动驾驶技术、金融分析、气候研究、传媒、产业应用（智能制造、智能交通、金融服务、医疗健康）、智能办公、个性化推荐、游戏开发、农业与环境保护、教育与科研等。

（一）应用领域

1. 大模型在自然语言处理领域的应用

大模型在自然语言处理领域的应用广泛且深入。它们可以胜任各种自然语言处理任务，如文本生成、机器翻译、语言理解、聊天机器人、情感分析和语义分析等。例如，大模型可以基于给定的主题或输入，自动生成连贯、内容丰富的文章，这在新闻报道、学术论文等领域具有重要应用价值。同时，大模型在机器翻译方面表现出色，如谷歌翻译、百度翻译等应用就采用了大模型技术，实现了多种语言之间的高质量翻译。此外，大模型还能通过情感分析帮助企业了解消费者需求和市场动态，为企业的决策提供支持。

2. 大模型在计算机视觉领域的应用

大模型在计算机视觉领域的应用也极为广泛。它们可以用于图像分类、目标检测、图像生成、人脸识别等任务。在医疗诊断中，大模型可以辅助医生进行影像分析，提高诊断的准确性和效率。在安全监控领域，大模型可以实现对异常行为的快速识别和响应。此外，大模型在娱乐行业也有广泛应用，如游戏中的角色动画生成、场景渲染等。这些应用充分展示了大模型在处理复杂视觉任务方面的强大能力。

3. 大模型在智能推荐系统中的应用

在智能推荐系统方面，大模型通过分析用户行为和偏好，为电商平台和社交平台提供精准的广告、内容和商品推荐。它们可以准确理解用户搜索意图，提供更精准的商品推荐，从而提升用户体验和营销效果。例如，在电商平台上，大模型可以根据用户的浏览、搜索、购买等行为数据，为用户推荐最符合需求的商品和内容。这不仅提升了用户转化率，也大大提高了电商平台的营收。

4. 大模型在金融风控领域的应用

在金融风控领域，大模型的应用场景也日益丰富。它们可以用于构建更准确、更全面的风险模型，涵盖市场风险、信用风险、操作风险等。通过分析历史数据和实时市场动态，大模型能够提供更精确的风险预测和决策支持，帮助金融机构制定有效的风险管理策略。例如，银行可以利用大模型分析海量客户交易数据，识别潜在的信用风险；同时，结合宏观经济指标和市

场情绪分析，预测市场波动，优化资产配置。此外，大模型还能提高金融机构的欺诈识别和应对能力，保护客户资金安全。

5. 大模型在医疗健康领域的应用

在医疗健康领域，大模型的应用涵盖了智能诊断、智能辅助治疗、智能健康管理等方面。它们可以通过分析医学影像资料辅助医生进行疾病诊断；同时，还可以为患者提供个性化的治疗方案和健康管理建议。例如，在智能诊断方面，大模型可以识别医学影像中的异常特征，提高诊断的准确性和效率。在智能辅助治疗方面，大模型可以为患者提供康复训练计划和营养指导等服务。这些应用有助于提升医疗服务品质、降低医疗成本。

6. 大模型在教育行业的应用

大模型在教育领域的应用也取得了显著成效。它们可以用于个性化学习助手、智能问答系统、内容生成与创作辅助、智能写作评估、跨语言学习支持、数学解题辅助等方面。通过深度学习教育数据中的模式和结构，大模型能够理解和掌握教育内容的本质规律与教学目标的达成策略。例如，在个性化学习助手方面，大模型可以根据学生的学习路径和强项与薄弱环节，提供定制化的学习资源和建议。在智能问答系统方面，大模型能够解答学生在学习过程中遇到的问题和困惑。这些应用有助于提升教育质量、推动教育公平。

7. 大模型在游戏娱乐领域的应用

在游戏娱乐领域，大模型的应用也日益广泛。它们可以用于生成NPC行为、创建游戏内容和分析游戏数据等方面。通过生成逼真的NPC行为，大模型可以提升游戏的互动性和玩家体验。同时，大模型还可以分析游戏数据，为游戏开发者提供优化建议和改进方向。例如，在一些大型多人在线角色扮演游戏中，大模型可以根据玩家的行为和偏好生成相应的NPC行为，使游戏世界更加生动和有趣。

8. 大模型在智能制造与物联网领域的应用

在智能制造与物联网领域，大模型的应用也具有重要意义。它们可以用于智能设计、智能生产、智能运维等方面，提高生产效率和降低成本。同时，大模型还可以与物联网技术相结合，实现对生产过程的实时监控和数据分析。例如，在智能工厂中，大模型可以根据生产计划和物料需求生成最优的生产调度方案；同时，还可以对生产过程中的数据进行实时分析，及时发现和解决问题。

9. 大模型在媒体与广告领域的应用

在媒体与广告领域，大模型的应用也带来了革命性的变革。它们可以用于视频配音、语音播报、标题生成、海报设计等方面，提高内容创作的效率和质量。同时，大模型还可以通过分析用户行为和偏好为广告主提供精准的广告投放建议。例如：在新闻写作方面，大模型可以根据新闻事件和背景资料自动生成新闻稿件；在广告投放方面，大模型可以根据用户的历史浏览和购买记录为其推荐最符合需求的广告内容。

10. 大模型未来可能拓展的新应用领域及趋势

随着技术的不断发展和创新，大模型的应用场景还将继续拓展和深化。未来，大模型有望在生物信息学、自动驾驶技术、气候研究等更多领域发挥重要作用。例如，在生物信息学领域，大模型可以用于基因序列分析、蛋白质结构预测和药物研发等方面；在自动驾驶技术领域，大模型可以处理图像和雷达数据，实现物体检测和路径规划等功能；在气候研究领域，大模型可以处理气象数据，进行天气预测和气候模拟等。这些新应用领域的拓展将为大模型的未来发展带来更多机遇和挑战。

（二）国内常用的大模型

国内主要AI大模型介绍如下：

（1）深度求索：代表大模型DeepSeek，2025年1月20日，DeepSeek正式发布 DeepSeek-R1 模型，并同步开源模型权重。DeepSeek-R1在后训练阶段大规模使用了强化学习技术，在仅有极少标注数据的情况下，极大提升了模型推理能力。DeepSeek-V3和DeepSeek-R1两款大模型，成本价格低廉，性能与OpenAI相当。

（2）科大讯飞：代表大模型为星火认知，强调语音识别和自然语言理解，广泛应用于教育和办公领域。

（3）百度：代表大模型为文心一言，具备强大的自然语言处理能力，广泛应用于搜索、对话等领域。

（4）阿里巴巴：代表大模型为通义千问，支持多种语言理解和生成任务，应用于电商、云计算等场景。

（5）腾讯：代表大模型为混元，强调多模态融合，应用于社交、游戏等领域。

（6）华为：代表大模型为盘古，专注于自然语言处理和计算机视觉，应用于云服务和智能设备。

（7）商汤科技：代表大模型为日日新，专注于计算机视觉和多模态融合，应用于安防和自动驾驶等领域。

（8）智谱AI：代表大模型为GLM-4，具备强大的语言理解和生成能力，应用于科研和教育领域。

（9）9.字节跳动：代表大模型为豆包，应用于内容创作和推荐系统。

（10）360公司：代表大模型为360智脑，强调安全性和信息检索，应用于搜索和安全领域。

这些大模型在各自的应用领域中展现了强大的技术实力和市场影响力，推动了AI技术的发展和应用。

任务分析

本次任务中，小张需要掌握以下技能：

（1）安装本地运行大语言模型工具Ollama。

（2）根据主机配置下载对应大模型。

（3）使用下载的模型进行对话。

任务实施

实施步骤：

（1）安装Ollama：访问 Ollama 官方网站，下载适用于相应操作系统的安装包，并按照指引完成安装，如图8-16所示（Windows环境）。

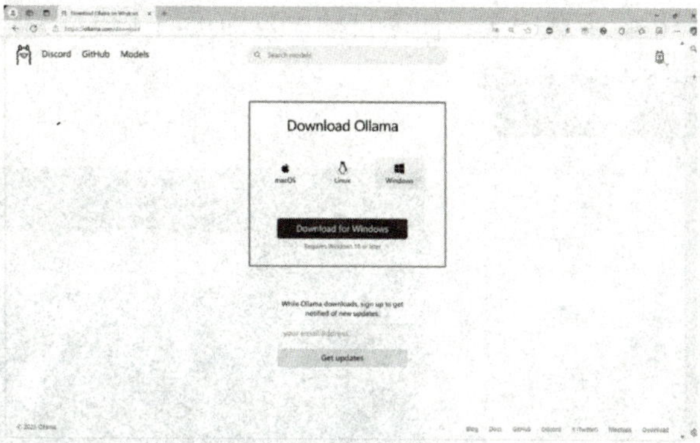

图 8-16　选择下载版本

（2）配置环境变量：更改大模型安装路径，以防止磁盘空间不足。更改访问地址设置为0.0.0.0:11434外部访问，如图8-17所示。

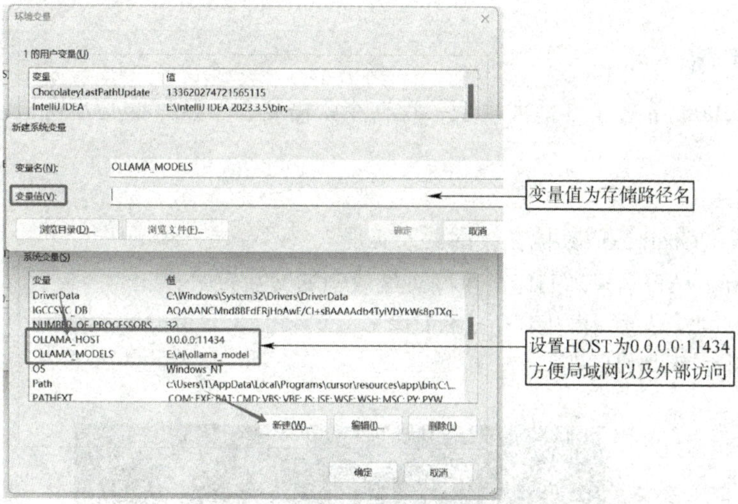

图 8-17　配置环境变量

（3）下载本地模型：打开Ollama官网选择Model，根据显卡显存选择模型，以DeepSeek举例，单击并找到下载命令，如图8-18和图8-19所示，复制命令并运行。

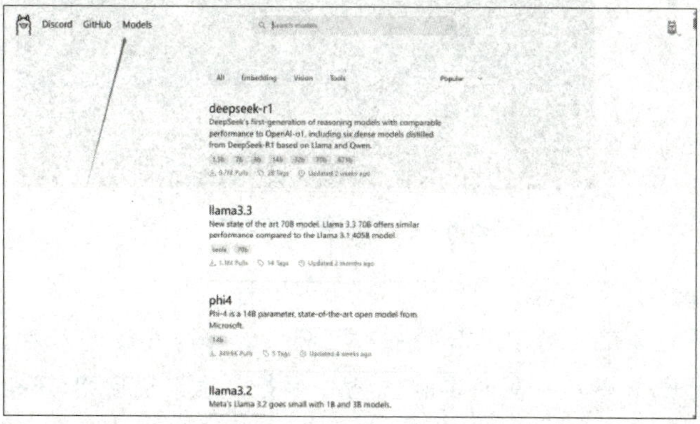

图 8-18　选择下载模型

视 频

人工智能
大模型

（4）运行模型进行对话：下载完成，使用自然语言即可与大模型进行对话，如图8-20所示。

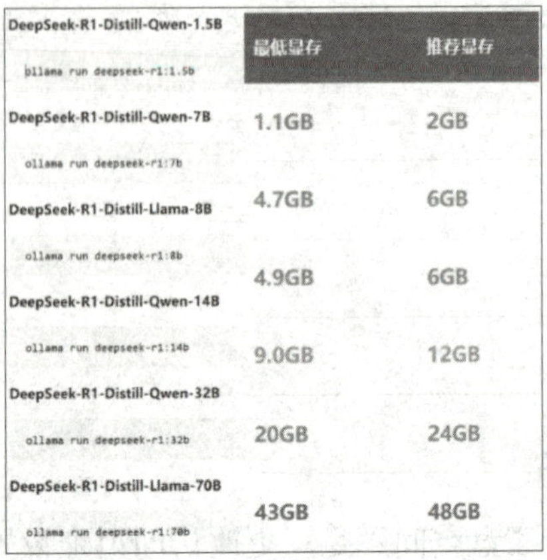

模型	最低显存	推荐显存
DeepSeek-R1-Distill-Qwen-1.5B ollama run deepseek-r1:1.5b	1.1GB	2GB
DeepSeek-R1-Distill-Qwen-7B ollama run deepseek-r1:7b	4.7GB	6GB
DeepSeek-R1-Distill-Llama-8B ollama run deepseek-r1:8b	4.9GB	6GB
DeepSeek-R1-Distill-Qwen-14B ollama run deepseek-r1:14b	9.0GB	12GB
DeepSeek-R1-Distill-Qwen-32B ollama run deepseek-r1:32b	20GB	24GB
DeepSeek-R1-Distill-Llama-70B ollama run deepseek-r1:70b	43GB	48GB

图 8-19　根据硬件配置选择模型

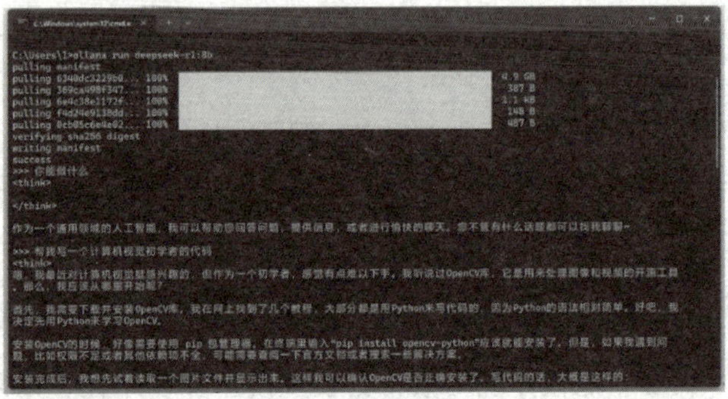

图 8-20　运行模型

任务拓展

小张使用了Ollama部署了本地大模型，现在小张需要一个良好的交互窗口，并编写一个贪吃蛇小游戏。

任务拓展思路：

（1）使用在线的Chatbox或其他在线网页来实现。

（2）根据Ollma的API接口来制作一个网页端或Qt的交互界面。

（3）先让模型生成提示词再让其生成代码。

任务效果展示如图8-21所示。

视频

编写贪吃蛇游戏代码

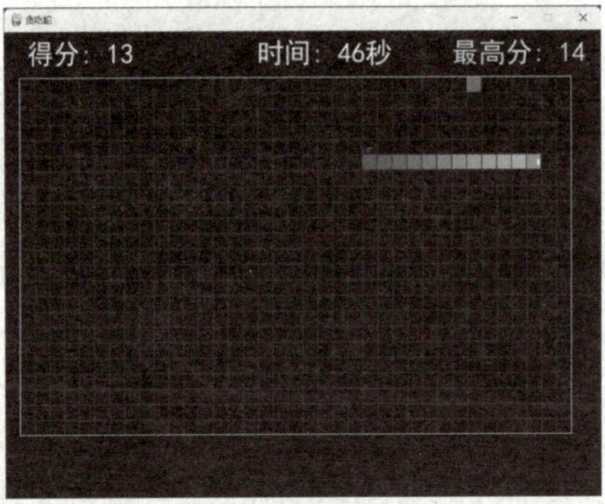

图 8-21　任务拓展效果图

延伸阅读：“智慧安防”人脸识别技术的城市守护者

2022年，上海公安部门启动了“智慧安防”项目，部署先进的人脸识别系统，结合深度学习算法，实现了对城市公共安全的实时监控与预警。该系统利用OpenCV等开源计算机视觉库，对监控视频进行实时分析，能够精准识别出可疑人员，并及时通知警方采取行动。据上海市公安局统计，自该系统投入使用以来，重大刑事案件的发生率下降了37%，其中人脸识别技术在其中发挥了关键作用，为城市的稳定和居民的安全提供了有力保障。

在技术应用过程中，上海公安部门严格遵循技术伦理和隐私保护原则，确保技术的公平性和透明度。系统设计充分考虑不同人群的特征和需求，避免对特定群体造成歧视或不公平待遇。数据采集和使用均经过严格授权，保障公民隐私权益。这一案例展示了技术的力量，体现了技术应用中的社会责任和人文关怀，为全球城市安防建设提供了宝贵的“上海经验”。“工依于法”，技术的应用与发展必须遵循一定的规范与伦理准则。在人脸识别技术的推广中，我们应以墨家的“利人”“义”为价值导向，确保技术在符合人民利益与社会正义的基础上不断进步。这既是对技术本身的尊重，也是对社会和谐发展的有力推动。

阅读思考：技术的进步应如何更好地服务于社会整体福祉，同时避免可能带来的负面影响？

习　题

一、单选题

1. 以下关于特征选择的说法正确的是（　　）。

A. 选择的特征越多越好　　B. 选择的特征越少越好

C. 选择的特征需尽可能反映不同事物之间的差异　　D. 以上说法均不对

2. 回归问题和分类问题的区别是（　　）。

A. 回归问题有标签，分类问题没有

B. 回归问题输出值是离散的，分类问题输出值是连续的

C. 回归问题输出值是连续的，分类问题输出值是离散的

D. 回归问题与分类问题在输入属性值上要求不同

3. 假如你在训练一个线性回归模型，则：①如果数据量较少，容易发生过拟合；②如果假设空间较小，容易发生过拟合。关于这两句话，下列说法正确的是（　　）。

A. ①和②都错误　　B. ①正确，②错误

C. ①错误，②正确　　D. ①和②都正确

4. 以下说法错误的是（　　）。

A. 残差是预测值与真实值之间的差值

B. 损失函数越小，模型训练得一定越好

C. 正则项的目的是避免模型过拟合

D. 最小二乘法不需要选择学习率

5. 下列关于线性回归分析中的残差说法正确的是（　　）。

A. 残差均值总是为零　　B. 残差均值总是小于零

C. 残差均值总是大于零　　D. 以上说法都不对

6. 模型的泛化能力是指（　　）。

A. 适用于测试集样本的能力　　B. 适用于验证集样本的能力

C. 适用于训练集样本的能力　　D. 适用于新样本的能力

7. 关于特征选择，下列对Ridge回归和Lasso回归说法正确的是（　　）。

A. Ridge回归适用于特征选择　　B. Lasso回归适用于特征选择

C. 两个都适用于特征选择　　D. 以上说法都不对

8. 以下关于逻辑回归与线性回归问题的描述错误的是（　　）。

A. 逻辑回归用于处理分类问题，线性回归用于处理回归问题

B. 线性回归要求输入输出值呈线性关系，逻辑回归不要求

C. 逻辑回归一般要求变量服从正态分布，线性回归一般不要求

D. 线性回归计算方法一般是最小二乘法，逻辑回归的参数计算方法是似然估计法

9. 逻辑回归的损失函数是（　　）。

A. MSE　　B. 交叉熵（Cross-entropy）损失函数

C. MAE　　D. RMSE

10. 下面（　　）不是Sigmoid的特点。

A. 当$\sigma(z)$大于等于0.5时，预测$y=1$　　B. 当$\sigma(z)$小于0.5时，预测$y=0$

C. 当$\sigma(z)$小于0.5时，预测$y=-1$　　D. $\sigma(z)$的范围为(0,1)

11. 梯度下降算法的正确步骤是（　　）。

A. 计算预测值和真实值之间的误差

B. 重复迭代，直至得到网络权重的最佳值

C. 把输入传入网络，得到输出值

D. 用随机值初始化权重和偏差

E. 对每一个产生误差的神经元，调整相应的权重值以减小误差

A. ABCDE　　B. EDCBA　　C. CBAED　　D. DCAEB

12. 什么情况下神经网络模型被称为深度学习模型？（　　）

A. 加入更多层，使神经网络的深度增加　　B. 有维度更高的数据

C. 当这是一个图形识别的问题时　　D. 以上都不正确

13. （　　）操作能实现与神经网络中Dropout的类似效果。

A. Boosting　　B. Bagging

C. Stacking　　D. Mapping

14. （　　）在神经网络中引入了非线性。

A. 随机梯度下降　　B. 修正线性单元（ReLU）

C. 卷积函数　　D. 以上都不正确

15. 深度学习是当前很热门的机器学习算法，在深度学习中，涉及大量的矩阵相乘，现在需要计算三个稠密矩阵$\boldsymbol{A}$、$\boldsymbol{B}$、$\boldsymbol{C}$的乘积$\boldsymbol{ABC}$，假设三个矩阵的尺寸分别为$m*n$，$n*p$，$p*q$，且$m<n<p<q$，以下计算顺序效率最高的是（　　）。

A. $(\boldsymbol{AB})\boldsymbol{C}$　　B. $\boldsymbol{AC}(\boldsymbol{B})$

C. $\boldsymbol{A}(\boldsymbol{BC})$　　D. 所有效率都相同

16. 输入图片大小为200×200像素，依次经过一层卷积（kernel size 5×5，padding 1，stride 2）、pooling（kernel size 3×3，padding 0，stride 1）、又一层卷积（kernel size 3×3，padding 1，stride 1）之后，输出特征图大小为（　　）像素。

A. 95　　B. 96

C. 97　　D. 98

17. 神经网络模型因受人类大脑的启发而得名,神经网络由许多神经元组成，每个神经元接收一个输入，对输入进行处理后给出一个输出。请问下列关于神经元的描述中，(　　)是正确的。

A. 每个神经元可以有一个输入和一个输出

B. 每个神经元可以有多个输入和一个输出

C. 每个神经元可以有一个输入和多个输出

D. 每个神经元可以有多个输入和多个输出

E. 上述都正确

18. 如果我们用了一个过大的学习速率会发生什么？(　　)

A. 神经网络会收敛　　B. 不好说

C. 都不对　　D. 神经网络不会收敛

19. 在一个神经网络中，(　　)方法可以用来处理过拟合。

A. Dropout　　B. 分批归一化（batch normalization）

C. 正则化（regularization）　　D. 都可以

20. 下列（　　）不是AIGC技术的核心组成部分。

A. 机器学习　　B. 自然语言处理

C. 计算机视觉　　D. 量子计算

21. AIGC技术在图像生成中的一个重要应用是（　　）。

A. 图像分类　　B. 图像增强

C. 图像生成　　D. 图像识别

22. 人工智能大模型的主要特点不包括（　　）。

A. 参数数量庞大　　B. 训练数据量大

C. 计算资源需求高　　D. 模型结构简单

23. 下列（　　）是目前广泛使用的人工智能大模型。

A. GPT-3　　B. BERT

C. Transformer　　D. ResNet

24. 下列关于大模型的描述中，(　　)是不正确的。

A. 大模型通常具有数十亿甚至数千亿个参数

B. 大模型的训练需要大量的计算资源，如GPU或TPU

C. 大模型在预训练阶段主要使用无监督学习方法

D. 大模型在所有任务上都能达到100%的准确率

二、判断题

1. 实际应用中，“一个模型肯定比另一个模型具有更强的泛化能力”的这种情况是不存在的。　　(　　)

2. 大部分的机器学习工程中，数据搜集、数据清洗、特征工程这三个步骤占用绝大部分时间，而数据建模占总时间比较少。　　(　　)

3. 线性模型学得的参数ω直观地表达了各属性在预测中的重要性,因此,该模型具有较好的可解释性。　　(　　)

4. 如果两个变量相关，那么它们一定是线性关系。（　　）

5. 回归任务最常用的性能度量是“查准率和查全率”。（　　）

6. 随机梯度下降，每次迭代时候，使用一个样本。（　　）

7. L2正则化往往用于防止过拟合，而L1正则化往往用于特征选择。（　　）

8. 测试性能随着测试集的变化而变化。（　　）

9. 过拟合不可以彻底避免。（　　）

10. 朴素贝叶斯对缺失数据较敏感。（　　）

11. K-均值聚类算法是一种无监督学习算法。（　　）

12. 深度学习与机器学习算法之间的区别在于，后者过程中无须进行特征提取工作，也就是说，建议在进行深度学习过程之前要先完成特征提取的工作。（　　）

13. 提升卷积核(convolutional kernel)的大小会显著提升卷积神经网络的性能。（　　）

14. 当在卷积神经网络中加入RAM (pooling layer)时，变换的不变性会被保留。（　　）

15. CNN采用最大池化能够产生一定程度上的平移不变性。（　　）

16. 在监督学习任务中，输出层中的神经元的数量应该与类的数量（其中类的数量大于2）匹配。（　　）

17. $y=ax^2+bx+c$（二次多项式）可以用具有线性阈值的单个隐层的神经网络表示。（　　）

18. 卷积神经网络可以对一个输入完成不同种类的变换（旋转或缩放）。（　　）

19. 可以用神经网络对函数（$y=1/x$）建模。（　　）

20. DALL•E和Midjourney都是基于AIGC技术的图像生成工具，它们的功能完全相同。（　　）

21. Stable Diffusion是一个开源的图像生成模型，用户可以免费使用，但不能用于商业用途。（　　）

22. Canva（可画）是一个基于AIGC技术的图像和设计工具，用户可以通过AI辅助生成设计作品。（　　）

23. AIGC工具在生成内容时完全不需要人工干预，生成的内容可以直接使用。（　　）

24. 大模型的参数数量越多，其性能就一定越好。（　　）

25. 大模型在训练过程中，通常需要使用大量的标注数据。（　　）